高职高专“十二五”建筑及工程管理类专业系列规划教材

电子技术基础

主　编　郭桂叶

Construction Project

西安交通大学出版社
XI'AN JIAOTONG UNIVERSITY PRESS

内 容 提 要

本书根据高职教育的要求和学生的特点编写而成，主要内容包括：半导体器件及其特性、基本放大电路、集成运算放大电路、直流稳压电源电路、门电路和组合逻辑电路、时序逻辑电路、振荡电源、模—数转换器和数—模转换器、电子应用电路的分析与设计。本书内容覆盖全面，难易适中。每章都有简明的小结，实用的例题、习题和思考题，讲解由浅入深，便于教师教学和学生自学。

本书可作为高职院校建筑设备类、土建类、管理类、计算机类等专业的教材，也可作为其他层次学校同类课程的教材和参考书，还可供工程技术人员学习参考。

本书配有免费的电子教学课件，欢迎联系出版社索取。

前言

《电子技术基础》是工科类专业的一门非常重要的专业基础课。本书结合职业教育的培养目标，综合众多同类教材的优点，侧重技能传授，弱化理论，强化实践。根据高职学生的特点，本书以理论必需、够用为原则，注重理论与实际相结合，侧重培养学生解决实际问题的能力，尽可能降低理论深度。每章都有简明的小结，实用的例题、习题和思考题，讲解由浅入深，便于教师教学和学生自学。

本书与其他同类教材相比，具有以下特点：

(1)在阐明基本概念的基础上，突出基本内容和基础知识；突出结论及其应用；减少了理论推导和计算过程；注意实际应用。

(2)内容覆盖面较宽，但难度较浅，适用面广。其中标"*"的章节和内容为提高性内容，可根据不同专业和教学要求安排讲授内容。书中配有知识链接，介绍了一些实际应用的小知识，适合高职院学的学生和相关工程技术人员使用。

(3)文字叙述条理清楚，使学生容易理解记忆，也便于教师教学。

(4)每章均设有实用的例题、思考题和习题，内容丰富，题型多样。习题分 A 级(基础)和 B 级(提高)两个层次，并在书末附有习题的参考答案。

本书由河南建筑职业技术学院郭桂叶主编，参加编写的还有河南建筑职业技术学院康兰兰、祝学昌、田添。具体分工如下：康兰兰编写第 1、2 章、祝学昌编写第 3、4 章、郭桂叶编写第 5、8 章、田添编写第 6、7 章。

在本书的偏写过程中，我们参阅了大量的相关资料，在此向各位作者表示衷心的感谢。

受编者学识水平所限，书中不免有疏漏和不足之处，恳切希望广大读者及同行、专家提出宝贵意见和建议，以便改进提高，使本书更加完善。

编　者

2013 年 7 月

目录

本书凡加“*”者均为提高性内容

第1章 常用半导体器件

学习目标

1. 知识目标

(1)掌握N型半导体与P型半导体的特点与区别;理解PN结的单向导电性。

(2)掌握半导体二极管的结构、特性及符号。掌握稳压管的特性、符号及应用。

(3)掌握半导体三极管的类型与基本结构、符号及输入、输出特性。

(4)熟悉二极管整流电路。

2. 能力目标

(1)能够从外形或型号上识别常见的二极管与三极管。

(2)能够用万用表检测二极管与三极管。

(3)能够分析二极管稳压电路与整流电路。

(4)熟悉二极管与三极管的基本应用。

知识分布网络

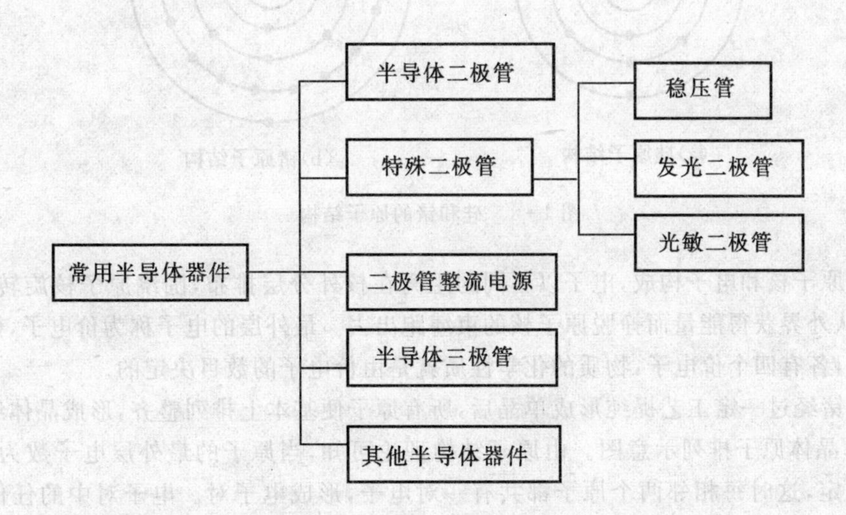

1.1 半导体二极管

能力知识点1 半导体的导电特性

1. 半导体的基本知识

在自然界中存在着许多不同的物质,根据其导电性能的不同大体可分为导体、绝缘体和半导体三大类。导体的导电能力强，例如铜、铝、银等金属材料；绝缘体很难导电，例如塑料、橡胶、陶瓷等材料；导电能力介于导体和绝缘体之间的物质，被称为半导体。常用的半导体材料有硅(Si)和锗(Ge)。

半导体的导电能力受外界的影响很大，具有热敏性、光敏性、掺杂性的特点。

(1)热敏性。半导体材料导电能力随着温度的升高而迅速增加。例如纯净的锗在温度从20℃升高到30℃时，其电阻率几乎减小为原来的1/2。而一般金属导体的电阻率则变化较小。利用这一特点，工程实践中制成了热敏元件，用来检测温度的变化。

(2)光敏性。有些半导体无光照射时电阻率很高，一旦被光照后其导电能力明显增强。自动控制中用的光电二极管和光敏电阻就是利用半导体的光敏特性制成的。

(3)掺杂性。在纯净的半导体中掺入少量的杂质，它的导电能力可能增加几十万乃至几百万倍。例如在半导体硅中，只要掺入亿分之一的硼，电阻率就会下降到原来的几万分之一。工程实践中利用这一点制成了半导体二极管、三极管、场效应管等许多不同用途的半导体器件。

2. 本征半导体

本征半导体是完全纯净的、原子排列整齐的半导体晶体。例如高纯度半导体材料硅(14号元素)和锗(32号元素)都是单晶体结构，他们的原子结构如图1-1所示。

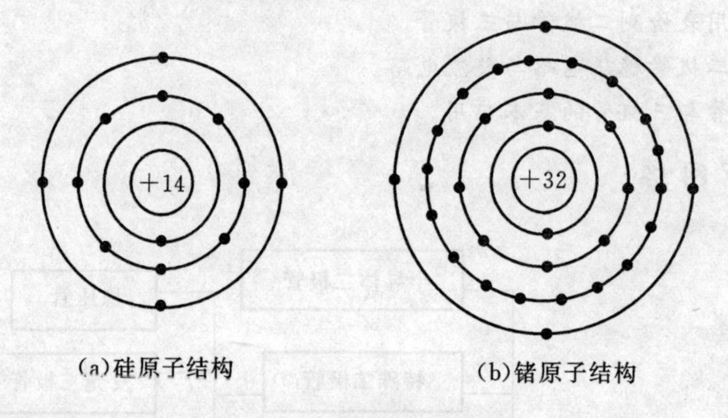

图1-1　硅和锗的原子结构

原子由原子核和电子构成，电子以不同的距离在核外分层排布，围绕原子核旋转，距核越远，越容易从外界获得能量而挣脱原子核的束缚跑出去。最外层的电子称为价电子，硅和锗都是四价元素，各有四个价电子，物质的化学性质就是由价电子的数目决定的。

将硅或锗经过一定工艺提纯形成单晶后，所有原子便基本上排列整齐，形成晶体结构。图1-2为硅单晶体原子排列示意图。由原子结构理论可知，当原子的最外层电子数为8个时，其结构较稳定，这时每相邻两个原子都共有一对电子，形成电子对。电子对中的任何一个电子，既围绕自身原子核运动，也出现在相邻原子所属的轨道上，这样的组合称为共价键结构。

本征半导体在绝对温度$T=0$ K和没有外界影响的条件下，价电子全部束缚在共价键中。当半导体在外界因素作用下(温度升高或受光照等)，共价键中的某些价电子获得能量，挣脱共价键的束缚，成为自由电子，同时在原共价键中留下相同数量的空穴，空穴与自由电子是成对出现的，如图1-3所示，自由电子和空穴称为载流子。这种现象称为本征激发。

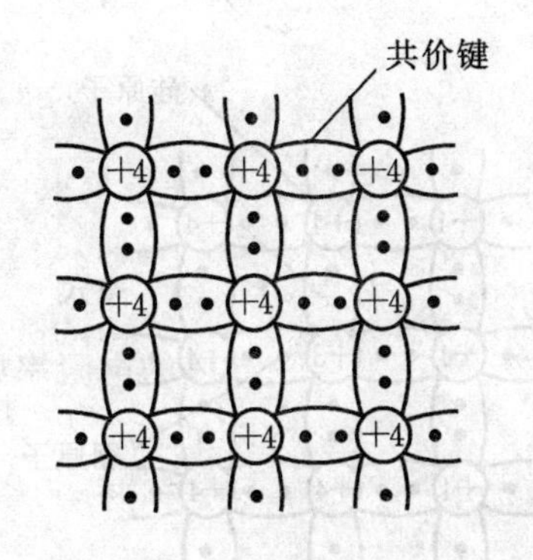

图 1－2　硅单晶体原子排列示意图

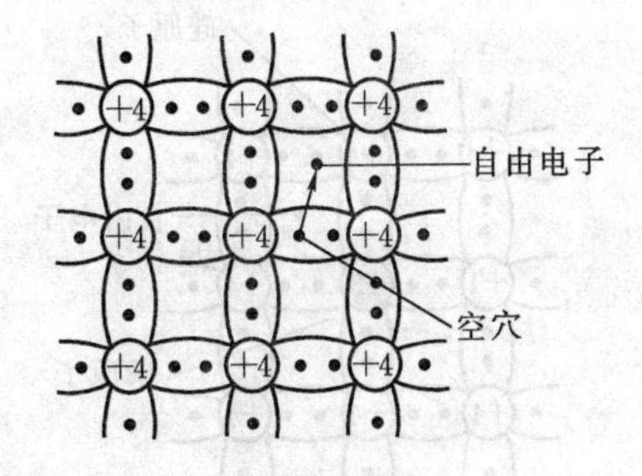

图 1－3　自由电子和空穴的形成

含空穴的原子带有正电，它将吸引相邻原子中的价电子，使它挣脱原来共价键的束缚去填补前者的空穴，从而在自己的位置上出现新的空穴。这样，当电子按某一方向填补空穴时，就像带正电荷的空穴向相反方向移动，相当于正电荷的运动。

自由电子在运动过程中，又会和空穴相遇，重新结合而消失，这个过程称为复合。电子－空穴对的产生与复合，在一定温度下呈现动态平衡。在室温下，本征半导体中的载流子数目是一定的，数量很少，当温度升高，产生的电子－空穴对的数目也相对增加，半导体的导电能力随之增强。在没有外电场作用下，自由电子和空穴的运动是无规则的，半导体中没有电流。在外电场作用下，带负电的自由电子将逆着电场方向作定向运动，形成电子电流，带正电的空穴将顺着电场方向作定向运动，形成空穴电流。所以半导体中存在电子导电和空穴导电两种方式，这是半导体导电方式的最大特点。同时，温度的升高引起了更多的载流子产生，所以温度对半导体器件性能的影响很大。

3. 杂质半导体

本征半导体在一定条件下能导电，但是其中的载流子数目极少，导电能力仍然较低。为了提高其导电能力，常采用掺杂的方式，在本征半导体中掺入微量杂质，如磷、硼，将使其导电性能发生显著变化。根据掺入杂质的不同，分为 N 型半导体和 P 型半导体。

(1)N 型半导体。在本征半导体晶体中掺入微量的 5 价磷(15 号)元素，就构成 N 型半导体。由于磷原子的最外层电子轨道上有 5 个价电子，其中 4 个和相邻的硅原子构成共价键，多出的一个电子很容易摆脱原子核的束缚成为自由电子，磷原子则因失去一个电子带正电，如图 1－4 所示。通过掺杂可以使半导体中自由电子的数目大大增加，可提高几十万倍。大大超过硅晶体中由热激发产生的电子空穴对，同时，自由电子数目的增多也增加了和空穴复合的机会，使得热激发产生的空穴数目更少。因此这种半导体导电主要靠自由电子，所以称为电子型半导体，又称 N 型半导体。其中自由电子是多数载流子，空穴为少数载流子。

(2)P 型半导体。在本征半导体晶体中掺入微量的 3 价硼(5 号)元素，就构成 P 型半导体。由于硼的价电子只有 3 个，当它与硅原子组成共价键时，因缺少一个价电子而形成空穴，相邻的价电子很容易被吸引填补这个空穴，使硼原子变成带负电的粒子，如图 1－5 所示。每掺入一个硼原子都能提供一个空穴，从而使半导体中空穴的数目大大增加，这种半导体导电主要靠空穴，因此称为空穴型半导体，又称 P 型半导体。其中空穴是多数载流子，电子是少数载流子。

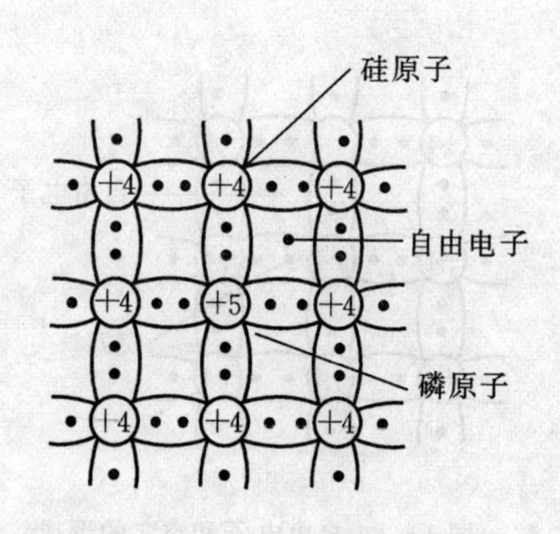

图 1-4　N 型半导体

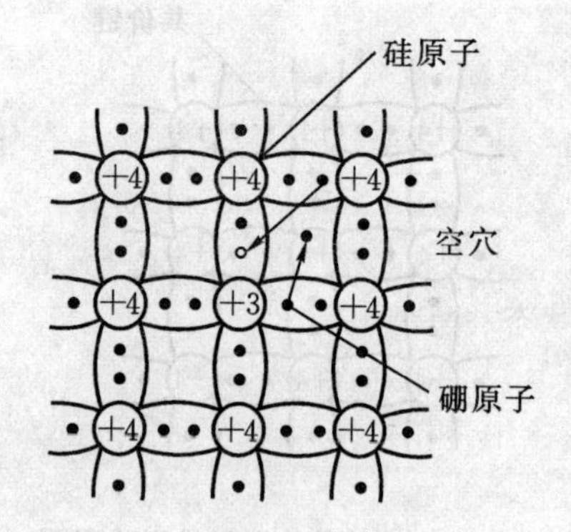

图 1-5　自由电子和空穴的形成

由此可见，杂质半导体中的多数载流子(多子)是由掺杂产生的，它们对半导体的导电能力有很大影响；而其中少数载流子(少子)是本征激发产生的，数量少，对温度非常敏感。多子的数量要远大于少子的数量。

4. PN 结

(1)PN 结的形成。通过一定的工艺，把一块半导体一边形成 N 型，一边形成 P 型，在它们的交界处会形成一个特殊区域，称为 PN 结。

在 P 型半导体和 N 型半导体交界处，由于 P 型半导体中空穴多于电子，N 型半导体中电子多于空穴，这样在交界面附近由于浓度差将产生多数载流子的扩散运动。P 区的空穴向 N 区扩散，与 N 区的电子复合，N 区的电子向 P 区扩散，与 P 区的空穴复合。随着扩散运动的进行，在 P 区一侧留下不能移动的负离子，在 N 区一侧留下不能移动的正离子，这个区域称为空间电荷区，如图 1-6 所示。

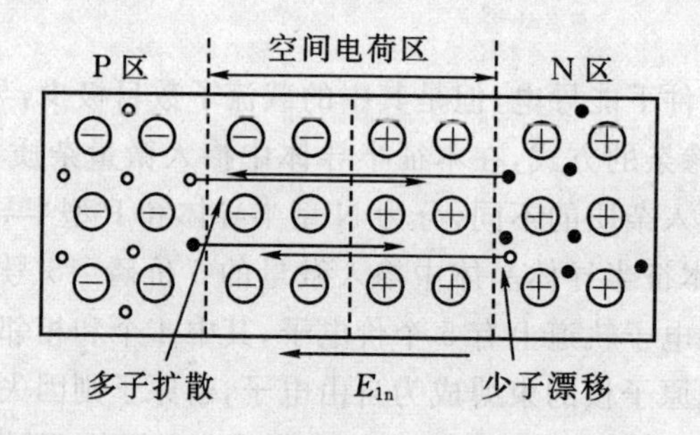

图 1-6　PN 结的形成

随着空间电荷区的产生同时产生内电场，内电场方向由 N 区指向 P 区。多子扩散越多，内电场越强，内电场对多子的扩散起阻碍作用，同时有助于少子的漂移运动(漂移是指在电场作用下少数载流子越过空间电荷区进入另一侧)。因此，在内电场作用下，N 区空穴向 P 区漂移，P 区的电子向 N 区漂移，其结果使空间电荷区变窄，内电场削弱。显然多数载流子的扩散运动和少数载流子的漂移运动是对立的，当扩散运动与漂移运动达到动态平衡时，空间电荷区的宽度便基本稳定下来。

空间电荷区的正负离子虽然带电，但它们不能移动，因而不能参与导电。而此区域，载流子数目极少，所以电阻率很高，呈现高阻态。

(2)PN 结单向导电性。PN 结外加正向电压(简称正偏),电源正极接 PN 结的 P 区,负极接 PN 结的 N 区,如图 1-7 所示。外电场与内电场方向相反,内电场被削弱,破坏扩散运动和漂移运动的动态平衡。外电场驱使 P 区空穴和 N 区电子进入空间电荷区,使得空间电荷区变窄,有利于多数载流子的扩散运动,因而形成较大的扩散电流。而漂移电流是少数载流子的漂移运动形成的,少数载流子数量很少,故对总电流的影响可忽略,所以,外接正向电压时,PN 结处于导通状态并呈低电阻状态。

PN 结外加反向电压(简称反偏)如图 1-8 所示。这时,外电场与内电场方向一致,内电场增强,外电场作用下靠近空间电荷区的空穴和自由电子被驱走,PN 结加宽。多数载流子扩散难以进行,只有少数载流子在电场作用下形成漂移电流,漂移电流与扩散电流方向相反,又称反向电流。少数载流子数量少,所以形成的反向电流很小。因为少子由热激发产生,所以反向电流受温度影响较大,当温度一定时反向电流基本上不受外加电压影响。

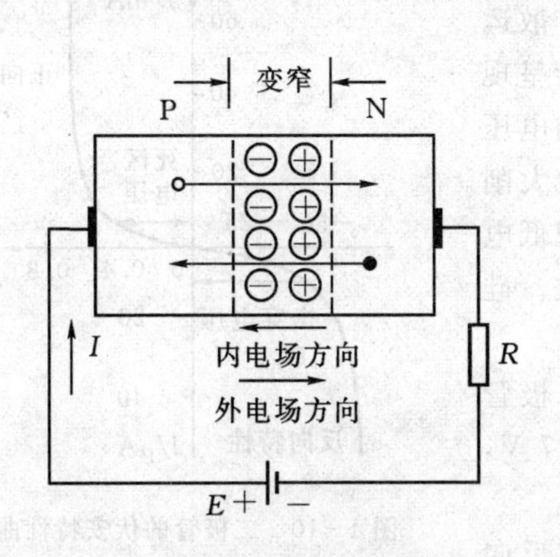

图 1-7　PN 结外加正向电压

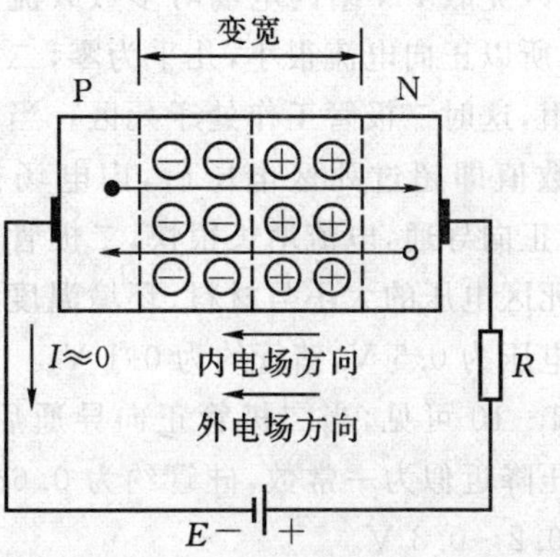

图 1-8　PN 结外加反向电压

综上所述,PN 结加正向电压时,电路中有较大电流流过(由多子扩散产生),PN 结导通;PN 结加反向电压时,电路中电流很小(由少子漂移产生),PN 结截止。即正向导通,反向截止,PN 结具有单向导电性。

能力知识点 2　半导体二极管介绍

1. 二极管的结构

把一个 PN 结用管壳封装起来,两端各引出一个电极,就构成最简单的二极管。P 区引出的电极为二极管的正极或阳极,N 区引出的电极为二极管的负极或阴极。半导体二极管按结构不同可分为点接触型二极管和面接触型二极管,如图 1-9 所示。点接触型二极管的特点是 PN 结面积小,结电容小,工作电流小,可以在高频下工作,常用于高频检波;面接触型二极管的特点是 PN 结面积大,允许较大的电流通过,但因面积大,结电容较大,只能在较低的频率下工作,常用作整流。

2. 二极管的伏安特性

为了正确使用二极管,必须了解它的特性。二极管本质上是一个 PN 结,具有单向导电性。描述二极管两端电压与流过二极管的电流的关系曲线称为二极管的伏安特性曲线,如图 1-10 所示。二极管的伏安特性曲线分为正向特性和反向特性两部分。

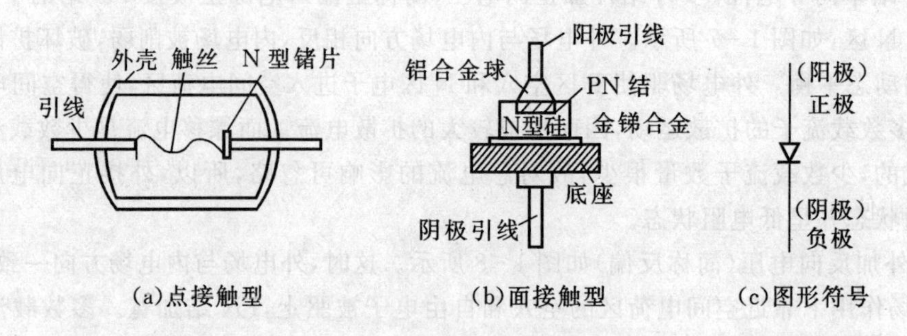

图 1-9 二极管的结构和图形符号

(1)正向特性。当给二极管加的正向电压很低时,还不足以克服PN结内电场对多数载流子扩散运动的阻碍,所以正向电流很小,几乎为零,二极管呈现很大的电阻,这时二极管工作处于死区。当正向电压超过一定数值即超过死区电压后,内电场被大大削弱,二极管正向导通,电流增长很快,二极管呈现低电阻状态。死区电压的大小与材料、环境温度有关。硅管的死区电压为0.5 V,锗管约为0.1 V。

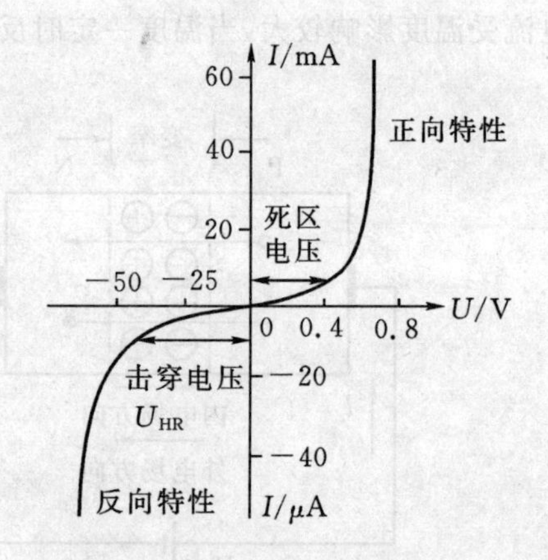

图 1-10 二极管的伏安特性曲线

由图1-10可见,当二极管正向导通后,二极管两端的电压降近似为一常数,硅管约为0.6~0.7 V,锗管约为0.2~0.3 V。

(2)反向特性。给二极管加反向电压时,在反向电压作用下,反向电流很小。因为反向电流由少数载流子的漂移产生,所以反向电流随温度的上升增长很快,在反向电压不超过某一范围时,反向电流基本恒定,不随反向电压的改变而改变,故这个电流称为反向饱和电流。在同样的温度下,硅管的反向电流比锗管小,硅管约为一微安至几十微安,锗管可达几百微安,此时二极管处于截止状态。

当反向电压继续增加到某一电压时,反向电流剧增,称为反向击穿,该电压称为反向击穿电压。发生反向击穿时,二极管的单向导电性被破坏,甚至因为过热而烧毁。所以,二极管正常工作时,不允许出现这种情况。

有时为了讨论方便,在一定条件下,可以把二极管视为理想二极管,即它的死区电压和导通压降都等于零,反向电阻为无穷大。

3.二极管的主要参数

二极管的参数反映了二极管的性能,是合理选择、使用二极管的依据。

(1)最大整流电流 I_{FM}。最大整流电流是指二极管长时间使用时,允许通过二极管的最大正向平均电流。当电流超过这个允许值时,二极管会因过热而烧坏。

(2)反向峰值电压 U_{RM}。反向峰值电压是指二极管使用时允许承受的最大反向电压,使用时管子的实际反向电压不能超过规定的反向峰值电压。反向峰值电压一般为反向击穿电压的一半，$U_{RM}=\frac{1}{2}U_{BR}$。

(3)反向峰值电流 I_{RM}。反向峰值电流是指二极管加反向峰值电压时的反向电流。反向电流越小，说明二极管单向导电性能越好。反向电流受温度影响较大。

(4)最高工作频率 f_M。二极管使用中若频率超过了其最高工作频率，单向导电性能将变差，甚至无法使用。

4. 含二极管电路的分析方法

在进行电路分析时，一般将二极管视为理想元件，即正向导通后电阻为零，视为短路，正向压降忽略不计；反向截止时电阻为无穷大，视为开路。

分析二极管电路时可分为三步：

(1)将二极管处断开；

(2)计算二极管两端的电压 $U_D=V_{阳}-V_{阴}$；

(3)判断二极管工作状态：若 $U_D>0$，则二极管工作于导通状态；若 $U_D<0$，则二极管工作于截止状态。

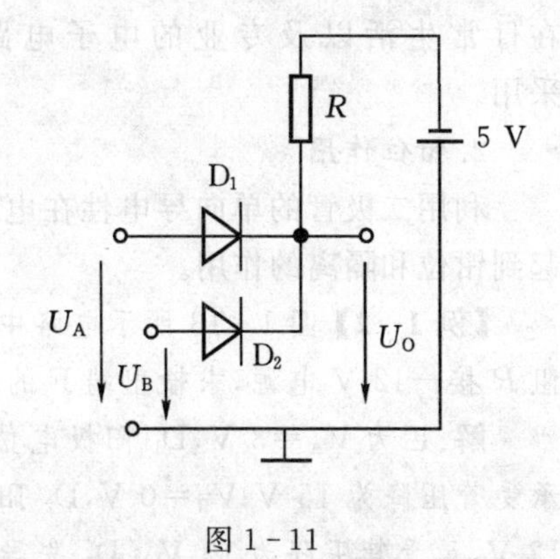

图 1-11

【例 1-1】图 1-11 电路中，分析当 V_A 与 V_B 分别为 0 V 与 3 V 的不同组合时，分析二极管 D_1、D_2 的状态，并求 V_O 的值。

解：(1)当 $V_A=V_B=0$ V 时

$U_{D1}=0-(-5)=5\ (V)>0$，$U_{D2}=0-(-5)=5\ (V)>0$

则 D_1、D_2 均处于导通状态，所以 $V_O=V_A=V_B=0$ V

(2)当 $V_A=V_B=3$ V 时

$U_{D1}=U_{D2}=3-(-5)=8\ (V)>0$

则 D_1、D_2 处于导通状态，所以 $V_O=3$ (V)。

(3)当 $V_A=3$ V，$V_B=0$ V 时

$U_{D1}=3-(-5)=8\ (V)>0$，$U_{D2}=0-(-5)=5\ (V)>0$

因为承受正向偏压大的二极管优先导通，所以 D_1 优先导通，$V_O=V_A=3$ V，而后 $U_{D2}=0-3=-3\ (V)<0$，D_2 截止。

(4)当 $V_A=0$ V，$V_B=3$ V 时

$U_{D1}=0-(-5)=5\ (V)>0$，$U_{D2}=3-(-5)=8\ (V)>0$

故 D_2 优先导通，$V_O=V_B=3$ V，$U_{D1}=0-3=-3\ (V)<0$，D_1 截止。

能力知识点 3　二极管的作用

二极管应用广泛，主要利用它的单向导电性，可用于整流、检波、元件保护及在数字电路中作为开关元件。

锗二极管和硅二极管的特性曲线形状相似，且均是非线性，但其特性存在一定的差异：锗二极管死区电压较小，通常用于调频小信号的检波电路，以提高检波灵敏度。硅二极管反向饱和电流较小，受温度的影响较小，在电源整流及电工设备中常常使用硅二极管。

1. 整流作用

利用二极管的单向导电性可以把大小和方向都变化的正弦交流电变成单相脉动直流电，

如图 1-12 所示。输入信号正半周时二极管导通，输出信号波形同输入信号；输入信号负半周时，二极管截止，输出信号为零。根据这个原理还可以构成整流效果更好的单相全波整流、单相桥式整流电路，相关内容本书将在后续章节中详细讲解。这种方法经济、简单，在日常生活以及专业的电子电路中经常采用。

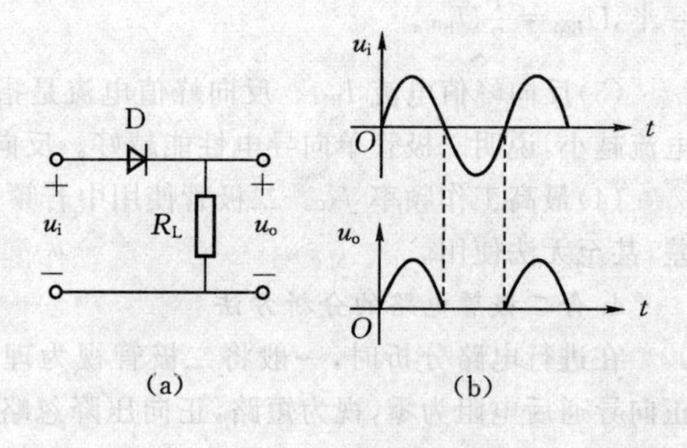

图 1-12　二极管整流应用

2. **钳位作用**

利用二极管的单向导电性在电路中可以起到钳位和隔离的作用。

【例 1-2】 图 1-13 所示电路中，已知输入端 A 的电位为 $V_A=3$ V，B 的电位 $V_B=0$ V，电阻 R 接 −12 V 电源，求输出端 F 的电位。

解：因为 $V_A=3$ V，D_1 阳极电位为 3 V，阴极电位为 −12 V，承受管压降为 15 V；$V_B=0$ V，D_2 阳极电位为 0 V，阴极电位为 −12 V，承受管压降为 12 V。D_1 先导通，视为理想二极管，导通后相当于合上的开关，所以 F 点电位等于 A 点电位 3 V，此时 B 点阴极电位也为 3 V，故 D_2 截止。

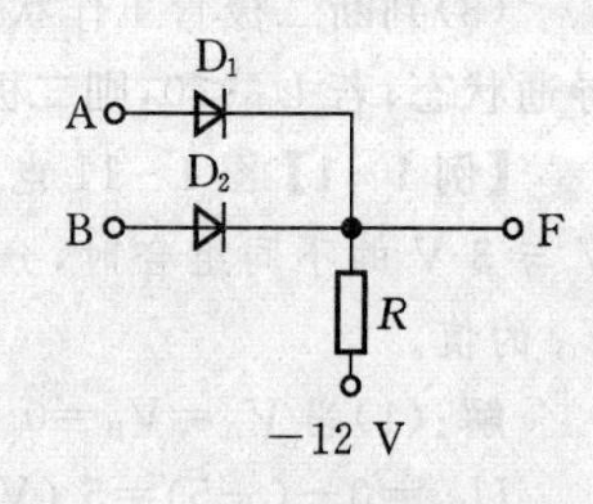

图 1-13　二极管钳位电路

这里，二极管 D_1 起钳位作用，把 F 端的电位钳制在 3 V；D_2 起隔离作用，把输入端 B 和输出端 F 隔离开来。

3. **限幅作用**

利用二极管的单向导电性，将输入电压限制在要求的范围内输出，称为限幅。

【例 1-3】 在图 1-14 电路中，已知输入电压 $u_i=10\sin\omega t$ V，直流电源 $E=5$ V，二极管视为理想元件，画出输出电压 u_o 的波形。

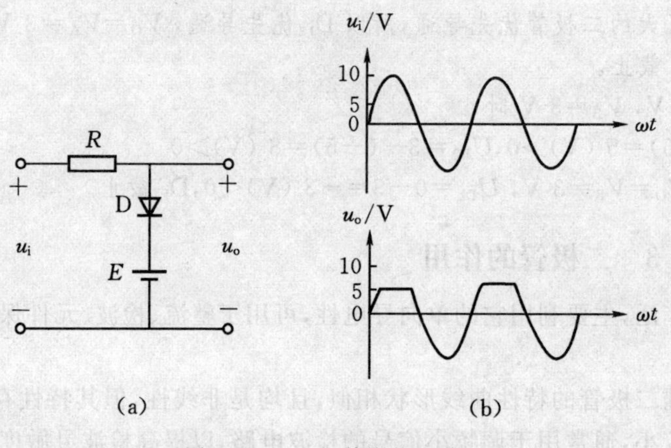

图 1-14　二极管限幅电路

解：根据二极管的单向导电性可知，当 $u_i \leqslant 5$ V 时，二极管 D 截止，相当于开路，因为电阻 R 中无电流流过，所以输出电压与输入电压相等，即 $u_o=u_i$，波形相同；当 $u_i>5$ V 时，二极管

D导通，相当于短路，所以输出电压 $u_o=E=5$ V，输出电压 u_o 的波形被限制在5 V以内，波形如图1-14所示。因此二极管起限幅作用。

4. **开关作用**

在数字电路中经常将半导体二极管作为开关元件使用，因为二极管具有单向导电性，可以相当于一个受外加电压控制的无触点开关。

如图1-15所示，为检测发电机组工作的某种仪表的部分电路。其中 u_s 是需要定期通过二极管D加入记忆电路的信号，u_i 为控制信号。当 u_i 为10 V时，D的阴极电位被抬高，二极管截止，相当于"开关断开"，u_s 不能通过D；当 u_i 为零时，D正向导通，相当于"开关闭合"，u_s 可以通过D加入记忆电路。这样，二极管就在信号 u_i 的控制下，实现了接通或者切断 u_s 信号的作用。

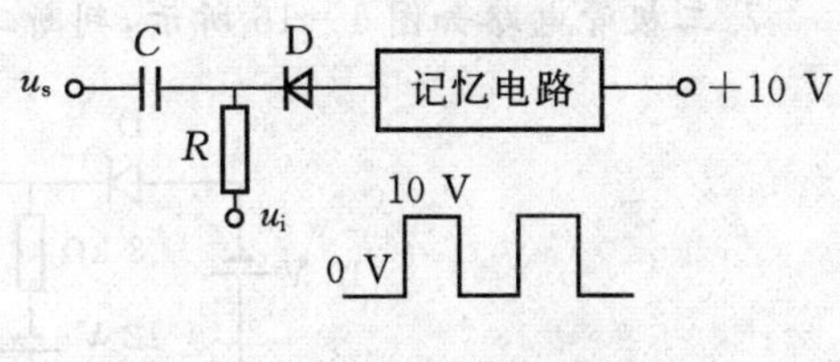

图1-15　二极管的开关作用

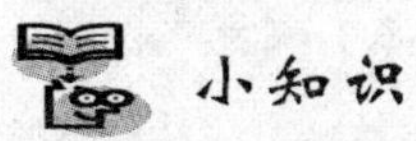
小知识

二极管的识别与简单测试

1. **从外观判断正负极**

(1)观察外壳上的符号标记。通常在二极管的外壳上标有二极管的符号，带有三角形箭头的一端为正极，另一端是负极。

(2)观察外壳上的色点或色环。在点接触二极管的外壳上，通常标有极性色点(白色或红色)。一般标有色点的一端即为正极。还有的二极管上标有色环，带色环的一端则为负极。

2. **万用表检测二极管的正负极**

如果标记脱落，也可用万用表测二极管的正反向电阻来确定二极管的电极。测量时把万用表置于 $R\times100$ 档或 $R\times1$ K档，不能用 $R\times1$ 档(通过二极管的电流太大)或 $R\times10$ K档(二极管两端电压太高)，这样可能对二极管造成不利影响。若用指针式万用表，因为黑表笔接表内电源正极，红表笔接表内电源负极，所以用黑表笔和红表笔分别与二极管的两极相连。若二极管为好的二极管，则测出电阻值一个大，一个小。当测得电阻较小时，说明二极管导通，此时与黑表笔相连的电极为二极管的正极；测得电阻很大时，二极管截止，与红表笔相连的电极为二极管的正极。对于数字万用表，由于表内电池极性相反，数字表的红表笔为表内电池正极，实际测量时要注意区分。数字式万用表，还可以用专门的二极管档来测量，当二极管被正向偏置时，显示屏上将显示二极管的正向导通压降。

若用万用表测得二极管正反电阻均为无穷大，说明内部断路；若测量值均为零，说明内部短路；若测得正反电阻几乎一样大，说明二极管失去单向导电性；这几种情况都说明二极管已经损坏，没有使用价值了。

本节思考题

1. 什么是N型半导体？什么是P型半导体？两种半导体中的多数载流子和少数载流子分别是如何产生的？

2. N型半导体中的自由电子多于空穴，P型半导体中的空穴多于自由电子。是否N型半导体带负电,P型半导体带正电?

3. 空间电荷区是由带电的正负离子形成的,为什么它的电阻率很高?

4. 什么是二极管的死区电压?硅管和锗管的死区电压典型值是多少?

5. 半导体二极管有哪些作用?

6. 如何用万用表判断二极管的正负极及管子的好坏?

7. 二极管电路如图 1-16 所示,判断二极管导通还是截止,并求输出电压 U_o。

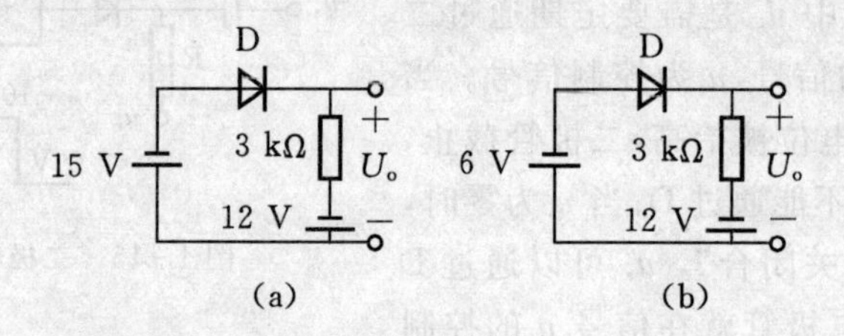

图 1-16

1.2 特殊二极管

能力知识点 1 稳压管

1. 稳压管的稳压作用

稳压管是一种特殊的面接触型半导体硅二极管,它利用 PN 结反向击穿后特性陡直的特点,在电路中与适当阻值的电阻配合使用能起到稳定电压的作用,所以称为稳压管。

稳压管伏安特性曲线及符号如图 1-17 所示。与普通二极管的区别就在于稳压管的反向特性曲线比较陡,它工作在反向击穿区。当加在稳压管的反向电压很小时,反向电流很小,基本不变,没有稳压特性;当电压大于反向击穿电压时,反向电流迅速增加,而当反向击穿后,电流在相当大的范围变化时,稳压管两端的电压基本保持不变,即起到稳压的的作用。如果稳压

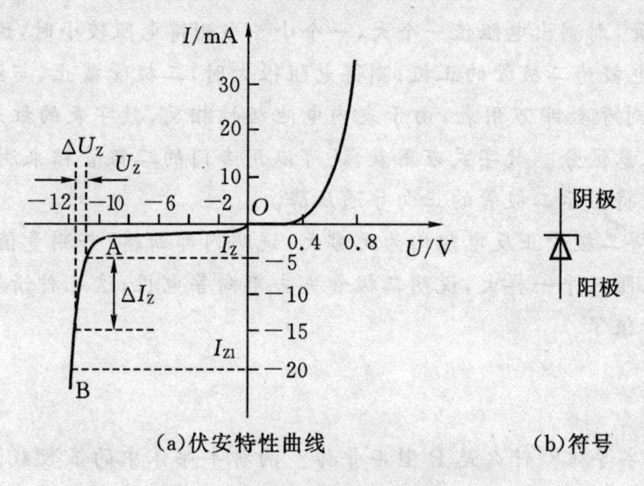

图 1-17　稳压管伏安特性曲线及符号

管的反向电流超过允许值，则它会因过热而损坏。所以，与稳压管配合的电阻要适当，才能起到稳压作用。当反向电压撤除后，稳压管又恢复正常，即它的反向击穿是可逆的。

2.稳压二极管的主要参数

(1)稳定电压 U_Z。稳定电压就是反向击穿电压，是稳压管在正常的反向击穿工作状态下管子两端的电压。即稳压管的稳压值。同一型号的管子，其稳压值也有一定的分散性，使用时要进行测试，按需要挑选。

(2)稳定电流 I_Z。稳定电流是指稳压管加稳定电压 U_Z 时通过的正常工作电流。

(3)最大稳定工作电流 I_{Zmax} 和最小稳定工作电流 I_{Zmin}。若稳压管电流太小则不能稳压，电流太大则因功耗过大而损坏。因而稳压管电路中必须有限制稳压管电流的限流电阻。

(4)动态电阻 r_Z。动态电阻是指稳压管在正常工作时，电压变化量与电流变化量之比，即 $r_Z=\dfrac{\Delta U_Z}{\Delta I_Z}$，动态电阻数值越小，稳压效果越好。

(5)最大允许耗散功率 P_{ZM}。它是指稳压管不致发生热击穿的最大功率损耗，其值等于最大稳定电流与相应的稳定电压的乘积。

【例 1-4】 如图 1-18 所示，稳压管 D_{Z1} 的稳定电压为 5 V，D_{Z2} 的稳定电压为 8 V，试求 U_o、I、I_{Z1}、I_{Z2}。

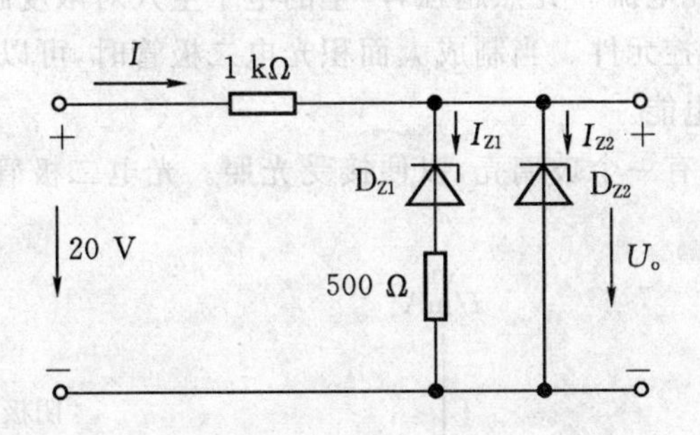

图 1-18 稳压管电路

解: $U_{Z1}=5\ \text{V}$，$U_{Z2}=8\ \text{V}$

所以 $U_o=U_{Z2}=8\ \text{V}$

$$I_{Z1}=\frac{U_{Z2}-U_{Z1}}{500\Omega}=\frac{8\ \text{V}-5\ \text{V}}{500\Omega}=6\ \text{mA}$$

$$I=\frac{20\text{V}-U_{Z2}}{1\text{k}\Omega}=\frac{20\text{V}-8\text{V}}{1\text{k}\Omega}=12\ \text{mA}$$

$$I_{Z2}=I-I_{Z1}=12\ \text{mA}-6\ \text{mA}=6\ \text{mA}$$

能力知识点 2 发光二极管

发光二极管也是由一个 PN 结构成，是一种将电能转化为光能的特殊二极管，简写成 LED。常用的半导体材料是砷化镓、磷化镓。

发光二极管的特性曲线与普通二极管类似，工作在正向导通区域，但正向导通电压较小，一般为 1～2 V，正向工作电流一般为几毫安至几十毫安。当正向偏置时，其发光亮度随着注入电流的增大而提高；为限制其工作电流，通常要串联限流电阻。发光二极管主要用于音响设备及线路通、断状态的指示等。发光二极管的符号及工作电路如图 1-19 所示。

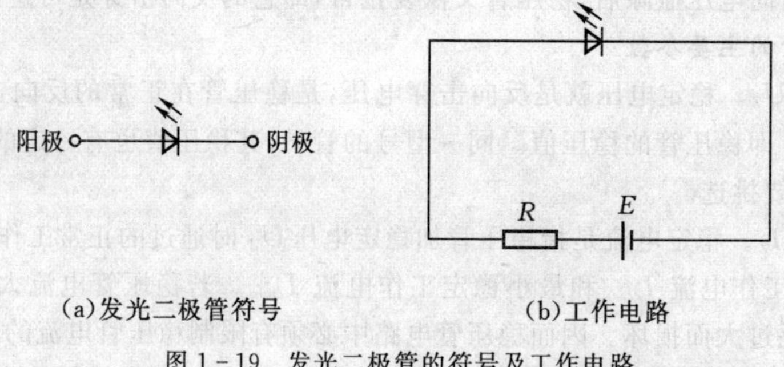

(a)发光二极管符号　(b)工作电路

图 1-19　发光二极管的符号及工作电路

能力知识点 3　光敏二极管

光敏二极管又叫光电二极管，是一种将光信号转换为电信号的特殊二极管。

光电二极管工作在反向工作状态，没有光照射时，其反向电阻很大，PN 结流过的反向电流很小；当光照射在 PN 结上时，在 PN 结内部产生电子空穴对，电子和空穴对在 PN 结内电场作用下作定向运动，形成光电流。光照越强，产生的电子空穴对浓度越大，光电流也越强。

光电二极管可用作光控元件。当制成大面积光电二极管时，可以作为一种能源，称为光电池，能将光能直接转换为电能。

光电二极管的管壳上有一个玻璃壳，以便接受光照。光电二极管的伏安特性曲线及图形符号如图 1-20 所示。

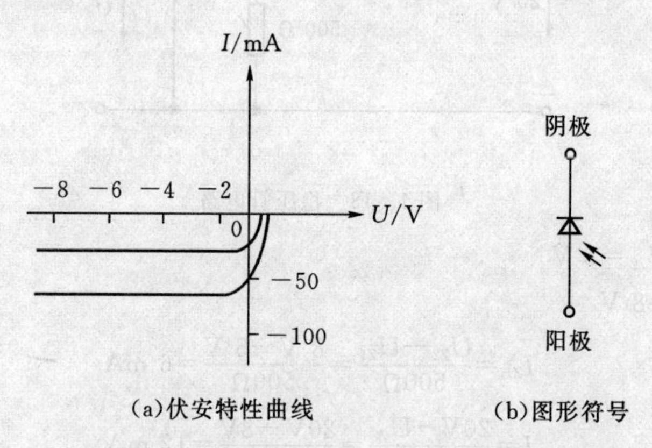

(a)伏安特性曲线　(b)图形符号

图 1-20　光电二极管的伏安特性曲线及图形符号

本节思考题

1. 稳压管、发光二极管、光敏二极管正常工作时应工作在伏安特性曲线上的哪一段？

2. 图 1-21 中稳压管(U_Z=8 V)是否起到稳压作用？为什么？

3. 稳压二极管、发光二极管在工作时为什么要串联一个电阻？

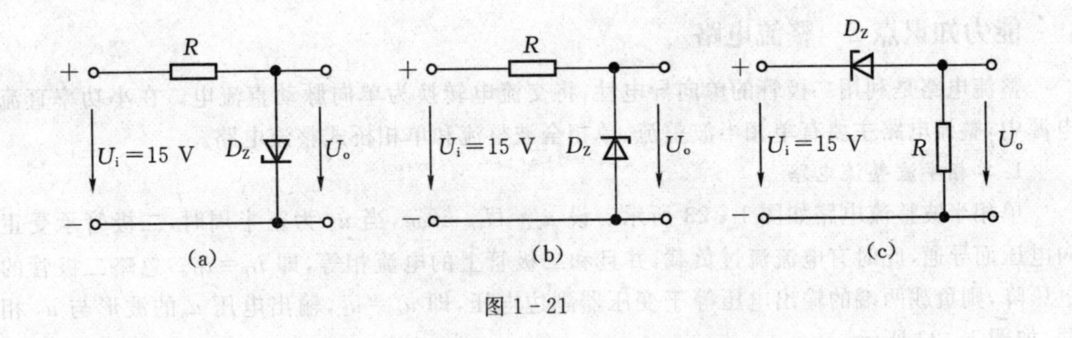

图 1-21

1.3　二极管整流电源

能力知识点 1　二极管整流电源的组成框图

在生产和科学实验中经常需要直流电源供电，比如直流电动机、蓄电池的充电等。为了得到直流电，除了采用直流发电机、干电池等直流电源外，目前广泛采用的是各种半导体直流电源。

图 1-22 所示为半导体整流电源的原理框图，表示交流电变换为直流电的过程。

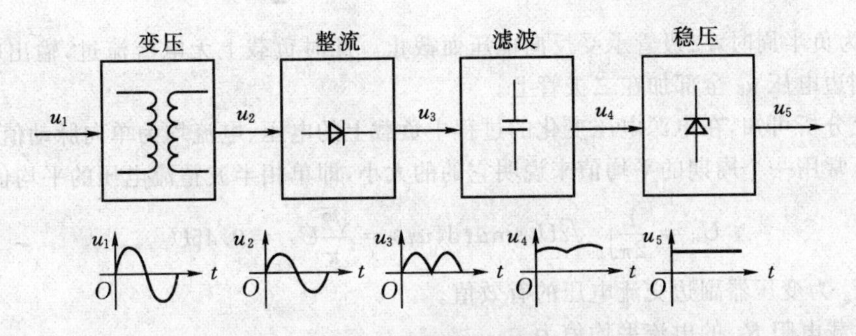

图 1-22　半导体整流电源原理框图

1. 电源变压器

电网上单相交流电压的有效值为 220 V，通常需要的直流电压比此值低，所以通过变压器将 220 V 交流电压变换为合适的交流电压 u_2，再进行交直流转换。

2. 整流电路

利用二极管的单向导电性，将交流电 u_2 变换为单向脉动的直流电 u_3。

3. 滤波电路

滤除脉动直流电压 u_3 中的交流成分，使输出电压变换为比较平滑的直流电 u_4。

4. 稳压电路

经滤波后输出的电压有较好的平滑程度，一般可以充当电路的电源。但是，此时电压值可能会受到电网电压波动及负载变化的影响，往往不太稳定。为使输出电压稳定，需要增加稳压电路，使输出电压稳定。

能力知识点 2　整流电路

整流电路是利用二极管的单向导电性，将交流电转换为单向脉动直流电。在小功率直流电源中，整流电路主要有单相半波整流、单相全波整流和单相桥式整流电路。

1. 单相半波整流电路

单相半波整流电路如图 1-23 所示。设 $u_2=U_{2m}\sin\omega t$，当 u_2 为正半周时，二极管承受正向电压而导通，此时有电流流过负载，并且和二极管上的电流相等，即 $i_O=i_D$。忽略二极管的电压降，则负载两端的输出电压等于变压器副边电压，即 $u_o=u_2$，输出电压 u_o 的波形与 u_2 相同，如图 1-23 所示。

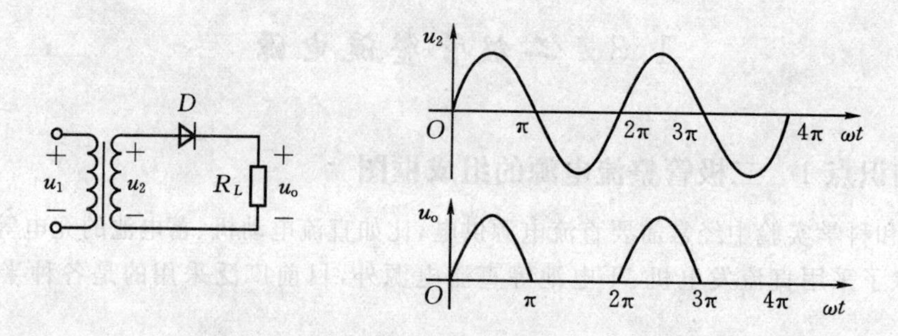

图 1-23　单相半波整流电路

当 u_2 为负半周时，二极管承受反向电压而截止。此时负载上无电流流过，输出电压 $u_o=0$，变压器副边电压 u_2 全部加在二极管上。

由以上分析可知，在电源电压变化的过程中负载上的电压、电流均为单向脉动值。这种单向脉动电压常用一个周期的平均值来说明它的的大小，即单相半波整流电压的平均值为

$$U_o=\frac{1}{2\pi}\int_0^{\pi}\sqrt{2}U_2\sin\omega t\,\mathrm{d}(\omega t)=\frac{\sqrt{2}}{\pi}U_2=0.45U_2 \tag{1.1}$$

式中 U_2 为变压器副边交流电压的有效值。

流过负载电阻 R_L 的电流平均值为

$$I_0=\frac{U_o}{R_L}=0.45\,\frac{U_2}{R_L} \tag{1.2}$$

流经二极管的电流平均值与负载电流平均值相等，即

$$I_D=I_0=0.45\,\frac{U_2}{R_L} \tag{1.3}$$

二极管截止时承受的最高反向电压为 u_2 的最大值，即

$$U_{DRM}=U_{2m}=\sqrt{2}U_2 \tag{1.4}$$

【例 1-5】 有一单相半波整流电路如图 1-23 所示。已知负载电阻 $R_L=750\ \Omega$，变压器副边交流电压的有效值 $U_2=20$ V，试求 U_o、I_o 及 U_{DRM}，并选择二极管。

解： $U_o=0.45U_2=0.45\times20=9$ (V)

$$I_o=\frac{U_o}{R_L}=\frac{9V}{750\Omega}=12\ \text{mA}$$

$$U_{DRM}=\sqrt{2}U_2=\sqrt{2}\times20=28.2\ \text{(V)}$$

查手册可知应选用二极管 2AP4，其最大整流电流 $I_{FM}=16$ mA，反向峰值电压为 50 V，为了使用安全，二极管的反向工作峰值电压要选得比 U_{DRM} 大一倍左右。此二极管满足电路要求。

单相半波整流的特点是：电路简单，器件少，但输出电压脉动较大。由于只利用电源电压的半个周期，其整流效率只有 40%左右，因此单相半波整流只能用于小功率及对输出电压波形和整流效率要求不高的设备。

2. 单相桥式整流

为了克服单相半波整流的缺点，常采用全波整流电路，最常用的就是单相桥式整流电路。

如图 1－24 所示为单相桥式整流电路，其工作原理如下：

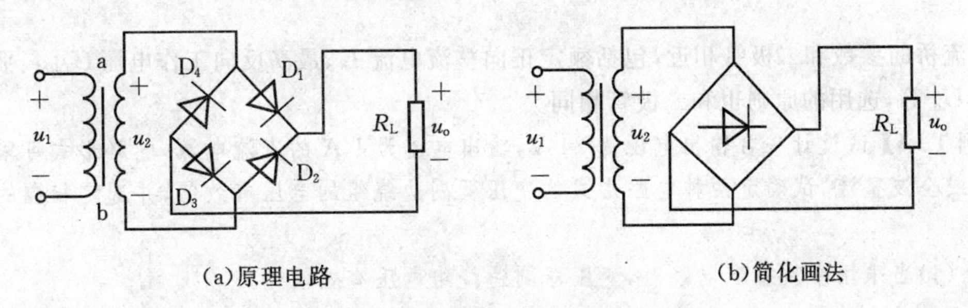

图 1－24　单相桥式整流电路

设整流变压器副边电压为 $u_2=\sqrt{2}U_2\sin(\omega t)$。

当 u_2 为正半周时，a 点电位高于 b 点电位，二极管 D_1、D_3 承受正向电压而导通，D_2、D_4 承受反向电压而截止。此时电流的路径为：a→D_1→R_L→D_3→b；u_2 为负半周时，b 点电位高于 a 点电位，二极管 D_2、D_4 导通，D_1、D_3 截止。此时电流的路径为：b→D_2→R_L→D_4→a。输出整流波形如图 1－25 所示。

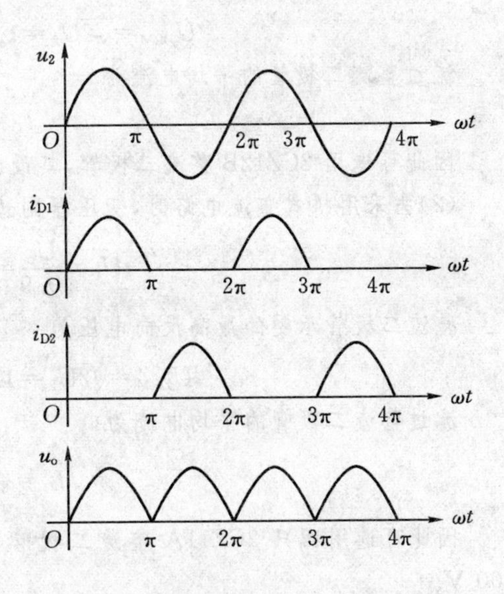

图 1－25　单相桥式整流电路波形

单相桥式整流电压的平均值为

$$U_o=\frac{1}{\pi}\int_0^{\pi}\sqrt{2}U_2\sin wtd(wt)=2\frac{\sqrt{2}}{\pi}U_2=0.9U_2 \tag{1.5}$$

流过负载电阻 R_L 的电流平均值为

$$I_o=\frac{U_o}{R_L}=0.9\frac{U_2}{R_L} \tag{1.6}$$

流经每个二极管的电流平均值为负载电流的一半，即

$$I_D=\frac{1}{2}I_o=0.45\frac{U_2}{R_L} \tag{1.7}$$

每个二极管在截止时承受的最高反向电压为 u_2 的最大值，即

$$U_{DRM}=U_{2m}=\sqrt{2}U_2 \tag{1.8}$$

由以上计算，可以用来选择整流变压器和整流二极管。

分立元件可以构成桥式整流电路，但是为了使用方便和装配简单，现在半导体器件厂已经将二极管封装在一起，把桥式整流电路连接好后密封在壳体中，构成一种新的器件——全波整流桥式整流器，又称整流桥。整流桥一般由硅整流二极管的管芯，按伏安特性挑选配对构成。密封好后的桥体有两个交流输入端和两个直流输出端(有正负极之分)，其外形和电路符号如图 1-26 所示。

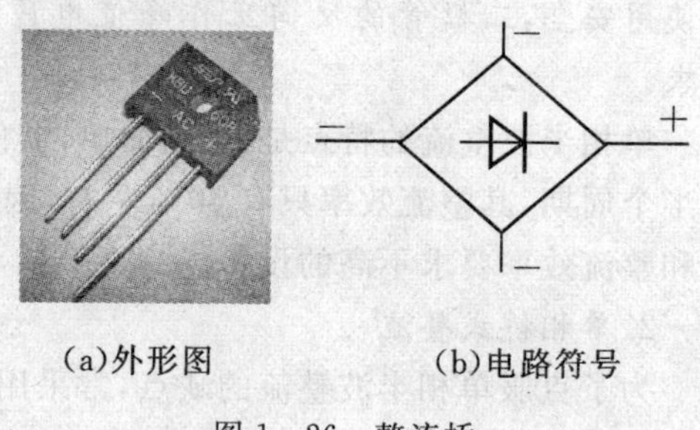

(a)外形图　　(b)电路符号

图 1-26　整流桥

整流桥的参数和二极管相近，包括额定正向整流电流 I_F、最高反向工作电压 U_{DRM}、平均整流电流 U_o 等，选用的原则也和二极管相同。

【例 1-6】 试设计一台输出电压为 24 V，输出电流为 1 A 的直流电源，电路形式可采用半波整流或全波整流，试确定两种电路形式的变压器副边绕组的电压有效值，并选定相应的整流二极管。

解：(1)当采用半波整流电路时，变压器副边绕组电压有效值为

$$U_2=\frac{U_o}{0.45}=\frac{24}{0.45}=53.3\ (\text{V})$$

整流二极管承受的最高反向电压为

$$U_{DRM}=\sqrt{2}U_2=1.414\times53.3=75.2\ (\text{V})$$

流过整流二极管的平均电流为

$$I_D=I_o=1\ \text{A}$$

因此可选用 2CZ12B 整流二极管，其最大整流电流为 3 A，最高反向工作电压为 200 V。

(2)当采用桥式整流电路时，变压器副边绕组电压有效值为

$$U_2=\frac{U_o}{0.9}=\frac{24}{0.9}=26.7\ (\text{V})$$

整流二极管承受的最高反向电压为

$$U_{DRM}=\sqrt{2}U_2=1.41\times26.7=37.6\ (\text{V})$$

流过整流二极管的平均电流为

$$I_D=\frac{1}{2}I_o=0.5\ \text{A}$$

因此可选用四只 2CZ11A 整流二极管，其最大整流电流为 1 A，最高反向工作电压为 100 V。

能力知识点 3　滤波电路

由图 1-25 可知，交流电经过整流电路后，输出电压已经是方向不变的直流电，但是电压的大小还在变化，这种电流由直流分量和许多不同频率的交流谐波分量叠加而成，称为脉动直流电。脉动直流电在某些应用中，如电镀、蓄电池充电中可以直接使用，但在更多场合中，许多电子设备需要平稳的直流电源。如何将脉动较大的直流电变为脉动较小的直流电呢？这时就

需要滤波电路来滤除脉动直流电中的交流成分，以得到比较平滑的直流电。

滤波电路中主要应用的是电容或电感在电路中的储能作用，当电源电压（或电流）发生变化时，电容存储的电场能或者电感存储的磁场能将阻碍这种变化，从而减小输出电压（或电流）中的脉动成分，得到比较平滑的直流电压。

图1-27所示为单相桥式整流电容滤波工作电路。

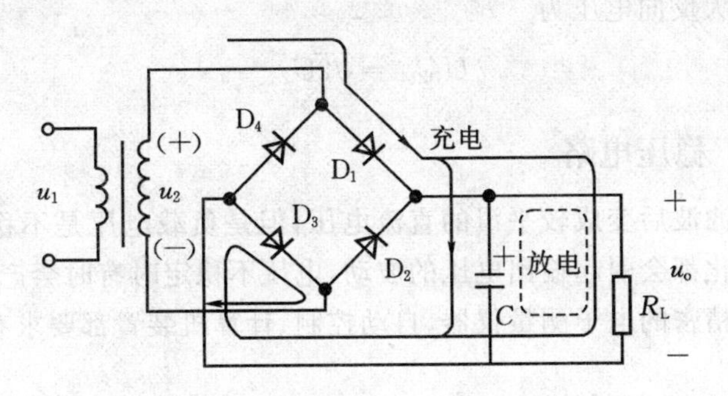

图1-27　单相桥式整流电容滤波电路

1.工作原理

电容滤波电路是利用电容两端的电压不能突变的特性，与负载并联，使负载得到较平滑的电压。

假设电容C两端电压（即u_o）起始状态为零，u_2从零开始上升，则D_1、D_3导通，D_2、D_4截止，电源u_2开始向负载R_L供电，同时又对电容C充电。忽略变压器二次绕组的直流电阻和二极管的正向导通电阻，充电时间常数（$2R_DC$，R_D为二极管正向导通电阻）很小，充电速度很快，电容电压u_c紧随输入电压u_2按正弦规律上升至u_2的最大值，然后u_2继续按正弦规律下降。当$u_2<u_c$时，使二极管D_1、D_3截止，而电容C则对负载电阻R_L按指数规律放电，因放电时间常数R_LC较大，u_c缓慢下降。时间常数越大，电容放电越慢，输出电压就越平坦。直到u_2负半周出现$|u_2|>|u_c|$时，二极管D_2、D_4正向导通，电源又向电容充电。如此反复进行充放电，得到图1-28输出电压波形。显然，此波形比没有滤波时平滑得多。为了获得较平滑的输出电压，一般要求$R_LC\geqslant(3\sim5)\frac{T}{2}$（$T$为$u_2$的周期）。

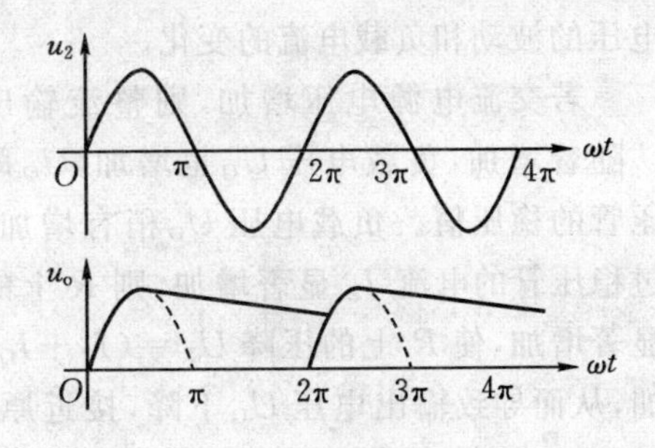

图1-28　经滤波后输出电压

2.参数计算

由输出波形可以看出，负载电压平均值有所提高，工程实践中计算时按下式取值

$$U_o = 1.2U_2 \tag{1.9}$$

按下式确定滤波电容容量：

$$C \geqslant (3-5)T/2R_L \tag{1.10}$$

电容耐压值的确定：由图1-28可知，加在电容上的最大电压为$U_{2m}=\sqrt{2}U_2$，选定的电容耐压值为U_{2m}的1.5～2倍。

负载上的平均电流为

$$I_L = U_L/R_L = 1.2U_2/R_L \tag{1.11}$$

整流管的平均电流为

$$I_D = \frac{1}{2}I_L = 0.6U_2/R_L \tag{1.12}$$

整流管承受的最大反向电压为

$$U_{DRM} = \sqrt{2}U_2 \tag{1.13}$$

能力知识点 4　稳压电路

交流电经过整流滤波后变成较平滑的直流电压，但是负载电压是不稳定的。电网电压的变化或负载电流的变化都会引起输出电压的波动，电压不稳定时有时会产生测量误差，影响控制装置的控制精度。精密的电子测量仪器、自动控制、计算机装置都要求有较稳定的直流电源供电。

所谓稳压电路，就是当电网电压波动或负载发生变化时，能使输出电压稳定的电路。最简单的直流稳压电源是稳压管稳压电路。

图 1-29 所示就是稳压管稳压电路。经过桥式整流电路整流和电容滤波器滤波得到直流电压 U_i，电阻 R 是限流电阻，使稳压管电流 I_Z 不超过允许值，另一方面还利用它两端电压升降使输出电压 U_O 趋于稳定。稳压管反向并联在直流电源两端，使它工作在反向击穿区，经电容滤波后的直流电压通过电阻 R 和稳压管组成的稳压电路接到负载 R_L 上。这样，负载上得到的就是一个比较稳定的电压 U_O。

引起输出电压不稳定的原因是交流电源电压的波动和负载电流的变化。

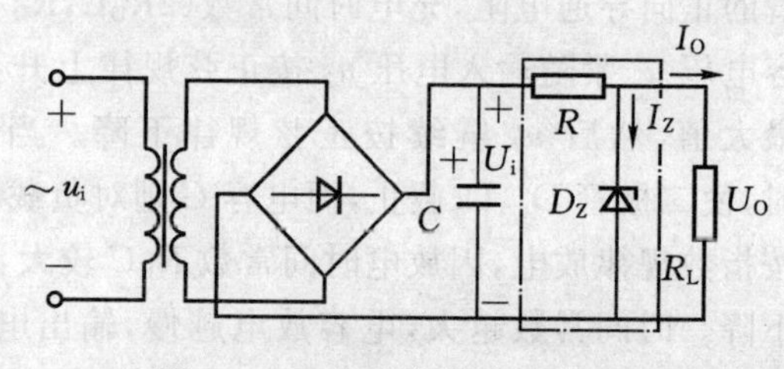

图 1-29　稳压管稳压电路

若交流电源电压增加，则整流输出电压 U_i 随着增加，负载电压 U_O 也增加，U_O 即为稳压管的稳压值。负载电压 U_O 稍有增加时，流过稳压管的电流 I_Z 显著增加，则 R 上的电流显著增加，使 R 上的压降 $U_R=(I_Z+I_O)R$ 增加，从而导致输出电压 U_O 下降，接近原来值，保持近似不变。

同理，当电源电压保持不变，而负载 R_L 发生变化时，假设 R_L 减小，则输出电流 I_O 增大，因为 $I_R=I_Z+I_O$，所以 R 上电流变大，U_R 变大，使 U_O 减小。只要 U_O 下降一点，则稳压管电流 I_Z 明显减小，从而 I_R、U_R 减小，输出电压 U_O 增大，接近原来值，基本保持不变。

上述过程说明了稳压管稳压电路确实起到了稳压作用。同时可以看到，电阻 R 在稳压过程中起到了电压调整的作用，也称调压电阻。只有稳压二极管的稳压作用与 R 调压作用相配合，才能使稳压电路具有良好的稳压效果。

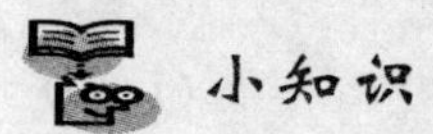

集成稳压器

集成稳压器是将稳压电路的主要元件甚至全部元件制作在一块硅片上的集成电路，因而具有体积小、使用方便、工作可靠等特点。

集成稳压器的种类很多，作为小功率的直流稳压电源，应用最为普遍的是三端式串联型集成稳压器。三端式串联型集成稳压器是指稳压器仅有输入端、输出端和公共端三个接线端子，如 W78××和 W79××系列稳压器。W78××系列输出正电压有 5V、6V、8V、9V、10V、12V、15V、18V、24V 等多种，若要获得负输出电压选用 W79××系列即可。W78××和 W79××这两种集成稳压器的引脚与外形如图 1-30 所示。例如 W7805 输出+5V 电压，W7905 则输出-5V 电压。这类三端稳压器在加装散热器的情况下，输出电流可达 1.5～2.2A，最高输入电压为 35V，最小输入、输出电压差为 2～3V，输出电压变化率为 0.1%～0.2%。图 1-31 所示电路为集成稳压器的典型应用，是能同时输出正、负电压的电路。

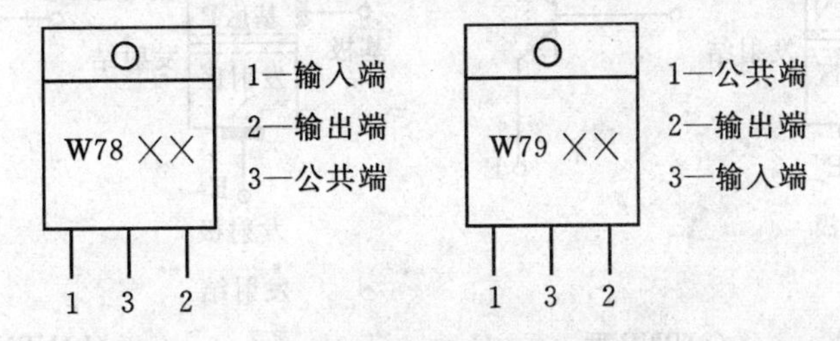

图 1-30　集成稳压器的引脚与外形

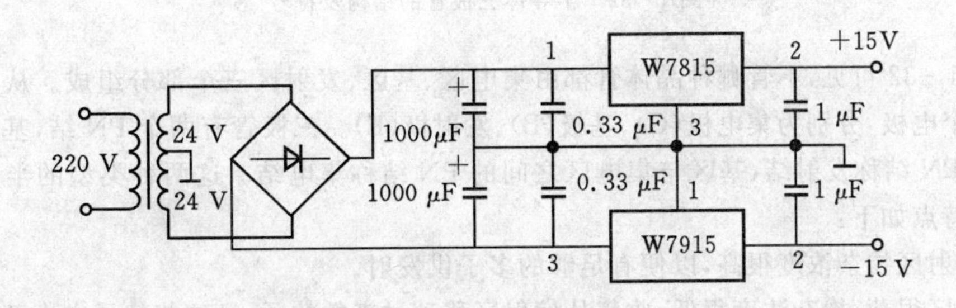

图 1-31　集成稳压器的典型应用

本节思考题

1. 直流电源通常由哪几个部分组成？各部分的作用是什么？

2. 什么是整流？整流输出的电压与恒稳直流电压、交流电压有什么不同？

3. 在单相桥式整流电路中，如果有一个二极管断路，电路会出现什么现象？如果有一个二极管短路，电路会出现什么现象？若有一个反接，电路又会出现什么现象？

1.4　半导体三极管

能力知识点 1　三极管概述

三极管的种类很多，按照半导体材料可分为硅管、锗管；按功率分为小功率管、中功率管和大功率管；按照制造工艺分为合金管和平面管等；按照结构分为 NPN 和 PNP 两种类型。

半导体三极管是组成放大电路的主要元件，又称为晶体管，它由两个 PN 结组成。三极管的典型应用是电流放大作用。

1. 三极管的基本结构

图 1－32 所示为半导体三极管结构示意图及符号。

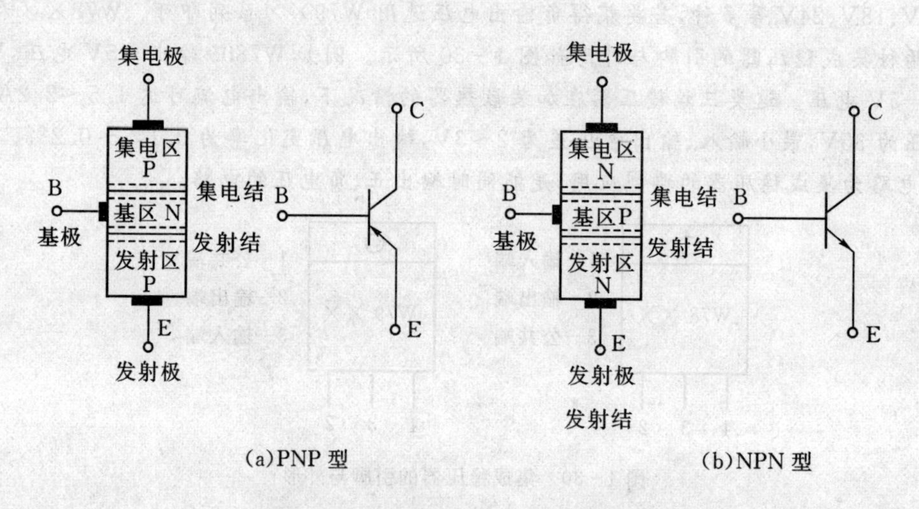

图 1－32　半导体三极管的结构及符号

由图 1－32 可见，不管哪种晶体管都由集电区、基区、发射区三个部分组成。从三个区分别引出一个电极，分别为集电极(C)、基极(B)、发射极(E)。三极管有两个 PN 结，基区与发射区之间的 PN 结称发射结，基区与集电区之间的 PN 结称集电结。这两种类型的半导体三极管的共同特点如下：

(1)发射区掺杂浓度很高，以便有足够的多子供发射。

(2)基区很薄，掺杂浓度很低，收集从发射区移动过来的粒子，且这些粒子中大部分能越过基区到达集电区。

(3)集电区的几何尺寸比发射区要大，掺杂浓度介于基区和发射区之间。

需要注意的是发射区和集电区不能互换。PNP 型和 NPN 型三极管的工作原理基本上是相同的，不同之处在于使用时电源连接极性不同，电流方向相反。

图 1－33 所示为几种常见的三极管的外形图。

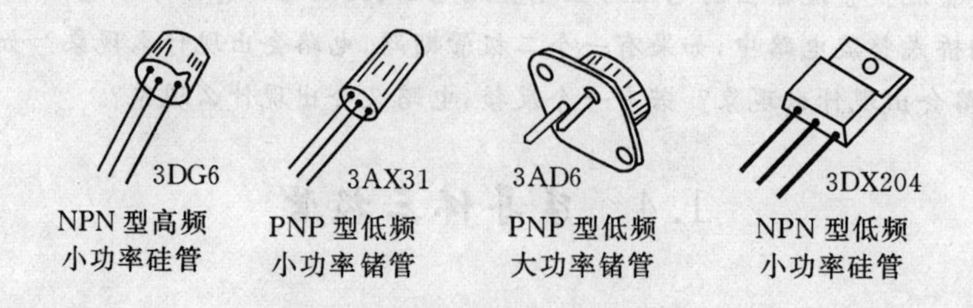

图 1－33　常见三极管的外形图

2. 三极管的电流放大原理

下面以 NPN 型三极管为例，讨论三极管的基本工作原理。

为了了解三极管的放大作用，我们先来分析一个实验电路。如图 1-34 所示，晶体管构成两个回路，基极回路和集电极回路，两个回路共用三极管的发射极，此电路称为共发射极接法。

其中，E_B称为基极电源，R_B称为基极电阻，E_C 称为集电极电源，R_C 称为集电极电阻。要求 $E_C > E_B$，保证三极管发射结正偏，集电结反偏。此时，三极管才能工作在电流放大状态。

改变可变电阻 R_B，记录对应的基极电流 I_B、集电极电流 I_C、发射极电流 I_E、电流方向如图 1-34所示，测量结果列于表 1-1 中。

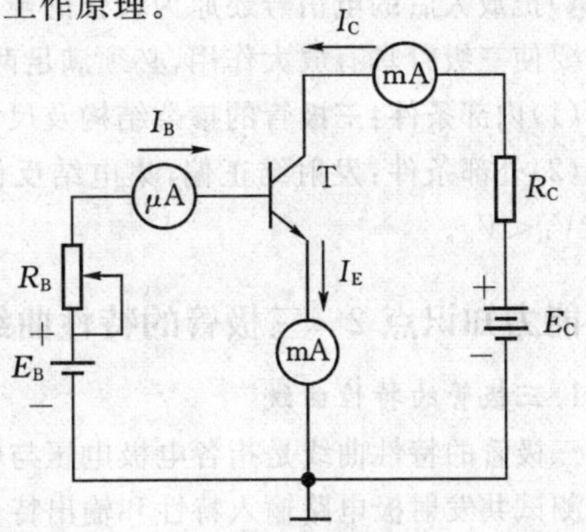

图 1-34　三极管基本原理实验电路图

表 1-1　图 1-34 实验电路的测量数据

I_B/mA	0	0.02	0.04	0.06	0.08	0.10
I_C/mA	<0.001	0.70	1.50	2.30	3.10	3.95
I_E/mA	<0.001	0.72	1.54	2.36	3.18	4.05

实验结果分析如下：

(1)三个电极电流符合基尔霍夫电流定律。

$$I_E = I_B + I_C$$

因为 I_E 和 I_C 比 I_B大得多，通常可近似认为发射极电流 I_E 约等于集电极电流 I_C，即：

$$I_E = I_C \gg I_B$$

(2)三极管具有电流放大作用。

从表 1-1 中数据可得：

$$\frac{I_{C3}}{I_{B3}} = \frac{1.50}{0.04} = 37.5 \quad \frac{I_{C4}}{I_{B4}} = \frac{2.30}{0.06} = 38.3 \quad \frac{I_{C5}}{I_{B5}} = \frac{3.10}{0.08} = 38.8$$

比值结果近似为常数。同时，基极电流的少量变化 ΔI_B可以引起集电极电流较大的变化 ΔI_C。比较第四列和第五列的数据，可得：

$$\frac{\Delta I_C}{\Delta I_B} = \frac{3.10 - 2.30}{0.08 - 0.06} = 40$$

实验表明，基极电流虽小，但对集电极电流有控制作用，基极电流微小的变化就能引起集电极电流较大的变化，这就是三极管的电流放大作用。在实际应用中，放大电路的用途是非常广泛的，它能够利用三极管的电流控制作用把微弱的电信号放大到所需要的强度。

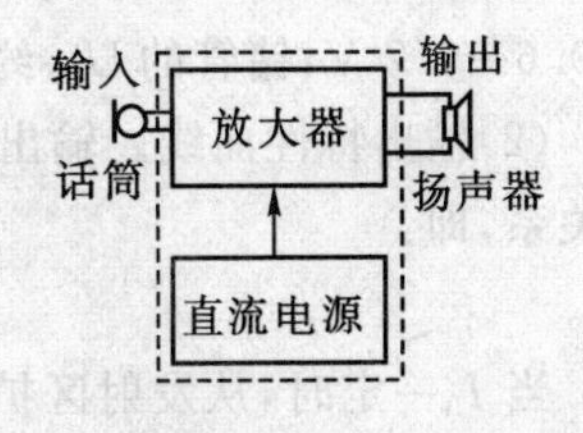

图 1-35　音响放大器电路组成

如图1-35 所示就是一个典型的把微弱的声音变大的放大电路。声音先经过话筒，把声波转换成微弱的电信号，经过放大器，利用三极管的电流控制作用，把电源供给的能量转换为较强的电信号，然后经过扬声器（喇叭）把放大后的电信号还原为较强的声音信号。

要使三级管具有放大作用，必须满足两个条件：

（1）内部条件：三极管的掺杂结构及尺寸要求；

（2）外部条件：发射结正偏，集电结反偏。即：①对 NPN 型：$V_C > V_B > V_E$；②对 PNP 型：$V_C < V_B < V_E$。

能力知识点 2 三极管的特性曲线和主要参数

1. 三极管的特性曲线

三极管的特性曲线是指各电极电压与电流之间的关系曲线。图 1-36 和图 1-37 所示的就是测试共发射极电路输入特性和输出特性的电路。

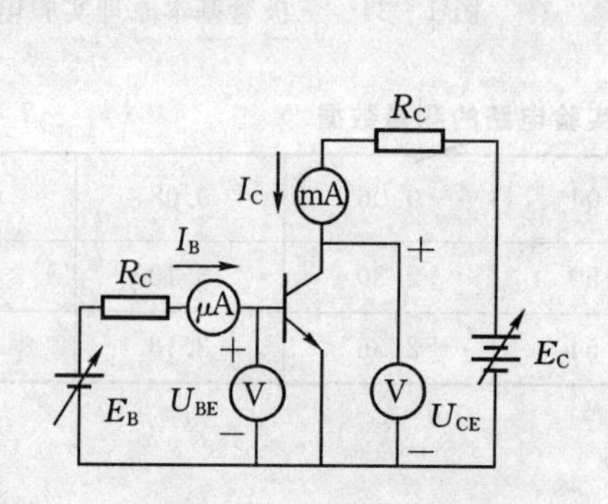

图 1-36 三极管特性测试电路

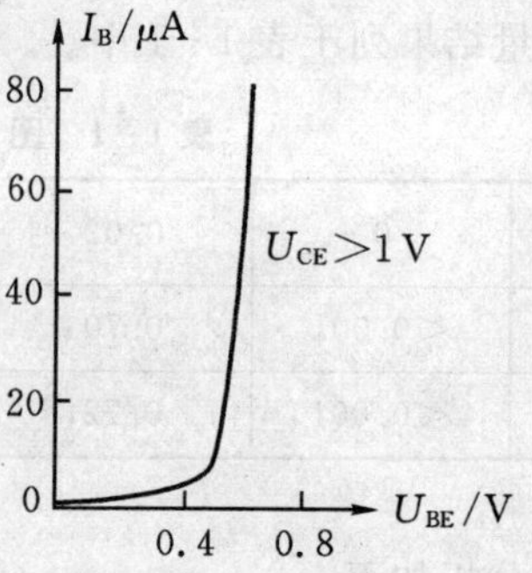

图 1-37 3DG6 输入特性曲线

（1）输入特性曲线。输入特性是指集电极和发射极之间的电压 U_{CE} 为一常数时，基极电流 I_B 与 U_{BE} 间的关系，即 $I_B = f(U_{BE})/U_{CE} =$ 常数。

理论上讲，不同的 U_{CE} 值，应该有一条 I_B 与 U_{BE} 的关系曲线，但实际上，当 $U_{CE} \geqslant 1$ V 时，集电结已反向偏置，内电场足够大，可以把从发射区进入基区的电子绝大部分拉入集电区。如果此时再增大 U_{CE}，只要 U_{BE} 不变，即发射结内电场不变，从发射区发射到基区的电子数就一定，因而 I_B 也就基本不变，所以通常只画出 $U_{CE} \geqslant 1$ V 的一条输入特性曲线，就可以代表不同 U_{CE}（除小于 1 V）时的输入特性，如图 1-37 所示。

由图 1-37 可见，和二极管的伏安特性曲线加正向电压一样，三极管输入特性曲线也存在一段死区。当 U_{BE} 较小时，$I_B = 0$，硅管的死区电压为 0.5 V，锗管的死区电压为 0.1 V。当 U_{BE} 大于死区电压时，三极管 I_B 才有一定的值，并且增长很快。在正常工作时，NPN 硅管的 U_{BE} 约为 0.6～0.7 V，锗管的 U_{BE} 约为 0.2～0.3 V。

（2）输出特性曲线。输出特性是指当基极电流 I_B 为某一固定值时，集电极电流 I_C 与 U_{CE} 的关系，即：

$$I_C = f(U_{CE})/I_B = \text{常数}$$

当 I_B 一定时，从发射区扩散到基区的电子数是一定的。在 $U_{CE} = 0$～1 V 这一段，随着 U_{CE} 的增大（集电结反偏，内电场增强，收集电子能力加强），I_C 线性增加。当 U_{CE} 超过大约 1 V 以后，内电场已经足够强，这些电子的绝大部分都被拉入集电区而形成 I_C，当 U_{CE} 继续增加时，I_C

也不再有明显的增加，具有恒流特性。

当I_B增加时，相应的I_C也增加，曲线上移，而且I_C比I_B增加得更多，这就是晶体管的电流放大作用的表现。

图1-38是三极管的输出特性曲线，从输出特性曲线可以看出它可分为三个区域。

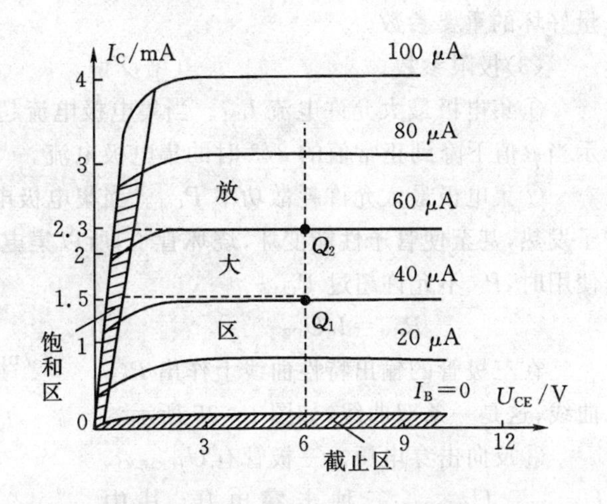

图1-38 三极管的输出特性曲线

①截止区。将$I_B=0$以下的区域称为截止区。此时电流I_C为基极开路时从发射极到集电极的反向截止电流，称为穿透电流，用I_{CEO}表示，常温下数值很小。三极管处于截止状态时，发射结和集电结均为反向偏置。

②放大区。在放大区，各条输出特性曲线较平坦，当I_B一定时，I_C的值基本上不随U_{CE}变化，且I_C只受I_B控制，即$I_C=\bar{\beta}I_B$，反映出三极管的电流放大作用。三极管工作于放大状态时，发射结正向偏置，集电结反向偏置。

③饱和区。在饱和区，三极管失去电流放大作用。三极管饱和时C、E间的电压称为饱和压降，用U_{CES}表示。硅管约为0.3 V，锗管约为0.1 V。当三极管工作在饱和状态时，集电结、发射结均处于正向偏置。

在数字电路中，三极管常用作开关元件，这时三极管工作在饱和区和截止区。

三极管工作区的判断很重要，当放大电路中的三极管不工作在放大区时，放大信号就会出现严重失真。

2. 主要参数

三极管的参数是设计电路、合理选择三极管的依据，以下主要介绍常用的参数。

(1)共发射极电路的电流放大系数。

①直流电流放大系数$\bar{\beta}$：指在无输入信号(静态)时，集电极电流与基极电流的比值，即$\bar{\beta}=\frac{I_C}{I_B}$。

②交流电流放大系数β：指在有输入信号(动态)时，集电极电流变化量与基极电流变化量之比，即$\beta=\frac{\Delta I_C}{\Delta I_B}$。近似计算时，可认为$\beta=\bar{\beta}$。

(2)极间反向电流。

①集－基极反向饱和电流I_{CBO}。I_{CBO}是当发射极开路($I_E=0$)时的集电极电流。I_{CBO}是由少数载流子漂移运动(主要是集电区的少数载流子向基区运动)产生的。它受温度影响很大。在室温下，小功率锗管的I_{CBO}约为几微安到几十微安，小功率硅管在1μF以下。温度每升高10℃，晶体管的I_{CBO}大约增加1倍，在实际应用中此数值越小越好。硅管的温度稳定性比锗管要好，在环境温度较高的情况下应尽量选用硅管。

②集一射极穿透电流 I_{CEO}。它是指基极开路($I_B=0$)时的集电极电流。因为它是从集电极直接穿透三极管而到达发射极的,所以又称为穿透电流。当温度升高时,I_{CEO}随着增加,对三极管的工作影响很大。所以,选用晶体管时一般希望 I_{CEO}小一些。因此 I_{CEO}是衡量管子质量好坏的重要参数。

(3)极限参数。

①集电极最大允许电流 I_{CM}。当集电极电流超过一定值时,三极管的β值就要下降,I_{CM}表示当β值下降到正常值的 2/3 时的集电极电流。

②集电极最大允许耗散功率 P_{CM}。当集电极电流流过集电结时,将使集电结温度升高,管子发热,甚至使管子性能变坏,烧坏管子,所以集电极消耗的功率 P_C 有一个最大允许值 P_{CM}。使用时,P_C 不允许超过 P_{CM}。

$$P_{CM}=I_CU_{CE}$$

在三极管的输出特性曲线上作出 P_{CM}曲线,这是一条双曲线,如图 1-39 所示。

③反向击穿电压。三极管有$U_{(BR)EBO}$、$U_{(BR)CBO}$、$U_{(BR)CEO}$三种击穿电压,其中$U_{(BR)EBO}$是指基极开路时,加在集电极和发射极间的最大允许电压。使用时若反向电压超过规定值,则会发生击穿。

三极管的安全工作区根据极限参数I_{CM}、$U_{(BR)CEO}$、P_{CM},可确定三极管的安全工作区,如图 1-39 所示。

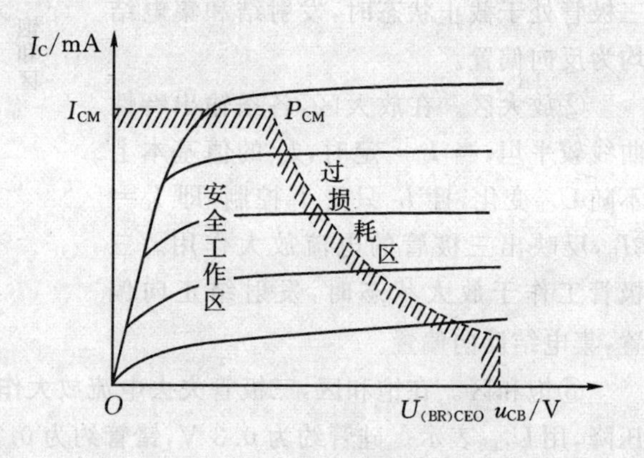

图 1-39　三极管的权限损耗区

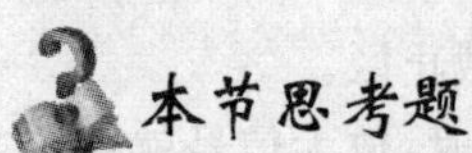

1. 半导体三极管在结构上分为哪两类?有什么相同点和不同点?
2. 半导体三极管在实际应用中有什么作用?
3. 要使半导体三极管工作在放大状态需要满足什么条件?

*1.5　其他半导体器件

能力知识点 1　光电耦合器

光电耦合器是以光为媒介传输电信号的一种电—光—电转换器件,是一种新型的集成电子器件。传送信号时起到电隔离作用,并且传送信号速度快、工作可靠、使用方便,广泛应用于卫星计算机、测量设备及电子设备间的接口电路。

它由发光源和受光器两部分组成,如图 1-40 所示。它是把发光源和受光器组装在同一密闭的壳体内,彼此间用透明绝缘体隔离。发光源的引脚为输入端,受光器的引脚为输出端,常见的发光源为红外发光二极管,受光器为光敏二极管、光敏三极管和光控集成电路等。

其工作原理是:在光电耦合器输入端加电信号使发光源发光,光的强度取决于激励电流的大小,此光照射到封装在一起的受光器上后,因光电效应而产生了光电流,由受光器输出端引出，这样就可以实现电—光—电的转换。

光电耦合器主要用在两个方面：一是作为电信号传递器件，作用相当于信号变压器；二是作为开关元件，作用相当于继电器。

【例1-7】信号传递应用举例：图1-41是可编程控制器PLC的输入接口电路与输入设备连接示意图。从图1-41中可以看出，当开关S闭合后，可编程控制器的输入信号通过光电耦合器传送给内部电路，输入信号与内部电路之间没有电的联系，通过这种隔离措施可以防止各种干扰串入PLC。

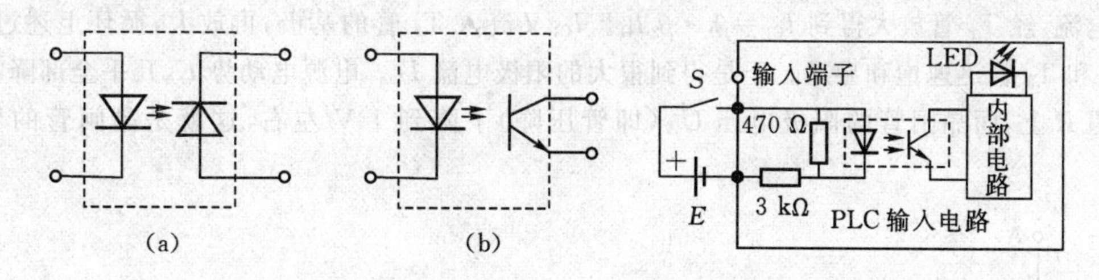

图1-40　两种常用的光电耦合器　　图1-41　PLC的输入接口电路

能力知识点2　晶闸管

1. 晶闸管的结构

图1-42所示为常见的两种晶闸管外形，分别为螺栓式、平板式。两者均有三个引出电极：阳极A、阴极K和控制极G。螺栓式晶闸管中，螺栓是阳极A的引出端，并利用它与散热器紧固。平板式晶闸管由两个彼此绝缘的散热器把晶闸管夹在中间，由于两面都能散热，大功率多采用此种形式。

晶闸管的内部由三个PN结即J_1、J_2、J_3，PNPN四层半导体组成，如图1-43(a)所示。阳极A从P_1层引出，阴极K由N_2层引出，控制极G由P_2层引出。普通晶闸管的符号如图1-43(b)所示。

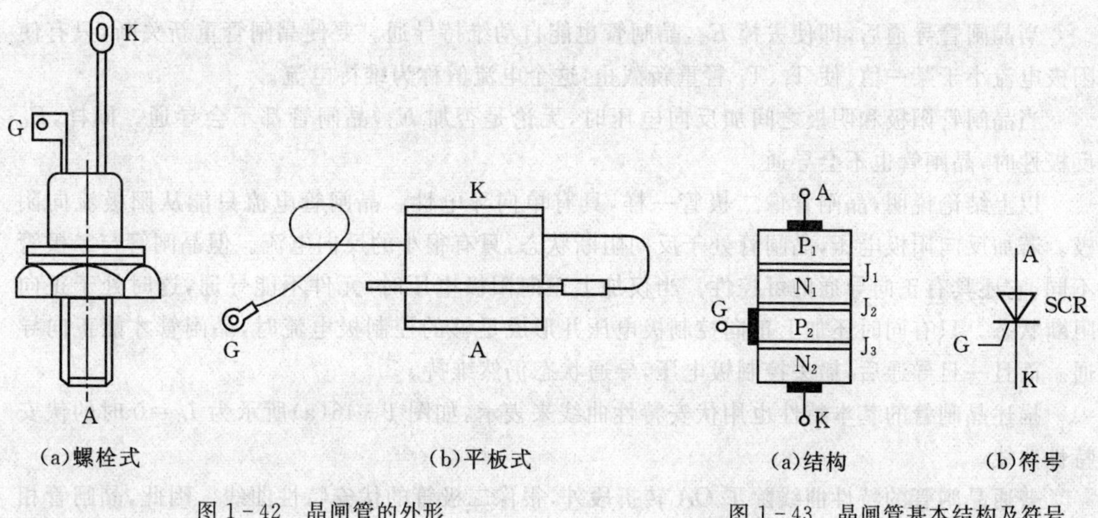

图1-42　晶闸管的外形　　图1-43　晶闸管基本结构及符号

2. 晶闸管的工作原理

晶闸管可以看成由 PNP 和 NPN 型两个晶体管连接而成，如图 1-44 所示，每个晶体管的基极与另一个晶体管的集电极相连。阳极 A 由晶体管 $P_1N_1P_2$ 的发射极引出，阴极 K 由晶体管 $N_1P_2N_2$ 的发射极引出，控制极 G 分别由 $P_1N_1P_2$ 的集电极、$N_1P_2N_2$ 的基极引出。

晶闸管导通原理如图 1-45 所示。当在 A、K 两极间加上正向电压 E_A，不加控制电压 E_G 时，由于三个 PN 结中的 J_2 为反偏，故晶闸管关断。当控制极加上正向控制电压 E_G后，产生控制电流 I_G，它流入 T_2 管的基极，并经过 T_2 管的电流放大得到 $I_{C2}=\beta_2 I_G$。而 I_{C2} 又是 T_1 管的基极电流，经 T_1 管放大得到 $I_{C1}=\beta_1 \cdot \beta_2 I_G$。$I_{C1}$ 又流入 T_2 管的基极，再放大，循环上述过程，使 T_1 和 T_2 管迅速饱和导通。于是得到很大的阳极电流 I_A。电源电动势 E_A几乎全部降在负载电阻 R 上，而晶闸管的阳极电压 U_A（即管压降）下降到 1 V 左右，这就是晶闸管的导通过程。

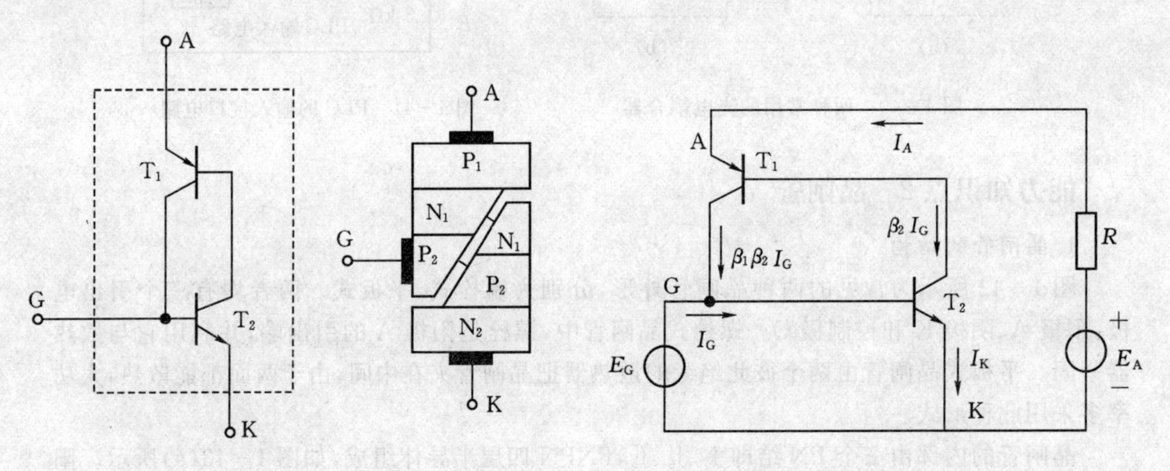

图 1-44　晶闸管相当于 PNP 和 NPN 两个晶体管组合

图 1-45　晶闸管导通原理

当晶闸管导通后，即使去掉 E_G，晶闸管也能自动维持导通。要使晶闸管重新关断，只有使阳极电流小于某一值，使 T_1、T_2 管重新截止，这个电流值称为维持电流。

当晶闸管阳极和阴极之间加反向电压时，无论是否加 E_G，晶闸管都不会导通。同样，E_G 反极性时，晶闸管也不会导通。

以上结论说明，晶闸管像二极管一样，具有单向导电性。晶闸管电流只能从阳极流向阴极。若加反向阳极电压，晶闸管处于反向阻断状态，只有很小的反向电流。但晶闸管与二极管不同，它还具有正向导通的可控性。当仅加上正向阳极电压时，元件不能导通，这时处于正向阻断状态。只有同时还加上正向控制极电压并形成足够的控制极电流时，晶闸管才能正向导通。而且一旦导通后，撤去控制极电压，导通状态仍然维持。

描述晶闸管的基本特性也用伏安特性曲线来表示，如图 1-46(a)所示为 $I_G=0$ 时的伏安特性曲线。

普通晶闸管的特性曲线除了 OA 转折段外，很像二极管的伏安特性曲线。因此，晶闸管相当于一种导通时间可控的二极管。需要注意的是，在很大的正向和反向电压作用下，晶闸管会击穿导通，这是不允许的。通常是使晶闸管在接通正向电压下将正向触发电压加到控制极上，使晶闸管导通，其特性曲线如图 1-46(b)所示，控制极电流 I_G越大，正向转折电压越低，晶闸管越易导通。

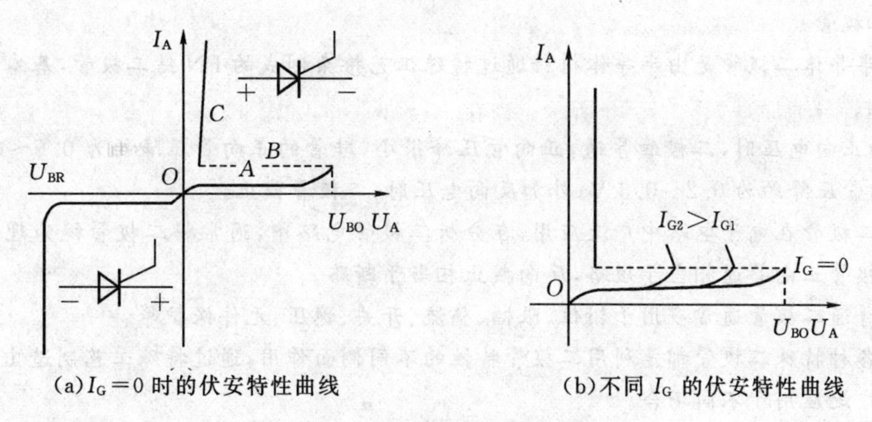

(a)$I_G=0$ 时的伏安特性曲线　　(b)不同 I_G 的伏安特性曲线

图 1-46　晶闸管的伏安特性曲线

3. 主要参数

(1)正向重复峰值电压 U_{DRM}：即在控制极断路和晶闸管正向阻断条件下可以重复加在晶闸管两端的正向峰值电压。通常规定此电压比正向转折电压小 100 V。

(2)反向重复峰值电压 U_{RRM}：即在控制极断路时，可以重复加在晶闸管元件上的反向峰值电压。U_{DRM}和 U_{RRM}一般相等，统称为晶闸管的峰值电压。

(3)额定正向平均电流 I_F：即在规定环境温度和标准散热及全导通的条件下，晶闸管可以连续通过的工频正弦半波电流平均值。

(4)维持电流 I_H：即在规定的环境温度和控制极断路时，维持元件继续导通的最小电流。当晶闸管的正向电流小于这个电流时，晶闸管会自动关断。

(5)控制极触发电压 U_G、触发电流 I_G：即在规定的环境温度下加一正向电压，使晶闸管从阻断状态转变为导通状态所需要的最小控制极直流电压、电流。

本节思考题

1. 光电耦合器在实际应用中能否用普通二极管替代？

2. 晶闸管的结构是怎样的？

3. 晶闸管正常导通条件是什么？导通后流过晶闸管的电流大小取决于什么？负载上电压平均值与什么因素有关？晶闸管关断的条件是什么？如何实现？关断后阳极电压又取决于什么？

本章小结

本章主要介绍了常用半导体器件的工作特性及其应用，主要包含以下几个方面：

1. 半导体

半导体具有光敏性、热敏性及掺杂性三个典型特点，尤其是掺杂性在电子器件中广泛应用。通过掺入杂质可使半导体的导电能力增加几十万甚至上百万倍。掺入不同的杂质可以形成不同的半导体材料，如N型半导体、P型半导体和PN结。PN结是构成半导体器件的基础。

2. 二极管

(1)半导体二极管是由半导体材料通过特殊工艺掺杂制成的PN结二极管，基本特性是单向导电性。

外加正向电压时，二极管导通，正向管压降很小，硅管的正向管压降约为0.6～0.7 V；锗管的正向管压降约为0.2～0.3 V；外加反向电压时，二极管截止。

(2)二极管在电子电路中广泛应用，在分析二极管电路中，通常将二极管视为理想元件处理，即二极管正向导通相当于短路，反向截止相当于断路。

(3)普通二极管通常多用于钳位、限幅、整流、开关、稳压、元件保护等。

(4)各种特殊二极管都是利用二极管特性的不同侧面作用，通过特殊工艺制造出来的。各具特色，广泛应用于不同场合。

稳压管工作在伏安特性的反向击穿区，在电路中串联合适的电阻可以起到稳压作用，当外加的反向电压大于等于其稳定电压时，稳压管反向导通，稳定与它并联的负载电压。

利用开关特性制造的开关二极管，常用作电子开关。

用化合物制成的发光二极管常用来制作显示器件等。

3. 二极管整流电源

线性直流稳压电源由工频变压器、整流电路、滤波电路、稳压电路组成。为了得到稳定的输出电压，可用稳压管组成简单的稳压电路，但其稳定精度不高。目前，广泛采用的是三端集成稳压器，使用简便，且稳压精度高。

4. 三极管

三极管又称晶体管，是一种电流控制元件，具有电流放大作用。它分为NPN和PNP两种类型。正常工作时有三种工作状态，即放大状态、饱和状态和截止状态。

(1)放大状态。$I_C=\bar{\beta}I_B$，具有电流放大作用，前提条件是发射结正偏，集电结反偏。

(2)饱和状态。集电结，发射结均正偏，$I_C\neq\bar{\beta}I_B$，没有电流放大作用，$U_{CE}\approx0$ V，在电路中起开关闭合的作用。

(3)截止状态。集电结，发射结均反偏或零偏，$I_C\approx0$ mA，$U_{CE}\approx E_C$，在电路中起开关断开的作用。

5. 其他半导体器件

(1)光电耦合器。光电耦合器由发光二极管和光敏二极管或晶体管组成，当发光二极管中有电流通过时，发光二极管发光，光敏二极管或晶体管接受光照而导通。用光电耦合器传递信号或作为电子开关，可使输入电路与接受电路没有直接电的联系，起到很好的抗干扰作用。

(2)晶闸管。晶闸管是一种可以控制的半导体开关元件。其内部结构由PNPN四层半导体构成，其中有三个PN结，三个引出极：阳极A、阴极K和控制极G。晶闸管的导通条件是阳极加正向电压，控制极加正向触发电压，阳极电流大于维持电流。晶闸管过电压、过电流能力较差，应在额定参数范围内使用。

本章习题

A级

1.1　二极管电路如题图 1-1 所示，分析二极管 D_1 和 D_2 的工作状态并求 U_o。（二极管视为理想二极管）

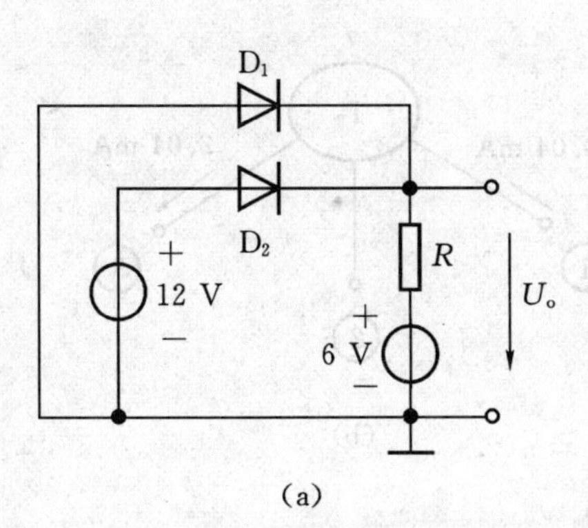

(a)

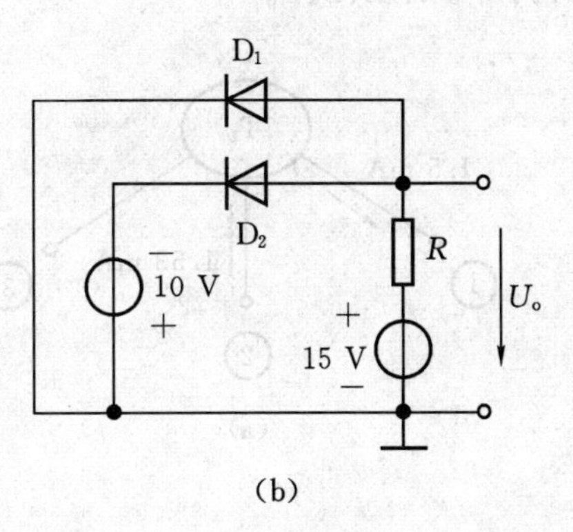

(b)

题图 1-1

1.2　二极管电路如题图 1-2 所示，分析二极管 D_1 和 D_2 的工作状态，并求 U_o。（二极管视为理想二极管）

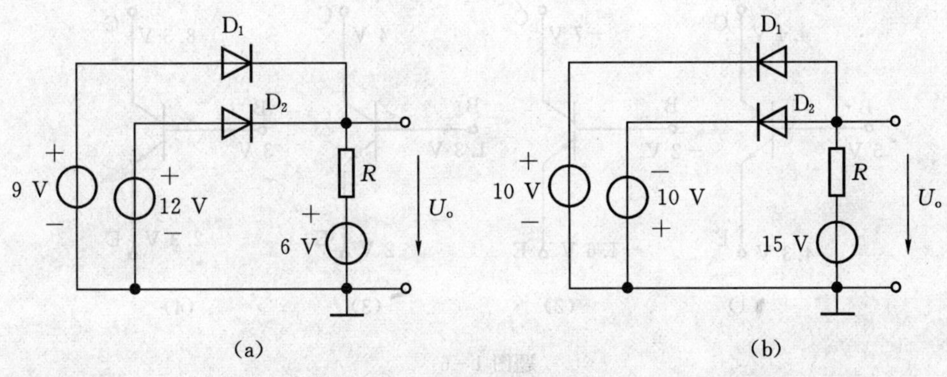

题图 1-2

1.3　题图 1-3 中，计算通过稳压管的电流 I_Z 是多少？限流电阻 R 的阻值是否合适？

1.4　在题图 1-4 所示的电路中，$E=5$ V，$u_i=10\sin\omega t$ V，试画出输出电压 u_o 的波形。二极管的正向压降忽略不计。

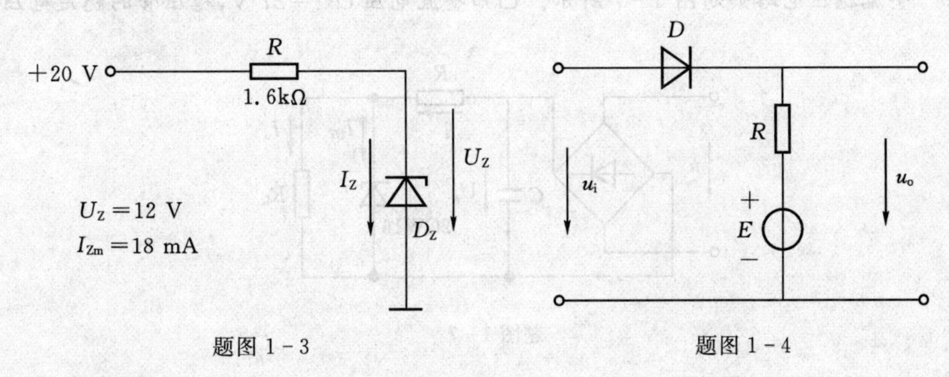

题图 1-3　　　　题图 1-4

1.5　有两个稳压管 D_{Z1}、D_{Z2}，其稳定电压分别为 5.5 V 和 8.5 V，正向压降都是 0.5 V。如果要得到 3 V、6 V、9 V、14 V 几种稳定电压，试画出其稳压电路。

1.6　已知晶体管 T_1、T_2 的两个电极的电流如题图 1-5 所示，试求：

(1)另一电极的电流，并标出电流的实际方向；

(2)判断管脚 E、B、C。

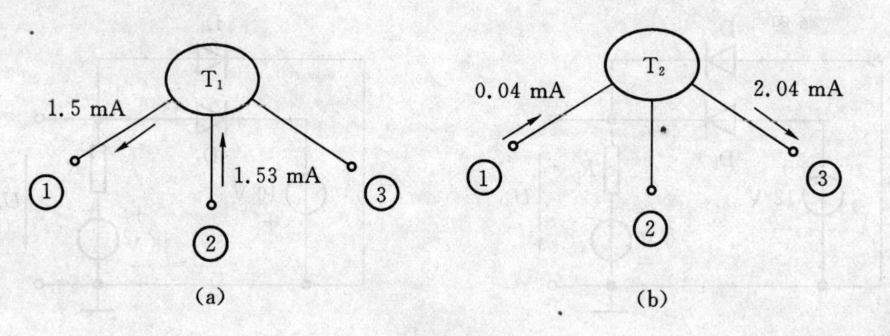

题图 1-5

1.7　在电路中测出各三极管的三个电极对地电位如题图 1-6 所示，试判断各三极管处于何种工作状态。

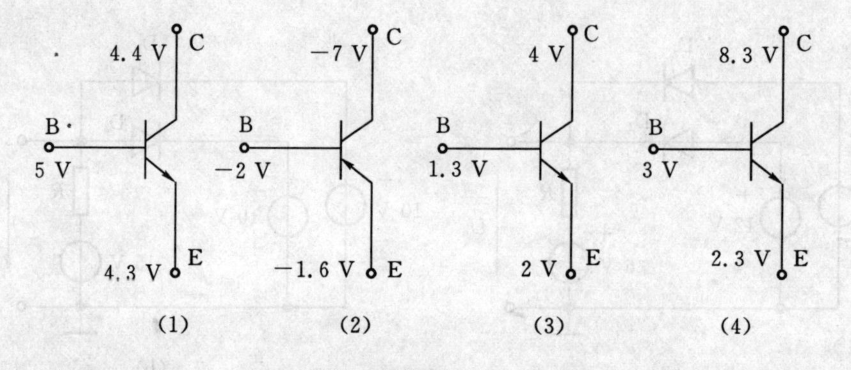

题图 1-6

1.8　在电路中，测得一只三极管各管脚对地电位是 8 V、4 V、4.7 V。试问该管是硅管还是锗管？是 PNP 还是 NPN？哪一个是基极、发射极和集电极？

B 级

1.9　整流稳压电路如题图 1-7 所示。已知整流电压 $U'_o = 27$ V，稳压管的稳定电压为 9

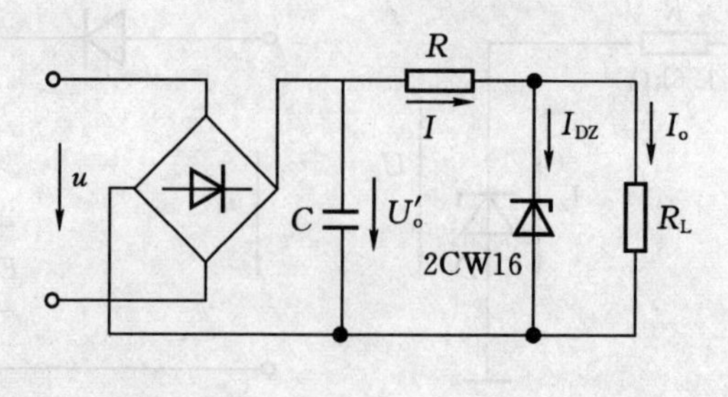

题图 1-7

V，最小稳定电流为 5 mA，最大稳定电流为 26 mA，限流电阻 $R=0.6\ \text{k}\Omega$，负载电阻 $R_L=1\ \text{k}\Omega$，求：

(1)电流 I_O、I_{DZ}、I。

(2)如果负载开路，稳压管能否正常工作？为什么？

(3)如果电源电压不变，该稳压电路允许负载电阻变动的范围是多少？

1.10　在题图 1-8 中，稳压管 D_{Z1} 的稳定电压为 5 V，D_{Z2} 的稳定电压为 8 V，试求 U_O、I、I_{Z1}、I_{Z2}。

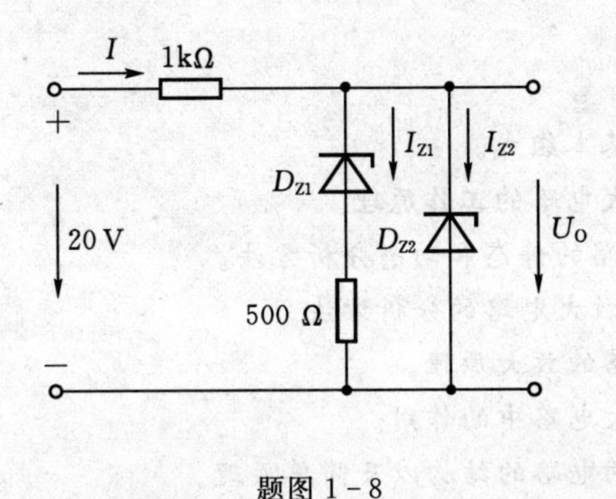

题图 1-8

第2章 基本放大电路

学习目标

1. 知识目标

(1)熟悉放大电路的基本组成。

(2)掌握共发射极放大电路的工作原理。

(3) 掌握基本放大电路的静态和动态分析方法。

(4) 掌握分压式偏置放大电路的分析方法。

(5)了解多级放大电路的放大原理。

(6)了解负反馈在放大电路中的作用。

(7)认识功率放大器的电路的结构以及简单原理。

2. 能力目标

(1)能够画出简化后的交流电压放大电路及其直流通路和交流通路。

(2)能够对典型交流电压放大电路进行分析,并计算主要电路参数。

知识分布网络

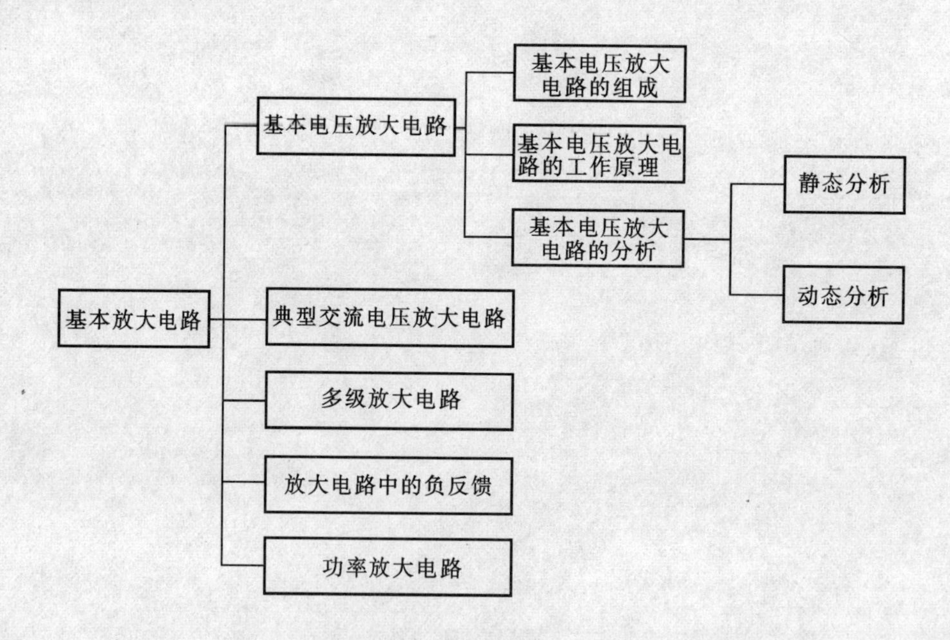

2.1　基本交流电压放大电路概述

基本放大电路是构成各种复杂放大电路和线性集成电路的基本单元。日常使用的收音机、电视机、测量仪器及自动控制系统中都有各种各样的放大电路。在这些电子设备中，常需要将天线收到或是从传感器得到的微弱电信号加以放大，以便推动喇叭或测量装置的执行机构工作。

放大电路的功能，把输入的微弱电信号幅度放大且保持信号频率不变。“放大”的实质是以弱控强，根据自然界的能量守恒定理，任何电信号都不可能自行放大，必须有另外一个较强的电源向电路提供能量，以微弱的输入电信号控制这个电源，将输入的微弱电信号转换为能量较强的电信号，并使强信号模拟弱信号而变化。

“放大”是模拟电子电路讨论的基本内容，也是电子技术中的主要内容之一，通过本章学习，要求熟悉放大电路的静态和动态分析方法，理解建立和稳定静态工作点的必要性。

能力知识点1　交流电压放大电路的信号放大过程

图 2-1 为晶体管放大电路。基极回路为输入回路，集电极回路为输出回路，两个回路共用发射极，所以该电路称为共发射极接法放大电路。

R_B和E_B的作用是给晶体管发射结提供适当的正向偏置电压U_{BE}（硅管 0.7 V）和偏置电流I_B。E_B数值较小，一般为几伏。

E_C 和 R_C 的作用是给晶体管提供适当的管压 U_{CE}，使 $U_{CE}>U_{BE}$，保证晶体管集电结反偏，发射结正偏，晶体管工作在放大状态。E_C 一般为几伏到几十伏。

在图 2-1 中 U_{BE}、I_B、I_C、U_{CE} 都是直流量。其中 $I_C=\beta I_B$，$U_{CE}=E_C-I_CR_C$，I_CR_C 是电阻 R_C 上的压降。各量的波形图如图 2-1 所示，该电路图没有交流信号输入，即没有放大信号输入前，已将晶体管设置在放大状态，为放大交流信号提供了保证。

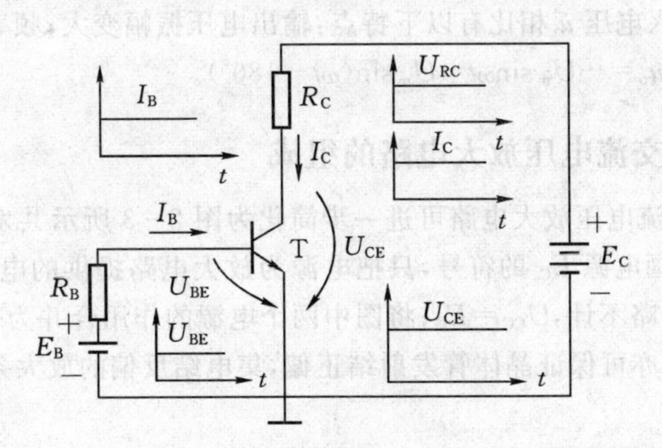

图 2-1　晶体管电流放大电路

在图 2-1 基础上输入交流信号，如图 2-2 所示。

输入端 B、E 间经电容 C_1 接信号源 u_i（待放大的交流电压信号），设 $u_i=U_m\sin\omega t$。输出端 C、E 间经电容 C_2 输出被放大的交流信号 u_o，C_1，C_2 称为耦合电容，电容能隔直流通交流，所以 C_1 用来引入交流信号，但隔断放大电路中的直流电源 E_B与 C_1 前面的信号源的直流联系。

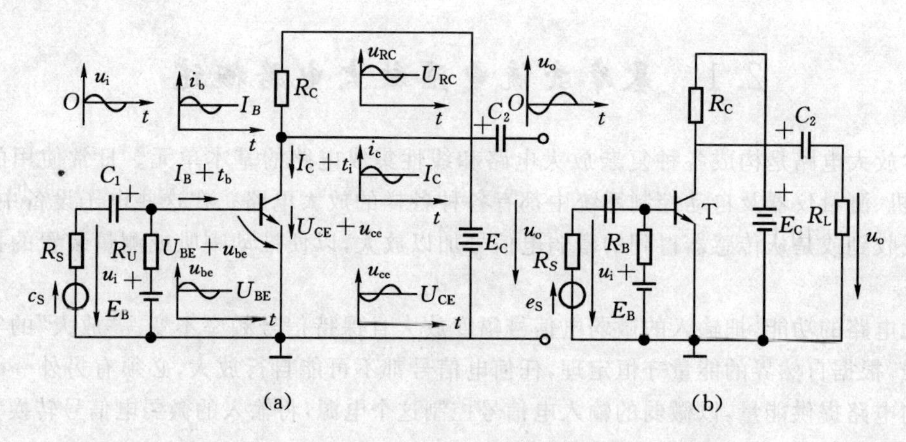

图 2-2 交流电压放大电路

C_2 用来引出被放大的交流信号，但隔断放大电路中的直流电源 E_C 与 C_2 后面的输出端的直流联系。C_1、C_2 的电容都很大，一般为几微法到几十微法，对交流信号的容抗很小，故信号压降可忽略不计，即对交流信号可视为短路。选用有极性电容，使用时要按照极性正确连接。

引入交流信号后，在图 2-1 所示 U_{BE}、I_B、I_C、U_{CE}的直流分量的基础上，又出现交流分量，如图 2-2(a)所示。

u_{be}为发射结信号电压，因 C_1 对交流信号相当于短路，所以 $u_{be}=u_i$，它产生基极电流 i_b，i_b被晶体管放大后产生集电极电流 i_c，i_c 在 R_C 上产生压降，$u_{RC}=i_cR_C$，R_C 上增加信号 u_{RC}，因为 R_C 与晶体管两端之间电压之和等于 E_C，所以晶体管上的信号电压 $u_{ce}=-u_{RC}$，波形如图 2-2(a)所示。于是，集电极电阻 R_C 把晶体管的电流放大作用 $i_c=\beta i_b$ 转化为 $u_{RC}=i_cR_C$，并反映到晶体管上。于是，电流放大作用被转化为电压放大作用（u_{ce}的幅度比 u_i大的多），通过 C_2，送出的信号电压 u_{ce}就是放大电路的输出电压，即 $u_o=u_{ce}$。通常，放大电路都是带负载的，如图 2-2(b)所示的 R_L。

输出电压 u_o 与输入电压 u_i相比有以下特点：输出电压振幅变大；频率与输入电压相同；相位与输入电压相反，即 $u_o=-U_m\sin\omega t=U_m\sin(\omega t-180°)$。

能力知识点 2　交流电压放大电路的组成

图 2-2(b)所示交流电压放大电路可进一步简化为图 2-3 所示共发射极基本放大电路。电子电路中，习惯上不画电源 E_C 的符号，只把电源为放大电路提供的电压以电位 U_{CC}的形式标出，电源内阻很小，忽略不计，$U_{CC}=E_C$；将图中两个电源的作用合并为一个电源，并用 U_{CC}表示，只要满足 $R_B>\bar{\beta}R_C$，亦可保证晶体管发射结正偏，集电结反偏的放大条件。总结图 2-3 中各元件的作用：

(1)三极管 T 是放大电路的核心器件，具有电流放大作用。

(2)基极电阻 R_B。选择合适的 R_B值，$R_B>\bar{\beta}R_C$，向三极管的基极提供合适的偏置电流，并使发射结正向偏置，集电结反偏，可使三极管有合适的静态工作点。通常 R_B的取值为几十千欧到几百千欧。

(3)集电极电阻 R_C。R_C 作用是把三极管的电流放大转换为电压放大，如果 $R_C=0\ \Omega$，则集电极电压等于电源电压，即使由输入信号 u_i引起集电极电流变化，集电极电压也保持不变。

一般 R_C 的值为几百欧到几千欧。

(4)直流电源 U_{CC}。U_{CC}有两个作用，一是通过 R_B 和 R_C 使三极管发射结正偏，集电结反偏，使三极管工作在放大区；二是给放大电路提供能源。U_{CC}的电压一般为几伏到几十伏。

(5)电容 C_1 和 C_2。它们起"隔直通交"作用，避免放大电路的输入端与信号源之间，输出端与负载之间直流分量的互相影响，称为耦合电容。一般 C_1 和 C_2 选用电解电容，取值为几微法到几十微法。用 PNP 型三极管组成放大电路时，电源的极性和电解电容极性正好与 NPN 型电路相反。

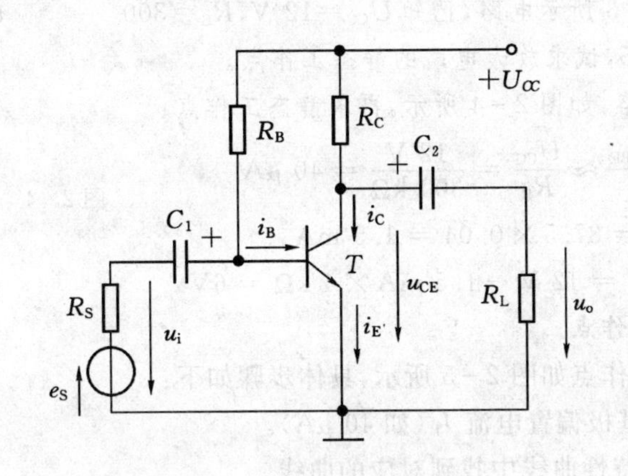

图 2-3　共发射极基本放大电路

本节思考题

1. 图 2-3 交流电压放大电路中，R_C 有什么作用？能否将其短路或者断路？

2. 图 2-3 交流电压放大电路中，耦合电容 C_1、C_2 的极性为正的一端为什么要如此连接？

2.2　基本交流电压放大电路的分析

放大电路的分析，可以分为静态分析和动态分析两种情况。放大电路没有输入信号(交流信号)时的工作状态称为静态；放大电路有输入信号(交流信号)时的工作状态称为动态。晶体管的放大作用即是对交流信号的放大作用。

能力知识点 1　交流电压放大电路的静态分析

1. 估算法计算静态工作点

静态时，$u_i=0$，放大电路没有输入信号，所以各交流信号分量为零。电路中只有 U_{BE}、I_B、I_C、U_{CE}四个直流分量，称为静态值，在三极管输出特性曲线上对应的点称为静态工作点 Q，放大电路的静态分析即求解静态值。

根据电容隔直通交的作用，$u_i=0$，且电容对直流电相当于开路，所以放大电路静态时的电路图如图 2-4 所示，也称为放大电路的直流通路。

由图 2-4 可知

$$I_B=\frac{U_{CC}-U_{BE}}{R_B}\approx\frac{U_{CC}}{R_B} \tag{2.1}$$

（硅管 $U_{BE}=0.6\sim0.7V$，锗管 $U_{BE}=0.2\sim0.3V$，相对于电源数值很小，近似计算可忽略）

$$I_C=\bar{\beta}I_B \tag{2.2}$$

$$U_{CE}=U_{CC}-I_CR_C \tag{2.3}$$

可见，若已知 U_{CC}、R_B、R_C、$\bar{\beta}$ 各值，即可求出静态值。

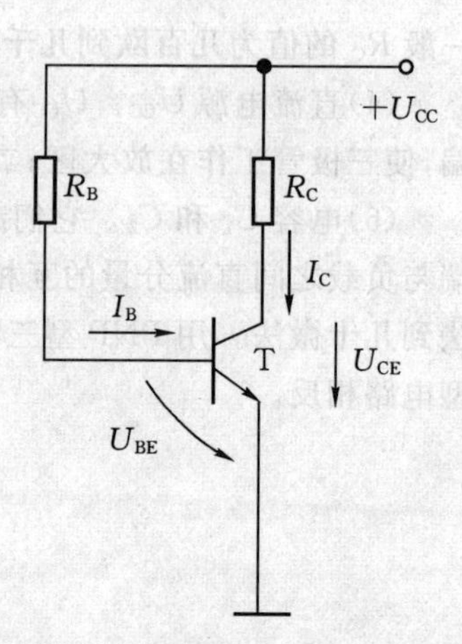

图 2－4　共发射极放大电路的直流通路

【例 2－1】 如图 2－3 所示电路，已知 $U_{CC}=12$ V，$R_B=300$ kΩ，$R_C=4$ kΩ，$\bar{\beta}=37.5$，试求放大电路的静态工作点。

解：先画出直流通路，如图 2－4 所示，再求静态工作点：

$$I_B=\frac{U_{CC}-U_{BE}}{R_B}\approx\frac{U_{CC}}{R_B}=\frac{12\ \text{V}}{300\ \text{k}\Omega}=40\ \mu\text{A}$$

$$I_C=\bar{\beta}I_B=37.5\times0.04=1.5\ \text{mA}$$

$$U_{CE}=U_{CC}-I_CR_C=12\ \text{V}-1.5\ \text{mA}\times4\ \text{k}\Omega=6\text{V}$$

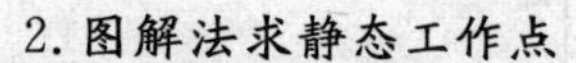

2. 图解法求静态工作点

图解法确定静态工作点如图 2－5 所示，具体步骤如下：

(1)用估算法求出基极偏置电流 I_B（如 40 μA）。

(2)根据 I_B 在输出特性曲线中找到对应的曲线。

(3)作直流负载线，根据集电极电流与集射极间电压的关系式 $U_{CE}=U_{CC}-I_CR_C$，可画出一条直线，该直线在纵轴上的截距为 U_{CC}/R_C，在横轴上的截距为 U_{CC}，由于该直线是通过直流通路得出的，又与集电极负载电阻 R_C 有关，故称为直流负载线。

(4)求静态工作点 Q，并确定 U_{CE}、I_C 的值。三极管 I_C 的和 U_{CE} 既要满足 $I_B=40\ \mu$A 的输出特性曲线，又要满足直流负载线，因而三极管必然工作在它们的交点 Q，该点就是静态工作点。由静态工作点 Q 便可在坐标上查得静态值 $I_C=1.5$ mA 和 $U_{CE}=6$ V。

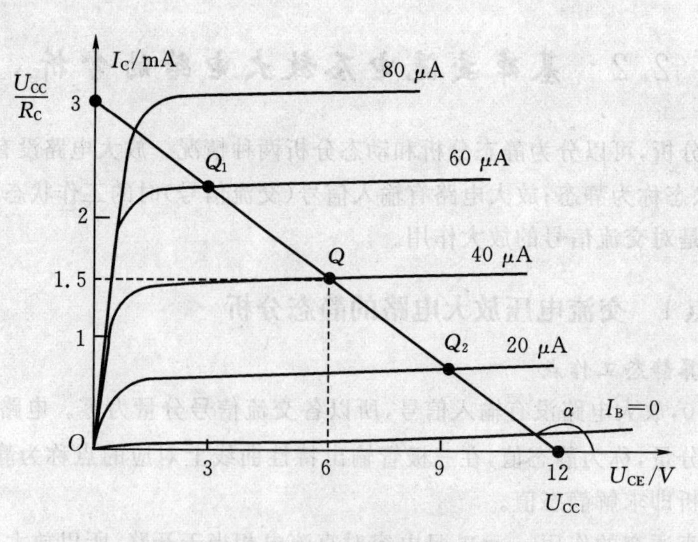

图 2－5　静态值的图解法

能力知识点2　交流电压放大电路的动态分析

动态时，$u_i \neq 0$，放大电路有输入信号。动态分析主要是确定放大电路的电压放大倍数，输入电阻和输出电阻等。

放大电路有输入信号时，三极管各极电流、电压瞬时值既有直流分量，又有交流分量。直流分量即静态值，而所谓放大，放大的是交流信号，所以只考虑其中的交流分量。下面介绍常用的动态分析方法——简化微变等效电路法。

1.三极管的微变等效电路

讨论放大电路的微变等效电路之前，需要先将三极管微变等效变换，等效的条件是晶体管在小信号情况下工作。图2-6所示为三极管的微变等效变换。

从图2-6中可看出，三极管的输出回路近似等效为受控恒流源，输入回路可以等效为输入电阻 r_{be}，在小信号工作条件下，r_{be} 是一个常数，低频小功率晶体管的 r_{be} 可用下式估算

$$r_{be} = 200 + (1+\beta)\frac{26(\text{mV})}{I_E(\text{mA})} \tag{2.4}$$

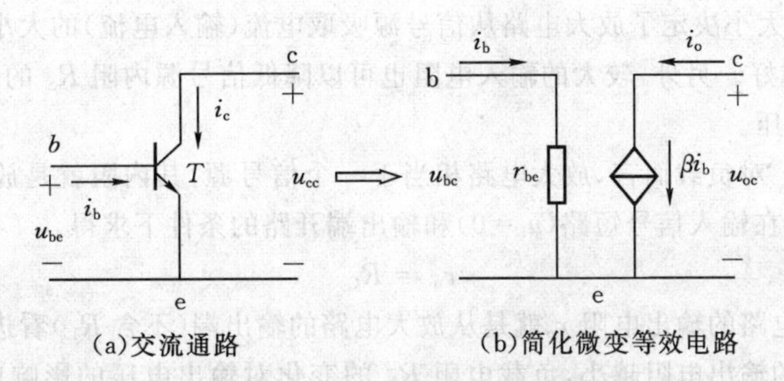

图2-6　三极管的简化微变等效电路

2.放大电路的微变等效变换

由于 C_1、C_2 和 U_{CC} 对于交流信号相当于短路，所以图2-3所示的交流通路如图2-7(a)表示。放大电路交流通路中的三极管用微变等效电路代替，便可得图2-7(b)所示放大电路的简化微变等效电路。

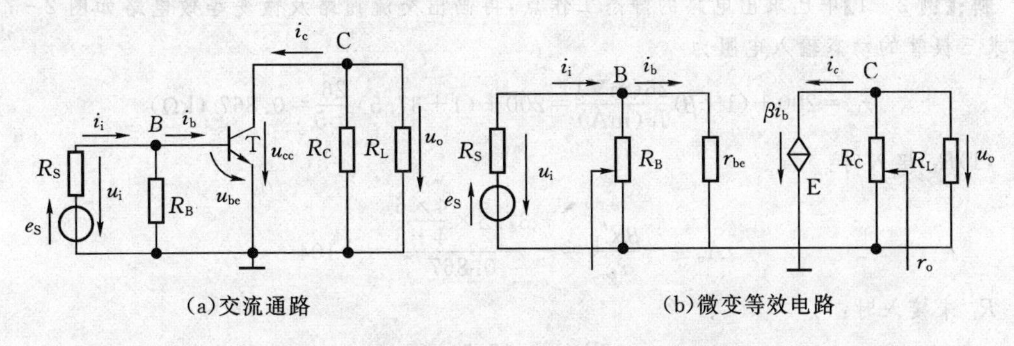

图2-7　共发射极放大电路的微变等效电路

3.交流参数的计算

(1)电压放大倍数。设输入信号为正弦量，图2-7(b)中的电压电流可用向量表示。

输入电压$\dot{U}_i = \dot{I}_b r_{be}$

输出电压$\dot{U}_O = -\dot{I}_C R'_L = -\beta \dot{I}_b R'_L$，其中 $R'_L = R_C // R_L$

电压放大倍数

$$A_u = \frac{\dot{U}_O}{\dot{U}_i} = \frac{-\beta \dot{I}_b R'_L}{\dot{I}_b r_{be}} = -\beta \frac{R'_L}{r_{be}} \tag{2.5}$$

负号表示输出电压与输入电压相位相反。若输出端开路，则 $R'_L = R_C$，从而有：

$$A_u = -\beta \frac{R_C}{r_{be}} \tag{2.6}$$

(2)输入电阻。放大电路的输入端与信号源相连，输出端与负载相连，放大电路介于信号源与负载之间。对信号源来说，放大电路相当于一个负载，可用一个电阻等效代替，这个电阻就是从放大电路的输入端看进去的电阻，称为输入电阻，用 r_i表示。

$$r_i = \frac{\dot{U}_i}{\dot{I}_i} = R_b // r_{be} \approx r_{be} \tag{2.7}$$

输入电阻 r_i的大小决定了放大电路从信号源吸取电流（输入电流）的大小。为了减轻信号源的负担，r_i越大越好。另外，较大的输入电阻也可以降低信号源内阻 R_S 的影响，使放大电路获得较高的输入电压。

(3)输出电阻。对负载而言，放大电路相当于一个信号源，其内阻就是放大电路的输出电阻 r_o。输出电阻可在输入信号短路（$u_i = 0$）和输出端开路的条件下求得。

$$r_o = R_C \tag{2.8}$$

简单说，放大电路的输出电阻 r_o就是从放大电路的输出端（不含 R_L）看进去的电阻。对于负载而言，放大器的输出电阻越小，负载电阻 R_L 的变化对输出电压的影响就越小，表明放大器带负载能力越强，因此 r_o越小越好。

【例 2-2】如图 2-3 所示电路，已知 $U_{CC} = 12$ V，$R_B = 300$ kΩ，$R_L = 6$ kΩ，$R_C = 4$ kΩ，$R_S = 3$ kΩ，$\beta = 37.5$。试求：

(1)R_L 接入和断开两种情况下电路的电压放大倍数 A_u；

(2)输入电阻 r_i和输出电阻 r_o。

解:【例 2-1】中已求出电路的静态工作点，再画出交流通路及微变等效电路如图 2-7 所示，求三极管的动态输入电阻为

$$r_{be} = 200 + (1+\beta)\frac{26(\text{mV})}{I_E(\text{mA})} = 200 + (1+37.5)\frac{26}{1.5} = 0.867\ (\text{k}\Omega)$$

(1)R_L 接入时：

$$A_u = -\frac{\beta R'_L}{r_{be}} = -\frac{37.5 \times \frac{4\times 6}{4+6}}{0.867} = -104$$

R_L 未接入时：

$$A_u = -\frac{\beta R_C}{r_{be}} = -\frac{37.5\times 4}{0.867} = -173$$

(2)输入电阻：　$r_i = R_B // r_{be} = 300 // 0.867 \approx 0.867\ (\text{k}\Omega)$

输出电阻 $r_o = R_C = 4$ kΩ

4.非线性失真

由于静态工作点位置设置不合适，或者信号幅度过大，晶体管的工作范围超出其特性曲线的线性区而进入非线性区，导致输出信号波形不能完全重现输入信号的波形，这种现象称为非线性失真。

如图 2-8 所示，Q_1 工作点偏高，进入饱和区，产生饱和失真；Q_2 工作点偏低，进入截止区，产生截止失真。两种情况都会导致信号变形。因此，为使失真较小，静态工作点应设置输出特性曲线的中部，如图 Q 点位置，此处线性区宽，能获得较大的电压放大倍数，且失真也小。当静态工作点位置不合适时，可以通过基极电阻 R_B 进行调整，比如，Q 点偏高，则调大 R_B 使 I_B 减小，Q 点下降。

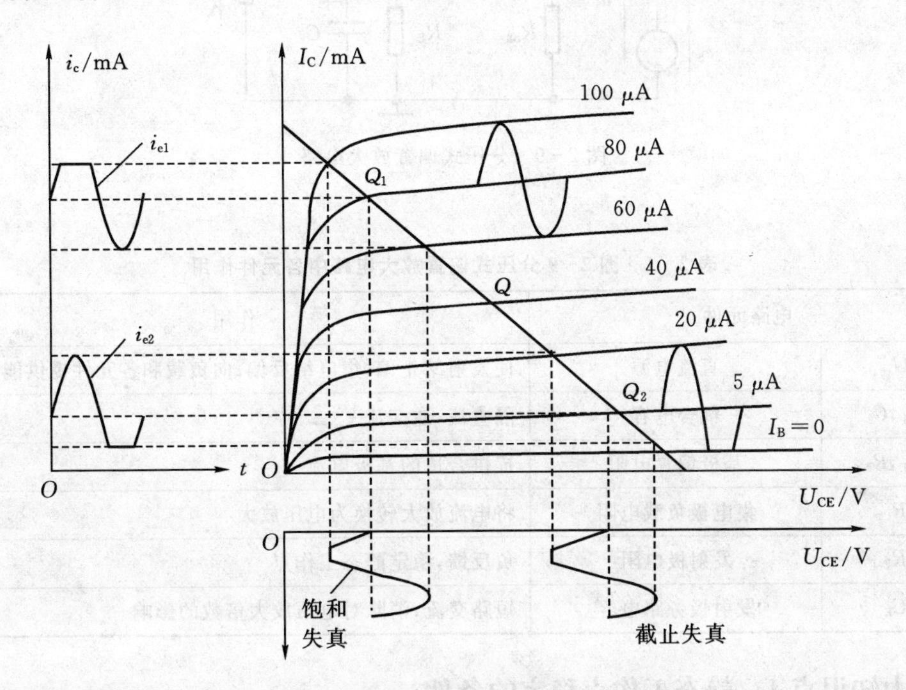

图 2-8　工作点不合适引起输出波形失真

本节思考题

1.放大电路的静态工作点应如何设置？如果放大电路产生截止失真，应调节哪个电阻？如何调？

2.放大电路的动态分析主要是分析哪些参数？

3.晶体管为什么需要线性化？线性化的条件是什么？

2.3　典型交流电压放大电路

放大电路要有合适的静态工作点，以保证有良好的放大效果。但是三极管参数的温度稳定性较差，在前面的基本放大电路中，当温度变化时，会引起电路静态工作点的偏移，严重时会使放大电路不能正常工作，引起输出电压失真。为了稳定放大电路的性能，保证静态工作点稳定，必须在基本放大电路的基础上加以改进，分压式偏置放大电路就是一种静态工作点比较稳定的放大电路，电路如图 2-9 所示。电路中各元件作用如表 2-1 所示。

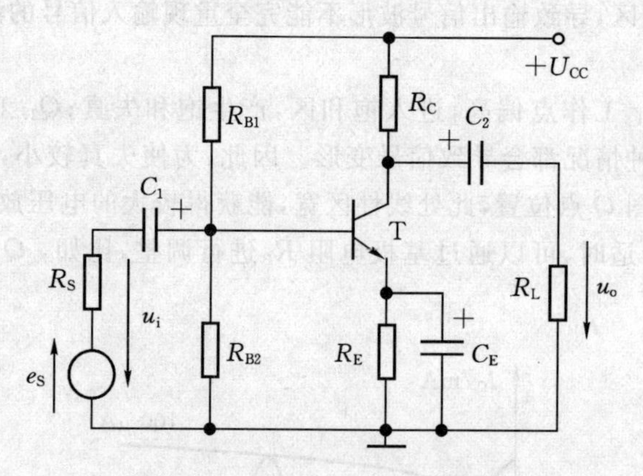

图 2-9　分压式偏置放大电路

表 2-1　图 2-9 分压式偏置放大电路中各元件作用

电路元件		作用
U_{cc}	直流电源	使发射结正偏，集电结反偏；向负载和各元件提供能量
C_1,C_2	耦合电容	隔直流，通交流
R_{B1},R_{B2}	基极偏置电阻	提供合适的基极电流
R_C	集电极负载电阻	将电流放大转换为电压放大
R_F	发射极电阻	负反馈，稳定静态工作点
C_E	发射极旁路电容	短路交流，消除对电压放大倍数的影响

能力知识点 1　静态工作点稳定的条件

分压式偏置放大电路的直流通路如图 2-10 所示。

(1)固定基极电位 V_B。选取适当的基极电阻 R_{B1}、R_{B2}，使 $I_1\approx I_2\gg I_B$，忽略 I_B的分流作用。从而可以看做 R_{B1}、R_{B2}串联在 U_{CC}下。则三极管的基极电位 $V_B=\dfrac{R_{B2}}{R_{B1}+R_{B2}}U_{CC}$，只与 U_{CC}、R_{B1}、R_{B2}有关，与三极管的参数无关，几乎不受温度影响。

(2)取适当的 V_B值，使 $V_B\gg U_{BE}$，于是，$I_C\approx I_E=\dfrac{V_E}{R_E}=\dfrac{V_B-U_{BE}}{R_E}$=定值(不受温度影响)。

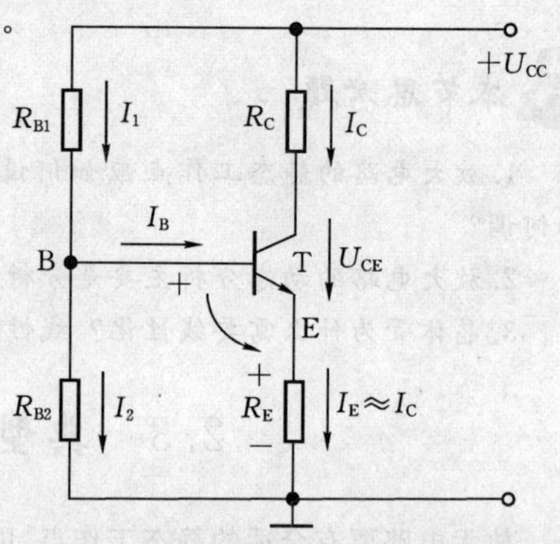

图 2-10　分压式偏置电路的直流通路

当温度升高时，I_C、I_E 都变大，R_E 上的压降 $V_E=I_ER_E$ 变大，由于 $V_B=U_{BE}+V_E$，而 V_B是定值，所以 U_{BE}减小(如果没有 R_E，则 $U_{BE}=V_B$保持不变)，

于是 I_B减小，I_C 减小。因此抑制了温度升高导致的 I_C 变大，从而使 I_C 基本不变，静态工作点得以稳定。

通常来讲，只要满足 $I_2=(5\sim10)I_B$和 $V_B=(5\sim10)U_{BE}$这两个条件，就可使电路不受温度变化的影响，静态工作点得以基本稳定。

能力知识点 2　分压式偏置电路的分析

1. **静态分析**

画出直流通路，如图 2－10 所示。再求静态值：

$$V_B=\frac{R_{B2}}{R_{B1}+R_{B2}}V_{CC} \tag{2.9}$$

$$I_C\approx I_E=\frac{V_E}{R_E}=\frac{V_B-U_{BE}}{R_E} \tag{2.10}$$

$$I_B=\frac{I_C}{\beta} \tag{2.11}$$

$$U_{CE}=V_{CC}-I_C(R_C+R_E) \tag{2.12}$$

2. **动态分析**

先画出分压式偏置放大电路的微变等效电路。画法与基本电压放大电路绘制微变等效电路方法一样，需要注意两点：一是 C_1、C_2 对交流信号视为短路；二是直流电源对交流信号也相当于短路。再对三极管进行微变等效变换，得到最后的分压式偏置放大电路微变等效电路，如图 2－11 所示。

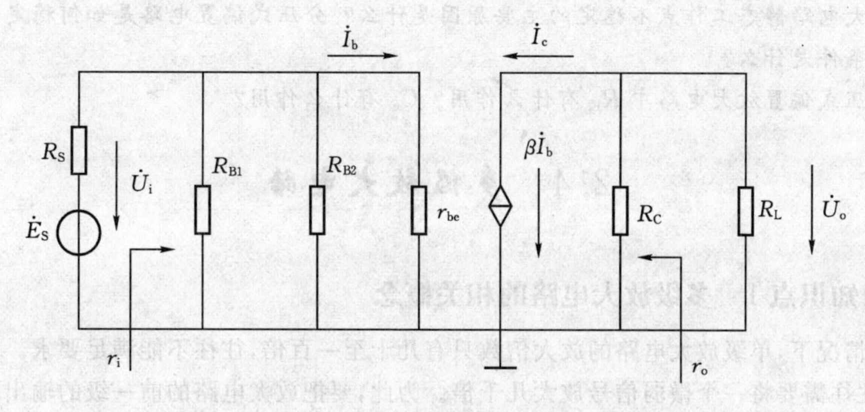

图 2－11　分压式偏置放大电路的微变等效电路

电压放大倍数

$$A_u=\frac{\dot{U}_O}{\dot{U}_i}=-\beta\frac{R_C\,//\,R_L}{r_{be}}$$

$$r_{be}=200+(1+\beta)\,\frac{26(\text{mV})}{I_E(\text{mA})}$$

输入电阻　　　$r_i=R_{B1}\,//\,R_{B2}\,//\,r_{be}$

输出电阻　　　$r_o=R_C$

【**例 2－3**】在图 2－9 所示的分压式偏置放大电路中，已知 $V_{CC}=12$ V，$R_{B1}=20$ kΩ，$R_{B2}=$

10 kΩ，$R_C=2$ kΩ，$R_E=2$ kΩ，$R_L=3$ kΩ，$\beta=50$，$U_{BE}=0.6$ V，求放大电路的静态值及动态值。

解：(1)求静态值。画直流通路，如图2-10所示。

基极电位的静态值 $V_B=\dfrac{R_{B2}}{R_{B1}+R_{B2}}V_{CC}=\dfrac{10}{20+10}\times 12=4\ (\text{V})$

集电极电流的静态值 $I_C\approx I_E=\dfrac{V_E}{R_E}=\dfrac{V_B-U_{BE}}{R_E}=\dfrac{4-0.6}{2}\text{mA}=1.7\text{mA}$

基极电流的静态值 $I_B=\dfrac{I_C}{\beta}=\dfrac{1.7}{50}\text{mA}=34\mu\text{A}$

集—射极电压的静态值 $U_{CE}=V_{CC}-I_C(R_C+R_E)=12-1.7\times(2+2)\text{V}=5.2\text{ V}$

(2)求动态值。画交流通路的微变等效电路，如图2-11所示。

三极管的输入电阻

$$r_{be}=200+(1+\beta)\frac{26(\text{mV})}{I_E(\text{mA})}=200+(1+50)\frac{26}{1.7}=980\ \Omega=0.98\ \text{k}\Omega$$

电压放大倍数 $A_u=\dfrac{\dot{U}_O}{\dot{U}_i}=-\beta\dfrac{R_C/\!/R_L}{r_{be}}=-50\times\dfrac{\frac{2\times 3}{2+3}}{0.98}=-61.2$

输入电阻 $r_i=R_{B1}/\!/R_{B2}/\!/r_{be}=20/\!/10/\!/0.98\approx 0.98\text{ k}\Omega$

输出电阻 $r_o=R_C=3\text{ k}\Omega$

本节思考题

1.放大电路静态工作点不稳定的主要原因是什么？分压式偏置电路是如何稳定静态工作点的？其条件是什么？

2.分压式偏置放大电路中 R_E 有什么作用？C_E 有什么作用？

2.4　多级放大电路

能力知识点1　多级放大电路的相关概念

许多情况下，单级放大电路的放大倍数只有几十至一百倍，往往不能满足要求。而在实际应用中，往往需要将一个微弱信号放大几千倍。为此，要把放大电路的前一级的输出端连到后一级的输入端，连成二级、三级或者多级放大电路。级与级之间的连接方式称为耦合方式。

放大电路极间耦合的方式，既要将前级的输出信号顺利传递到下一级，又要保证各级都有合适的静态工作点。耦合方式主要有阻容耦合、变压器耦合、直接耦合、光耦合等。前两种只能传送交流信号，后两种既能传送交流信号，又能传送直流信号。

多级放大电路的组成框图如图2-12所示，其中输入级和中间极主要用作电压放大，可以将微弱的输入电压放大到足够的幅度。后面的末前级和输出级用于功率放大，向负载输出足够大的功率。

能力知识点2　阻容耦合放大电路

图2-13所示为一个两级阻容耦合放大电路，第一级放大电路的输出端经耦合电容 C_2 与

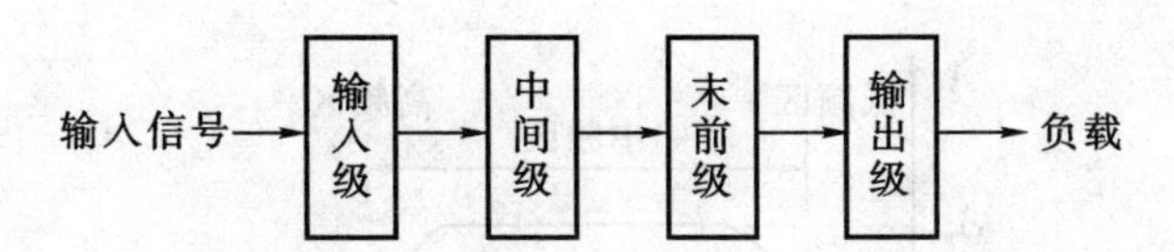

图 2-12　多级放大电路的组成框图

第二级放大电路的输入电阻 r_{i2} 相连，故称为阻容耦合方式。阻容耦合的特点是各级的静态工作点相互独立，所以阻容耦合多级放大电路的静态分析与单级放大电路的静态分析完全相同，这里不再赘述。

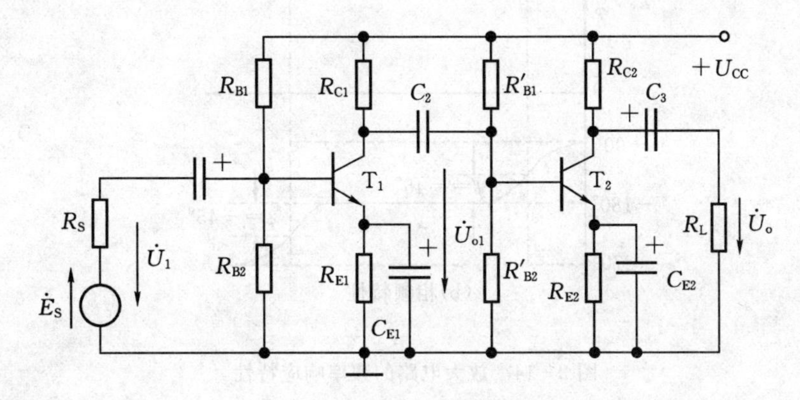

图 2-13　两级阻容耦合放大电路

1. 阻容耦合放大电路的动态分析

(1)电压放大倍数等于各级电压放大倍数的乘积，即：

$$A_u = \frac{U_o}{U_i} = \frac{U_{O1}}{U_1} \cdot \frac{U_O}{U_{O1}} = A_{u1} \cdot A_{u2} \tag{2.13}$$

注意：计算前级的电压放大倍数时必须把后级的输入电阻考虑到前级的负载电阻之中。如计算第一级的电压放大倍数时，其负载电阻就是第二级的输入电阻。

(2)输入电阻就是第一级的输入电阻

$$r_i = r_{i1} \tag{2.14}$$

输出电阻就是最后一级的输出电阻

$$r_o = r_{on} \tag{2.15}$$

2. 阻容耦合放大电路的频率特性

电子电路中所遇到的信号往往不是单一频率的，而是工作在一段频率范围内的。例如广播中的音乐信号，其频率范围通常在几十赫至几十千赫之间。但是，由于放大电路中一般都有电抗元件，比如电容、电感，三极管的部分参数，β 也会随着频率变化，这就使得放大电路对不同频率信号的放大效果不完全一致。人们把放大电路对不同频率正弦信号的放大效果称为频率响应。

图 2-14 所示是放大电路的频率响应特性，其中(a)图是幅频特性，(b)图是相频特性。图中表明在某一段频率范围内，电压放大倍数与频率无关，输出信号与输入信号的相位差为 $-180°$，这一个频率范围称为中频区。随着频率的降低或者升高，电压放大倍数都要减小，相位

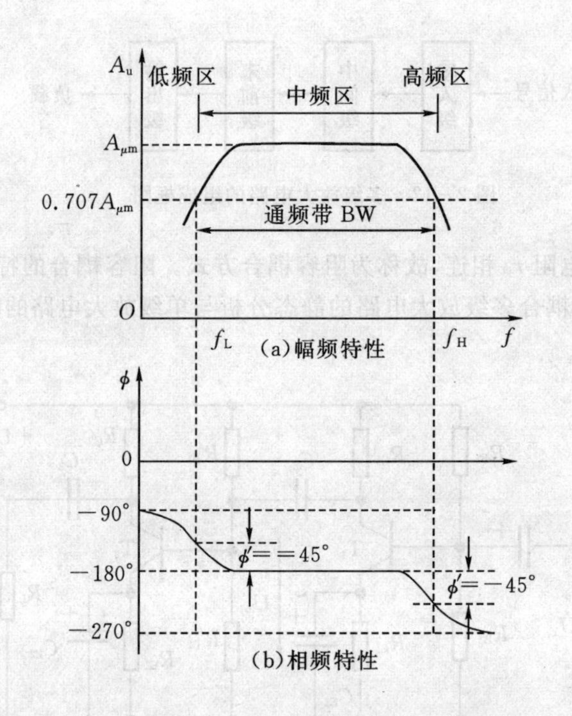

图 2-14　放大电路的频率响应特性

差也要发生变化。为了衡量放大电路的频率响应，规定放大倍数下降到 $0.707A_{um}$时所对应的两个频率，分别称为下限频率 f_L 和上限频率 f_H。这两个频率之间的频率范围称为放大电路的通频带 BW。BW 表示为

$$BW = f_H - f_L \tag{2.16}$$

通频带是放大电路频率响应的一个重要指示。通频带越宽，表示放大电路工作的频率范围越宽。例如，质量好的音频放大器，其通频带可从 20 Hz～20 kHz。低于 f_L 的频率范围称为低频率区，高于 f_H 的频率范围称为高频区。

本节思考题

1. 常见的耦合方式有哪几种？有什么区别？
2. 如何计算阻容耦合放大电路的静态值、动态值？

*2.5　放大电路中的负反馈

能力知识点1　反馈的概念及反馈放大器的组成方框图

1. 反馈的概念

在前面章节中，我们学习了由三极管组成的基本放大电路的原理和分析方法，从中可知三极管参数随温度的变化将导致放大电路产生非线性失真，放大电路的放大倍数或输出电压的幅度也将随着负载电阻的不同而改变，这在不同程度上影响了放大电路的性能。为了稳定放大电路的性能，在实际的电子电路中引入“反馈”环节来改善放大电路的性能。

所谓反馈，是将信号的全部或部分从输出端沿反方向送回输入端的信号传输方式。可见，在一个放大电路中是否存在反馈，关键是看输入回路和输出回路之间有无相互联系的元件(反馈元件或反馈网络)。

这种实现信号反方向传输的电路称为反馈电路或反馈网络，凡带有反馈环节的放大电路称为反馈放大电路或反馈放大器。

2. 反馈放大器的组成方框图

图 2-15 所示为负反馈放大电路的原理框图，它由基本放大电路、反馈网络和比较环节三部分组成。基本放大电路由单级或多级组成，完成信号从输入端到输出端的正向传输。反馈网络一般由电阻元件组成，完成信号从输出端到输入端的反向传输，即通过它来实现反馈。图中箭头表示信号的传输方向，x_i、x_o、x_f、x_d 分别表示外部输入信号、输出信号、反馈信号和基本放大电路的净输入信号，它们可以是电压或者电流。比较环节实现外部输入信号与反馈信号的叠加，以得到净输入信号 x_d。

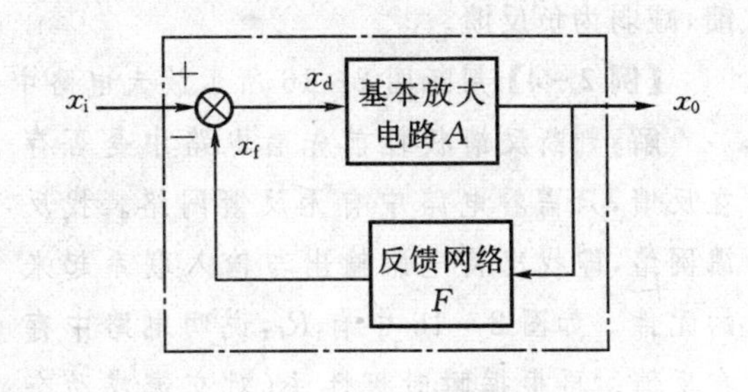

图 2-15　负反馈放大电路的原理框图

设基本放大电路的放大倍数为 A，反馈网络的反馈系数为 F，则由图 2-15 所示可得

$$x_d = x_i - x_f \tag{2.17}$$

$$x_o = Ax_d \tag{2.18}$$

$$x_f = Fx_o \tag{2.19}$$

反馈放大电路的放大倍数为

$$A_f = \frac{x_o}{x_i} = \frac{x_o}{x_d + x_f} = \frac{A}{1+AF} \tag{2.20}$$

通常称 A_f 为反馈放大电路的闭环放大倍数；A 为开环放大倍数；$1+AF$ 为反馈深度，它反映了负反馈的程度。

能力知识点 2　反馈的类型及判别方法

放大电路中是否引入反馈和引入何种形式的反馈，对放大电路的性能影响有很大区别。在分析反馈到达电路之前，首先要弄清楚是否有反馈，反馈量是直流还是交流，是电压还是电流，是串联反馈还是并联反馈。

1. 正反馈与负反馈

在反馈放大电路中，由于把输出量反馈网络引回到输入回路来影响输入量，所以必然会影响电路的放大倍数。一般有两种情况：一种是反馈量与输入量相比，使净输入量增大，导致放大倍数提高，称为正反馈；另一种是反馈量与输入量相比，导致净输入量减少，导致放大倍数降低，称为负反馈。正负反馈也叫反馈的极性，正反馈能使放大倍数提高，但正反馈过强时，会引起电路产生自激振荡，破坏放大电路性能，因此，放大电路很少采用正反馈，一般多用于振荡电路中。负反馈虽然使放大倍数降低，但是能改善放大电路性能，在实践中得到了广泛应用。

在实践中经常采用瞬时极性法判断放大电路中引入的是正反馈还是负反馈。判别方法如下：

(1)不考虑电路中所有电抗元件的影响；

(2)假设放大电路输入的正弦信号处于某一瞬时极性，然后按照先放大，后反馈的正向传输顺序逐级推出电路中各相关点信号的瞬时极性；

(3)反馈网络一般为线性电阻网络，其输入、输出端信号的瞬时极性相同；

(4)最后判断反馈到输入回路信号的瞬时极性是使原输入信号增强还是减弱，增强为正反馈，减弱为负反馈。

【例 2-4】 判断图 2-16 所示放大电路中反馈的极性。

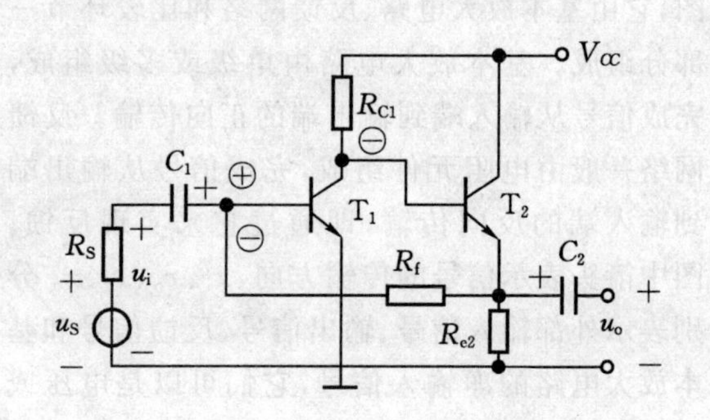

图 2-16　反馈放大电路

解: 判断反馈极性前先看电路中是否存在反馈，只需看电路中有无反馈网络。找反馈网络，即找出将电路输出与输入联系起来的元件。如图 2-16 中有 R_f，说明电路中存在反馈。再根据瞬时极性法(对交流或动态而言)进行判断：假设电路输入信号的电压瞬时极性为上正下负(如图中⊕、⊖所示 R_f 号)，则 T_1 基极信号电压的瞬时极性为⊕，集电极电压的瞬时极性为⊖(共发射极电路集电极和发射极电压的瞬时极性与基极电压瞬时极性的关系为“射同、集反”)；T_2 的基极电压瞬时极性为⊖，发射极电压瞬时极性为⊖(共集电极放大电路电压的瞬时极性关系为“基射相同”)；经反馈网络 R_f 反馈到 T_1 基极时，电压的瞬时极性仍为⊖，这个极性的反馈信号与输入信号的瞬时极性相反，使净输入信号减小，由此可判断此电路引入的是负反馈。

2. 直流反馈与交流反馈

反馈信号中只含直流成分的称直流反馈，只含交流成分的称交流反馈。但是，很多情况下，交、直流反馈是同时存在的。直流反馈仅对放大电路的直流性能，如静态工作点有影响；交流反馈则只对交流性能，如放大倍数、输入电阻、输出电阻等有影响；而交、直流反馈则对二者都有影响。判断反馈是直流还是交流反馈，只需判断反馈网络的交、直流通路即可。如图 2-16 所示，反馈网络 R_f 既可通直流，又可通交流，所以反馈信号中含交、直流两种成分，故为交、直流反馈。

3. 电压反馈与电流反馈

反馈信号取自输出电压的称为电压反馈，取自输出电流的称电流反馈。电压反馈时，反馈网络与基本放大电路在输出端并联，反馈信号正比于输出电压；电流反馈时，反馈网络与基本放大电路在输出端串联，反馈信号正比于输出电流。

在放大电路中引入电压负反馈可以稳定输出电压，引入电流负反馈可以稳定输出电流。判断电路中引入的是电压反馈还是电流反馈，通常采用交流短路法。即假定将放大电路的输出端交流短路，即 $u_o=0$，如果反馈信号 x_f 消失，则引入的是电压反馈，如果 x_f 依然存在，则为电流反馈。如图 2-16 所示，引入的就是电压反馈。

4. 串联反馈与并联反馈

反馈信号与输入信号在输入回路中串联连接，称串联反馈，并联连接则为并联反馈。一般，在放大电路中引入串联负反馈，可以使放大电路的输入电阻增大，引入并联负反馈，则可以使放大电路中的输入电阻减小。

判断电路中引入的是串联反馈还是并联反馈，通常采用交流短路法。即假设将放大电路的输入端交流短路，如果反馈信号 x_f 依然能加到基本放大电路的输入端，则为串联反馈，否则为并联反馈。如图 2-16 所示，引入的就是并联反馈。

【例 2-5】 判断图 2-17 所示放大电路中引入的反馈，是电压反馈还是电流反馈，是串联反馈还是并联反馈。

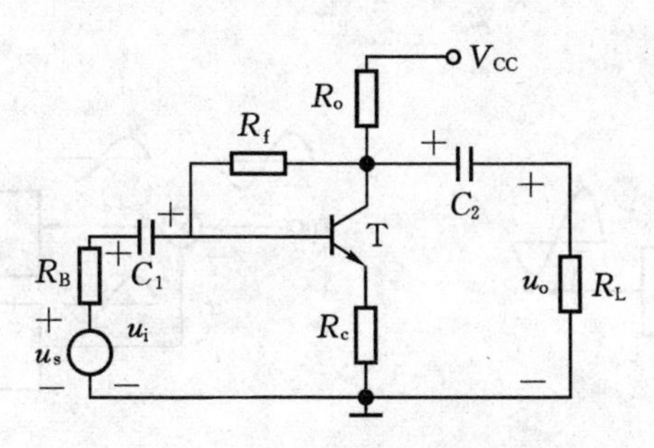

图 2-17 反馈放大电路

解: 用交流短路法判断反馈信号的取样对象，假设将图中电路的输出端交流短路，由于反馈网络 R_f 接在输出端(共发射极放大电路的集电极)，故短路后，反馈信号消失，说明反馈信号是取自于输出电压的，肯定是电压反馈。再判断反馈信号在输入端的连接方式，根据交流短路法，假设将输入端交流短路，由于反馈网络 R_f 接在输入端(共发射极电路的基极)，短路的结果使反馈信号不复存在，故是并联反馈。综合上述分析结果、判断该电路引入的反馈为电压并联反馈。

由上例还可以看出，对于共射极放大电路，只要按反馈网络与输入、输出回路的连接点即可判断出反馈类型。如果反馈网络与输出端(集电极)连接，则是电压反馈，否则为电流反馈；如果反馈网络与输入端(基极)连接，则是并联反馈，否则是串联反馈。

能力知识点 3 负反馈的主要作用

负反馈放大电路中，反馈信号削弱了输入信号，使净输入信号减小，放大倍数下降。但是，其他参数却可以因此得到改善。负反馈的主要作用如下：

1. 降低放大倍数

由带有负反馈的放大电路框图 2-15 可见，在未引入负反馈时的放大倍数(开环放大倍数)为 A。引入负反馈后的放大倍数为 A_f(闭环放大倍数)

$$A_f=\frac{A}{1+AF}$$

反馈系数越大，闭环放大倍数越小，甚至小于 1。

2. 提高放大倍数的稳定性

当外界条件变化时，如温度变化、三极管老化、元件参数变化、电源电压波动等，会引起放大倍数的变化，甚至引起输出信号的失真。而引入负反馈后，则可以利用反馈量进行自我调节，提高放大倍数的稳定性。

3.减小非线性失真

一个无反馈的放大电路，即使设置了合适的静态工作点，由于存在三极管等非线性元件，也会产生非线性失真。当输入信号为正弦波时，输出信号不是正弦波，比如产生了正半周大而负半周小的非线性失真，如图 2-18(a)所示。

引入负反馈后，这种失真的信号经反馈网络又送回输入端，与输入信号反向叠加，得到的净输入信号为正半周小而负半周大，正好弥补了放大电路的缺陷，使输出信号比较接近于正弦波，如图 2-18(b)所示。

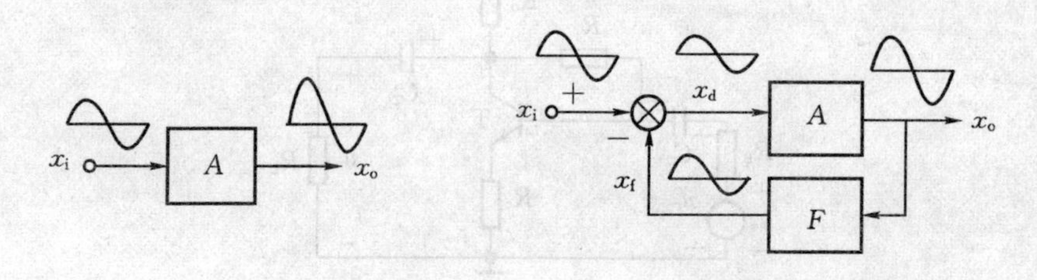

(a)无反馈时的波形失真　　(b)有反馈时的改善失真

图 2-18　负反馈对非线性失真的改善

4.展宽通频带

放大电路对不同频率信号的放大倍数不同，只有在通频带范围内的信号，放大倍数才可视为基本一致，得到正常的放大。因此，对于频率范围较宽的信号，通常要求放大电路具有较宽的通频带。负反馈电路能扩展放大电路的通频带宽度，使放大电路具有更好的通频特性。

5.改变输入电阻和输出电阻

负反馈对输入电阻和输出电阻的影响，因反馈方式有所不同：①串联负反馈可使放大电路的输入电阻增大，并联负反馈可使放大电路的输入电阻减小；②电压负反馈使输出电阻减小，电流负反馈使输出电阻增大。

在电路设计中，可根据对输入电阻和输出电阻的具体要求，引入适当的负反馈。例如，若希望减小放大电路的输出电阻，可引入电压负反馈；若希望提高输入电阻，可引入串联负反馈等。

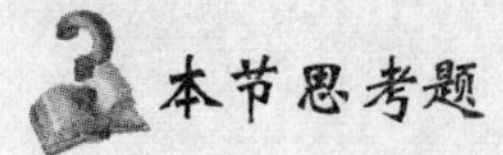

本节思考题

1.什么是反馈、正反馈和负反馈？如何判断电路采用的反馈形式？

2.放大电路引入负反馈后，对电路的工作性能带来什么改善？

*2.6　功率放大电路

能力知识点1　功率放大电路的特点和类型

多级放大电路通常由输入级、中间级和输出级三部分组成，这三部分任务和作用各不相同。输入级与待放大的信号源相连,因此,要求输入电阻要大,电路噪声低,共模抑制能力强,阻抗匹配等。中间级主要完成对信号的电压放大,以保证有足够大的输出电压。输出级则主要向负载(如扬声器、电动机等)提供足够大的功率,以便有效地驱动负载。一般来说,输出级就是一个功率放大电路。由此可知,功率放大电路的主要任务就是放大信号功率。

1. 功率放大电路的特点

功率放大电路的任务是向负载提供足够大的功率,这就要求功率放大电路不仅要有较高的输出电压,还要有较大的输出电流。此外,功率放大电路从电源取用的功率较大,为提高电源的利用率,必须尽可能提高功率放大电路的效率。放大电路的效率是指负载得到的交流信号功率与直流电源供出功率的比值。

2. 功率放大电路的类型

(1)甲类功率放大电路的静态工作点设置在交流负载线的中点。在工作过程中,三极管始终处在导通状态。这种电路功率损耗较大,效率较低,最高只能达到50%。波形如图2-19(a)所示。

(2)乙类功率放大电路的静态工作点设置在交流负载线的截止点,三极管仅在输入信号的半个周期导通。这种电路功率损耗减到最少,使效率大大提高。波形如图2-19(b)所示。

(3)甲乙类功率放大电路的静态工作点介于甲类和乙类之间,三极管有不大的静态偏流。其失真情况和效率介于甲类和乙类之间。波形如图2-19(c)所示。

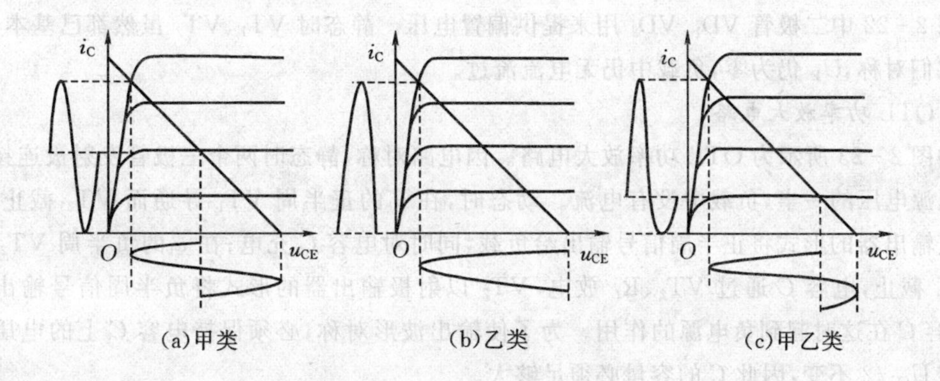

图2-19 功率放大电路的类型

能力知识点2 互补对称功率放大电路

1. OCL功率放大电路

OCL功率放大电路如图2-20所示。静态时($u_i=0$),$U_B=0$,$U_E=0$,偏置电压为零,VT1、VT2均处于截止状态,负载中没有电流,电路工作在乙类状态。

动态时($u_i \neq 0$),在u_i的正半周VT_1导通而VT_2截止,VT_1以射极输出器的形式将正半周信号输出给负载;在u_i的负半周VT_2导通而VT_1截止,VT_2以射极输出器的形式将负半周信号输出给负载。可见在输入信号u_i的整个周期内,VT_1、VT_2两管轮流交替地工作,互相补充,使负载获得完整的信号波形,故称互补对称电路。

由于VT_1、VT_2都工作在共集电极接法,输出电阻极小,可与低阻负载R_L直接匹配。

图 2-21 为 OCL 功率放大电路输出波形，从工作波形可以看到，在波形过零的一个小区域内输出波形产生了失真，这种失真称为交越失真。产生交越失真的原因是由于 VT_1、VT_2 发射结静态偏压为零，放大电路工作在乙类状态。当输入信号 u_i 小于三极管的发射结死区电压时，两个三极管都截止，在这一区域内输出电压为零，使波形失真。

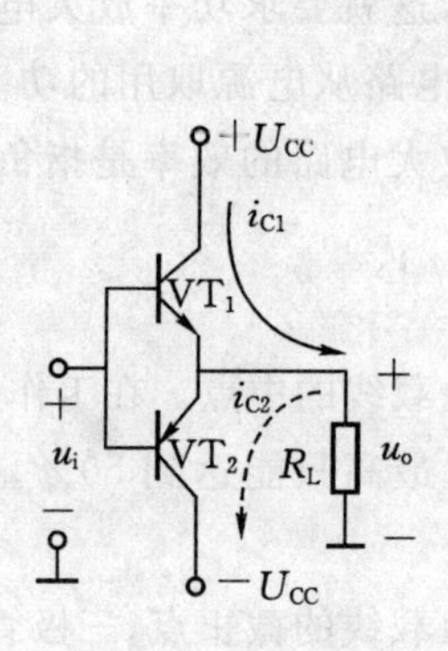

图 2-20　OCL 功率放大电路

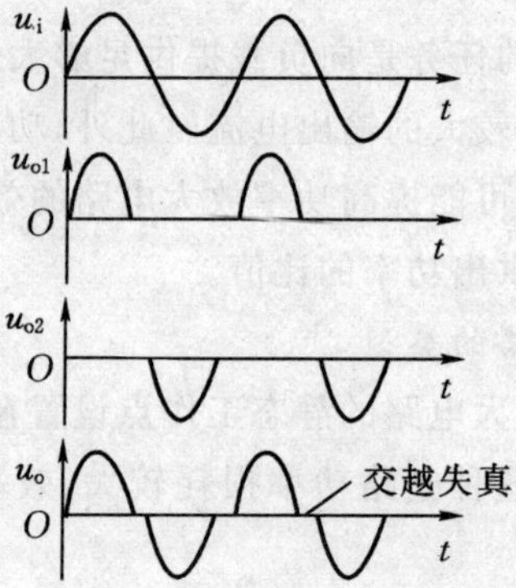

图 2-21　输出波形

为减小交越失真，可给 VT_1、VT_2 发射结加适当的正向偏压，以便产生一个不大的静态偏流，使 VT_1、VT_2 导通时间稍微超过半个周期，即工作在甲乙类状态，如图 2-22 所示。

图 2-22 中二极管 VD_1、VD_2 用来提供偏置电压。静态时 VT_1、VT_2 虽然都已基本导通，但因它们对称，U_E 仍为零，负载中仍无电流流过。

2. OTL **功率放大电路**

如图 2-23 所示为 OTL 功率放大电路。因电路对称，静态时两个三极管发射极连接点电位为电源电压的一半，负载中没有电流。动态时，在 u_i 的正半周 VT_1 导通而 VT_2 截止，VT_1 以射极输出器的形式将正半周信号输出给负载，同时对电容 C 充电；在 u_i 的负半周 VT_2 导通而 VT_1 截止，电容 C 通过 VT_2、R_L 放电，VT_2 以射极输出器的形式将负半周信号输出给负载，电容 C 在这时起到负电源的作用。为了使输出波形对称，必须保持电容 C 上的电压基本维持在 $U_{CC}/2$ 不变，因此 C 的容量必须足够大。

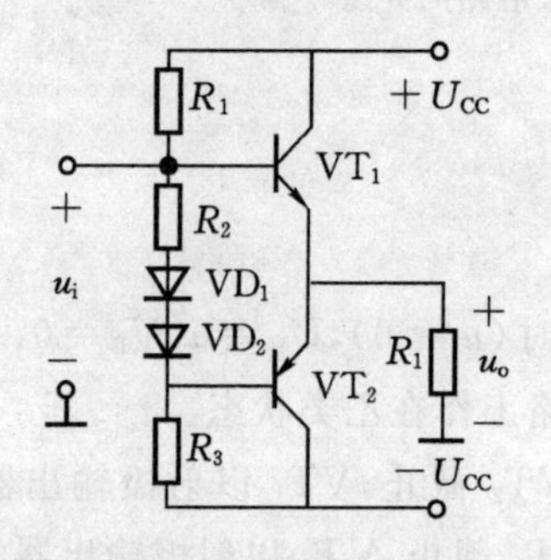

图 2-22　OCL 工作在甲乙类状态

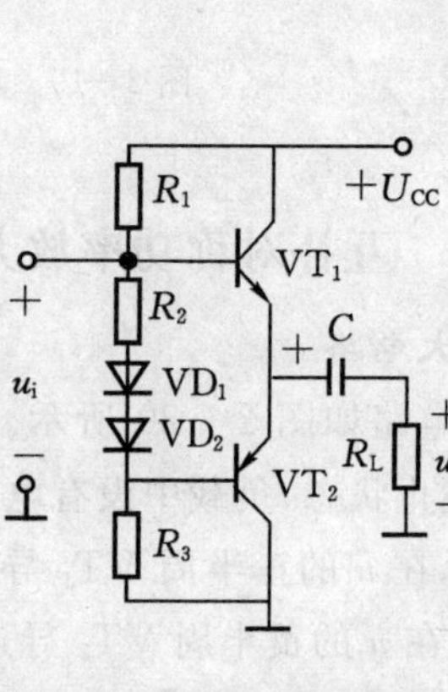

图 2-23　OTL 功率放大电路

本节思考题

1. 简述功率放大电路的特点和类型。

2. OCL 功率放大电路和 OTL 功率放大电路的原理分别是什么？

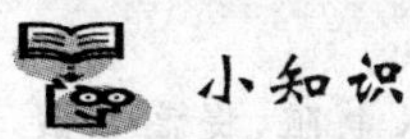

小知识

互补对称放大电路要求输出管为一对特性相同的异型管，这往往很难实现，在实际电路中常采用复合管来实现异型管的配对。

所谓复合管，就是由两只或两只以上的三极管按照一定的连接方式，组成一只等效的三极管。复合管的类型与组成该复合管的第一只三极管相同，而其输出电流、饱和压降等基本特性，主要由最后的输出三极管决定。图 2-24 所示为由两只三极管组成复合管的四种情况，复合管的电流放大系数近似为组成该复合管的各三极管的 β 值的乘积，其值很大，即 $\beta=\beta_1\beta_2$。

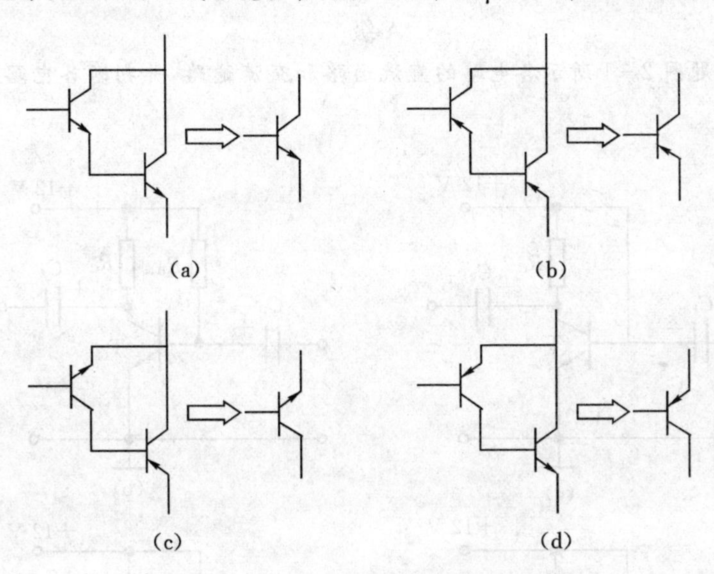

图 2-24　复合三极管

本章小结

本章主要介绍了由晶体管组成的基本放大电路，分压式偏置放大电路及多级放大电路和功率放大电路，并讨论了放大电路中的负反馈及其作用。

(1)分析放大电路的目的：一是确定静态工作点；二是计算放大电路的动态性能指标，比如电压放大倍数、输入电阻和输出电阻等。主要分析方法有两种，一是利用放大电路的直流通路、交流通路和微变等效电路进行分析计算；二是利用图解法进行分析和估算。

(2)基本放大电路静态工作点不稳定，容易受温度的影响，由此引入分压式偏置放大电路，分压式偏置放大电路通过反馈电阻，引入电流负反馈，可以稳定静态工作点。

(3)多级放大电路常用的耦合方式有阻容耦合、直接耦合、变压器耦合和光电耦合等。本章以阻容耦合为例介绍了多级放大电路的性能指标。

(4)反馈的基本概念包括输入信号、输出信号、反馈信号、净输入信号、反馈系数、开环放大倍数和闭环放大倍数。

(5)对于正负反馈性质的判断，可用瞬时极性法。在负反馈放大器中，根据在输出端所取反馈信号的不同，可以分为电压反馈和电流反馈；在输入端，根据反馈信号注入输入回路的不同方式有串联反馈和并联反馈。由此组成了四种反馈电路的组合状态，即电流串联负反馈、电压串联负反馈、电流并联负反馈、电压并联负反馈。

(6)负反馈能改善放大器的性能。电压负反馈能稳定输出电压，减小输入电阻，提高负载能力；电流负反馈能稳定输出电流，增大输出电阻；串联负反馈增大输入电阻，减小信号源负担；并联负反馈减小输入电阻。直流负反馈可稳定静态工作点；交流负反馈能改善放大器的动态性能，即稳定放大倍数、减小非线性失真、展宽频带、抑制内部噪声和改变输入输出电阻等，上述功能是以牺牲放大器的放大倍数为代价的。

本章习题

A级

2.1　试画出题图 2-1 所示各电路的直流通路和交流通路，并判断各电路能否放大交流信号，为什么？

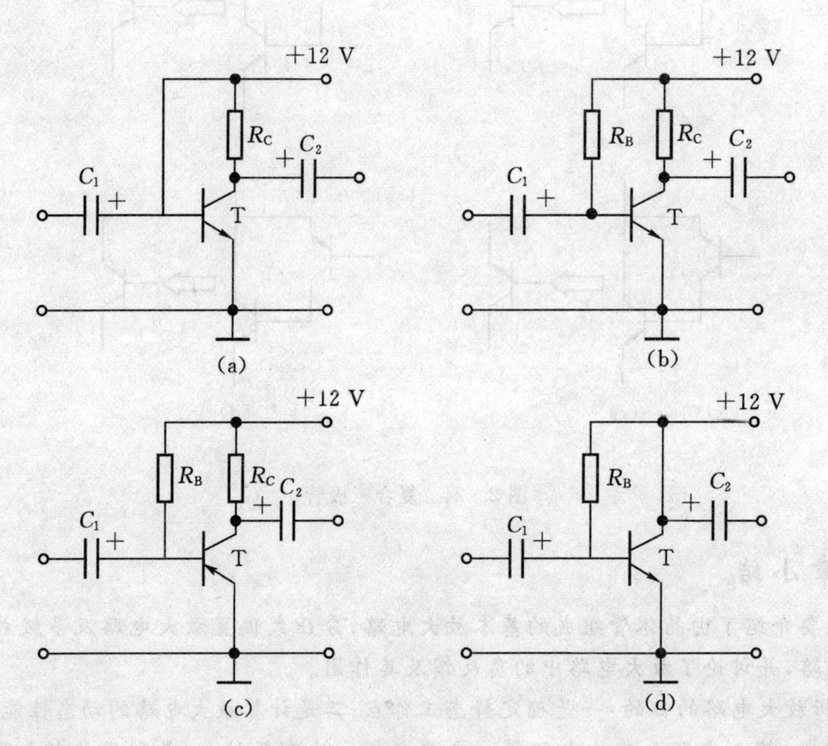

题图 2-1

2.2　放大电路为什么要设置静态工作点？如本章 2.1 节中的图 2-3 所示电路，已知 $U_{CC}=12$ V，$R_B=300$ kΩ，$R_C=3$ kΩ，$R_L=3$ kΩ，$R_S=3$ kΩ，$\beta=50$，求放大电路的静态工作点。

2.3　如本章 2.1 节中的图 2-3 所示电路，试求：

(1)R_L 接入和断开两种情况下电路的电压放大倍数；

(2)输入电阻和输出电阻。

2.4 题图 2-2 所示为一分压式偏置放大电路。已知 $V_{CC}=12$ V，$R_{B1}=30$ kΩ，$R_{B2}=10$ kΩ，$R_C=3$ kΩ，$R_E=1.5$ kΩ，$R_L=6$ kΩ，$\beta=46$，$U_{BE}=0.6$ V。试求：

(1)静态值；

(2)画出微变等效电路；

(3)放大倍数、输入电阻、输出电阻。

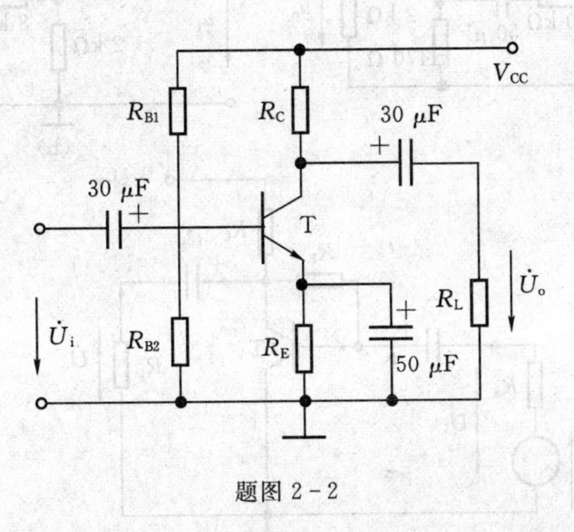

题图 2-2

2.5 本章 2.1 节中的基本放大交流电路图 2-3 与分压式偏置放大电路相比有什么优缺点？

B 级

2.6 在题图 2-3 所示的两级阻容耦合电压放大电路中，已知 $R_{B1}=30$ kΩ，$R_{B2}=15$ kΩ，$R'_{B1}=20$ kΩ，$R'_{B2}=10$ kΩ，$R_{C1}=3$ kΩ，$R_{C2}=2.5$ kΩ，$R_{E1}=3$ kΩ，$R_{E2}=2$ kΩ，$R_L=5$ kΩ，$C_1=C_2=C_3=50$ μF，$C_{E1}=C_{E2}=100$μF，如果晶体管 $\beta_1=\beta_2=40$，$U_{CC}=12$ V。求放大电路的静态值和电压放大倍数、输入电阻、输出电阻。(信号源内阻忽略不计)

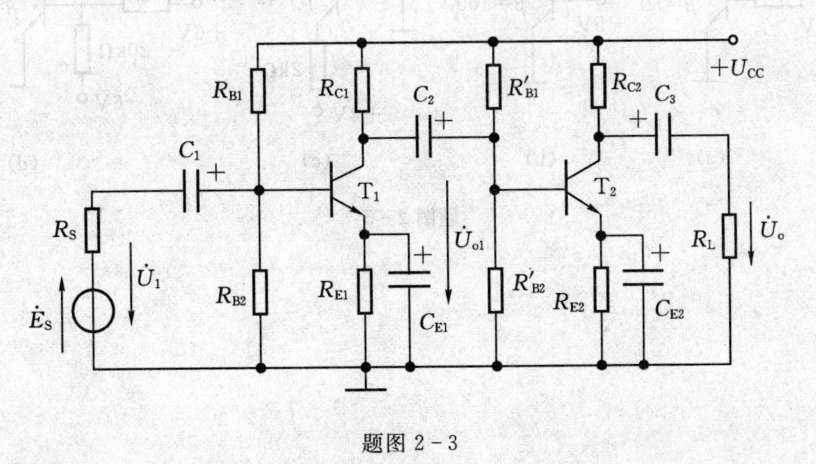

题图 2-3

2.7 判断题图 2-4 中各电路存在的交流反馈类型。

2.8 计算题图 2-5 电路静态工作点 I_{BQ}、I_{CQ}、U_{CEQ}(U_{BE}、U_{CES}均可忽略)。

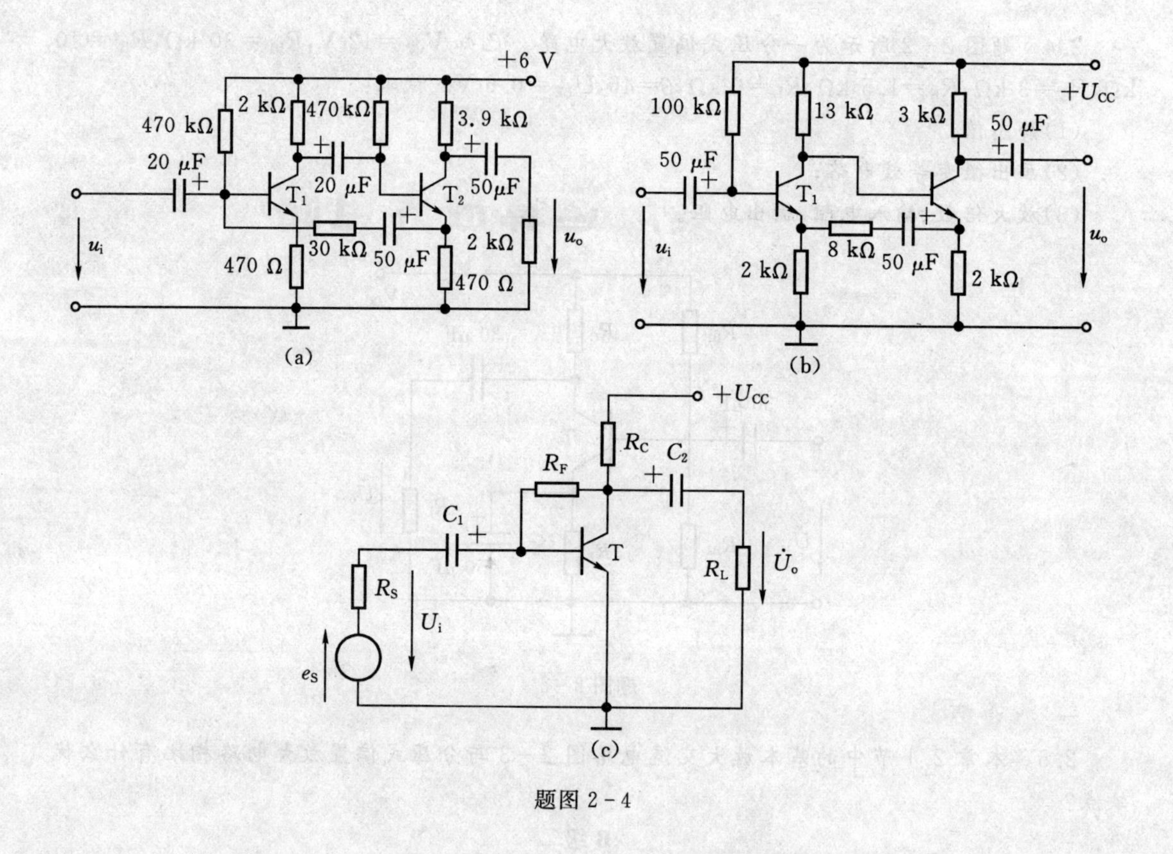

+6 V
470 kΩ
2 kΩ
470 kΩ
3.9 kΩ
20 μF
20 μF
50μF
T1
T2
u_i
30 kΩ
50 μF
2 kΩ
u_o
470 Ω
470 Ω
(a)
100 kΩ
13 kΩ
3 kΩ
+U_{CC}
50 μF
50 μF
T1
u_i
8 kΩ
50 μF
2 kΩ
2 kΩ
u_o
(b)
+U_{CC}
R_C
C_2
R_F
C_1
T
R_S
U_i
R_L
$\dot{U}_o$
e_S
(c)

题图 2-4

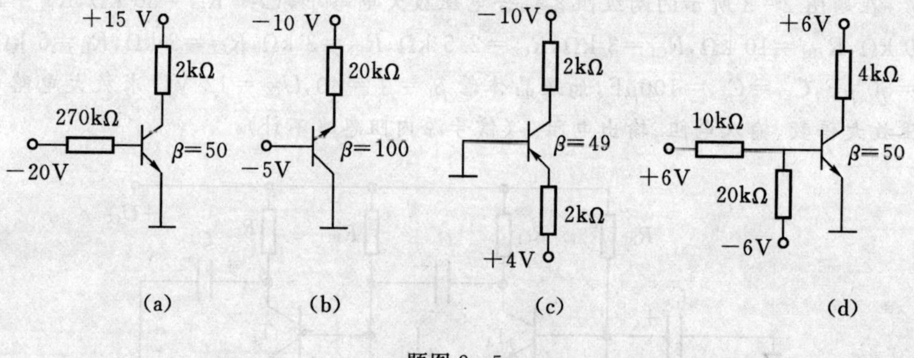

+15 V
2kΩ
270kΩ
β=50
−20V
(a)
−10 V
20kΩ
β=100
−5V
(b)
−10V
2kΩ
β=49
2kΩ
+4V
(c)
+6V
4kΩ
10kΩ
β=50
+6V
20kΩ
−6V
(d)

题图 2-5

第3章 集成运算放大电路

学习目标

1. 知识目标

(1)了解差动放大电路的组成及功能。

(2)熟悉集成运算放大电路的组成及符号。

(3)了解集成运算放大电路的分类及主要参数。

(4)掌握集成运算放大电路的分析依据。

(5)掌握比例及求和运算电路的分析方法及典型应用。

2. 能力目标

(1)能够识读运算放大电路图。

(2)能够对集成运算电路的典型电路进行分析并计算主要电路参数。

知识分布网络

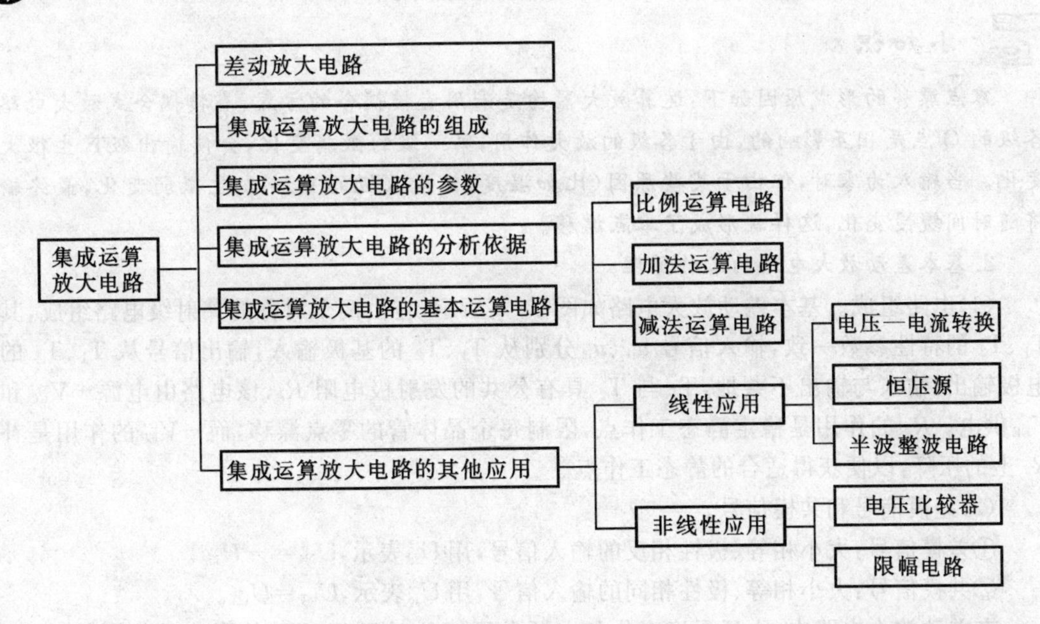

*3.1 差动放大电路

差动放大电路又叫差分放大电路，它不仅能有效地放大直流信号，而且能有效地减小由于电源波动或晶体管随温度变化而引起的零点漂移，因而获得广泛的应用，特别是被广泛应用于集成运算放大电路。

能力知识点1　基本差动放大电路

差动放大电路中的基本差动放大电路由两个完全对称的共发射极单管放大电路组成，该电路的输入端是两个信号的输入，这两个信号的差值，为该电路的有效输入信号，电路的输出信号是对这两个输入信号之差的放大。基本差动放大电路如图3-1所示。

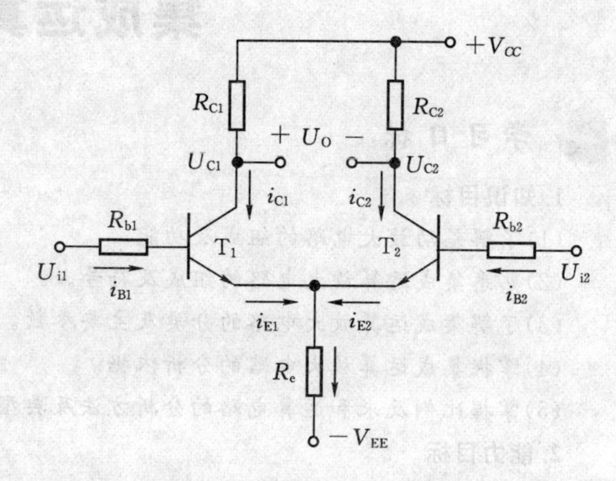

图3-1　基本差动放大电路

1. 多级直流放大电路的零点漂移问题及产生的原因

对于采用直接耦合方式的多级放大电路，会产生零点漂移问题，所谓零点漂移指的是当输入电压信号为零时，输出电压信号不为零。产生零点漂移的原因有温度变化、直流电源波动及元器件老化等，其中晶体管的参数受温度的变化而产生改变是主要原因，因此零点漂移又称温漂。

而解决零点漂移问题的根本方法为采用差动放大电路。

小知识

零点漂移的形成原因如下：运算放大器均是采用直接耦合的方式，直接耦合式放大电路的各级的Q点是相互影响的，由于各级的放大作用，第一级的微弱变化，会使输出级产生很大的变化。当输入为零时，但由于某些原因（比如温度）使输入级的Q点发生微弱变化，最终输出将随时间缓慢变化，这样就形成了零点漂移。

2. 基本差动放大电路的工作原理

(1)电路组成。基本差动放大电路如图3-1所示，它由两个对称的共射级电路组成，其中T_1、T_2的特性参数一致，输入信号u_{i1}、u_{i2}分别从T_1、T_2的基极输入，输出信号从T_1、T_2的集电极输出，输入与输出不共地，T_1与T_2具有公共的发射极电阻R_e，该电路由电源$+V_{CC}$和$-V_{EE}$供电。R_e的作用是稳定静态工作点，限制每个晶体管的零点漂移，而$-V_{EE}$的作用是补偿R_e上的压降，以便获得适合的静态工作点。

(2)差模信号和共模信号。

①差模信号：大小相等、极性相反的输入信号，用U_{id}表示，$U_{id1}=-U_{id2}$。

②共模信号：大小相等、极性相同的输入信号，用U_{ic}表示，$U_{ic1}=U_{ic2}$。

在差动放大电路中，由于温度变化和电源电压波动对于T_1、T_2的影响是相同的，属于共模信号性质，因此，共模信号是需要抑制的信号，而差模信号则是需要放大的信号。

(3)差模增益。差动放大电路对差模信号的放大倍数成为差模增益，用A_{ud}表示，大小如下：

$$A_{ud}=\frac{U_{od}}{U_{id}}=-\frac{\beta Rc}{r_{be}} \tag{3.1a}$$

式中 r_{be}为三极管的动态输入电阻。

当晶体管 T_1、T_2 之间接负载 R_L 时,R_L 两端交流电压大小相等极性相反,R_L 中点差模电压必为零,相当于每个晶体管对地接有 $R_L/2$ 负载,因此此时

$$A_{ud}=-\frac{\beta R'_L}{r_{be}} \tag{3.1b}$$

式中 $R'_L=R_c/\!/\frac{R_L}{2}$。

(4)共模增益。差动放大电路对共模信号的放大倍数成为共模增益,用 A_{uc}表示。由于晶体管 T_1、T_2 发射极共模电流大小相等、极性相同,所以流经公共发射极电阻 R_e 的电流为 $2I_e$,相当于对 T_1、T_2 具有 $2R_e$ 的电流负反馈作用。

$$U_{OC1}=U_{OC2}=-\frac{\beta R_C}{r_{be}+2(1+\beta)R_e}U_{ic} \tag{3.2a}$$

$$U_{OC}=U_{OC1}-U_{OC2}=0 \tag{3.2b}$$

所以 $A_{uc}=0$,表明差动放大电路对共模信号无放大作用。

(5)共模抑制比。共模抑制比用 K_{CMR}表示,用来衡量差动放大器对共模信号的抑制能力。

$$K_{CMR}=\left|\frac{A_{ud}}{A_{uc}}\right| \tag{3.3}$$

共模抑制比越大越好。对于图 3-1 基本差动放大电路而言,要使 K_{CMR}增大,关键是要提高晶体管 T_1、T_2 的对称性,在理想对称的情况下,具有克服零点漂移、零输入零输出、抑制共模信号和放大差模信号四大特点,另外增大 R_e,也能有效地提高差动放大电路的共模抑制比。

(6)工作原理。当输入信号 $U_i=0$ 时,则晶体管 T_1、T_2 的基极电流相等,集点极电位也相等,所以输出电压 $U_O=U_{C1}-U_{C2}=0$。当温度上升时,两管电流均增加,则集电极电位均下降,由于它们处于同一温度环境,因此两管的电流和电压变化量均相等,其输出电压仍然为零,从而解决了零点漂移问题。

【例 3-1】已知如图 3-1 所示的电路,$V_{CC}=V_{EE}=12$ V,$R_{C1}=R_{C2}=10$ kΩ,$R_e=22$ kΩ,$\beta=100$,$U_{BEQ}=0.6$ V,$r_{be1}=r_{be2}=5$ kΩ,双端输出 $R_L=30$ kΩ,试求:A_{ud}、A_{uc}和 K_{CMR}。

解:$A_{ud}=-\frac{\beta R'_L}{r_{be}}=-\frac{100\times[10/\!/(30/2)]}{5}=-120$

由于晶体管 T_1、T_2 对称,在理论上,$A_{uc}=0$,因此 $K_{CMR}=\left|\frac{A_{ud}}{A_{uc}}\right|\to\infty$

能力知识点 2 差动放大电路的接法

差动放大电路在实际应用中,信号源需要有接地点,以避免受到干扰,或者负载需要有接地点,以便能安全工作。

根据信号源和负载的接地情况,差动放大电路有四种接法,分别是单端输入单端输出、单端输入双端输出、双端输入单端输出、双端输入双端输出。

1.单端输入单端输出

单端输入单端输出如图 3-2 所示,$U_{i1}=U_i$,$U_{i2}=0$,U_O为 R_L 的对地电压。

2.单端输入双端输出

单端输入双端输出如图 3-3 所示,$U_{i1}=U_i$,$U_{i2}=0$,U_O为 R_L 两端的电压差。

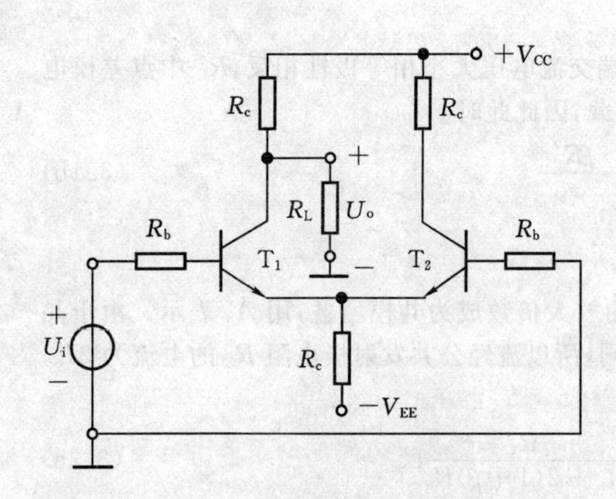

图 3-2　单端输入单端输出接法

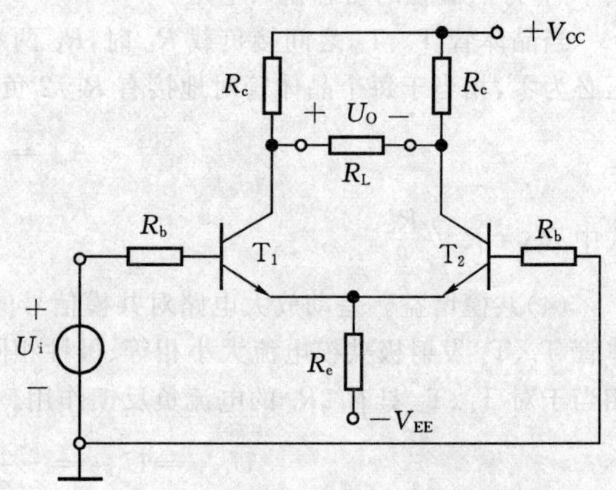

图 3-3　单端输入双端输出接法

3. 双端输入单端输出

双端输入单端输出如图 3-4 所示，$U_{i1}=U_{i2}=U_i$，U_O为R_L的对地电压。

4. 双端输入双端输出

双端输入双端输出如图 3-5 所示，$U_{i1}=U_{i2}=U_i$，U_O为R_L两端的电压差。

在电路参数理想对称的条件下，$R_i=2(R_b+r_{be})$，双端输入时无共模信号输入，单端输入时有共模信号输入。A_{ud}、A_{uc}、K_{CMR}和R_O都与接法有关。

当为单端输出时：

$$A_{ud}=\frac{\beta(R_c\ /\!/\ R_L)}{2(R_b+r_{be})} \tag{3.4}$$

$$A_{uc}=\frac{\beta(R_c\ /\!/\ R_L)}{R_b+r_{be}+2(1+\beta)R_e} \tag{3.5}$$

$$K_{CMR}=\frac{R_b+r_{be}+2(1+\beta)R_e}{2(R_b+r_{be})} \tag{3.6}$$

$$R_O=R_c \tag{3.7}$$

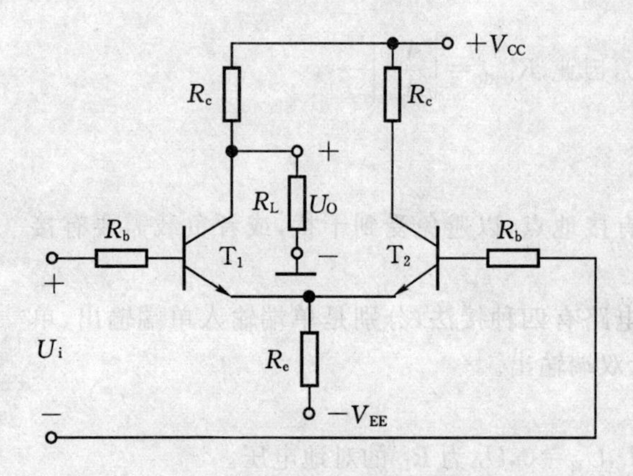

图 3-4　双端输入单端输出接法

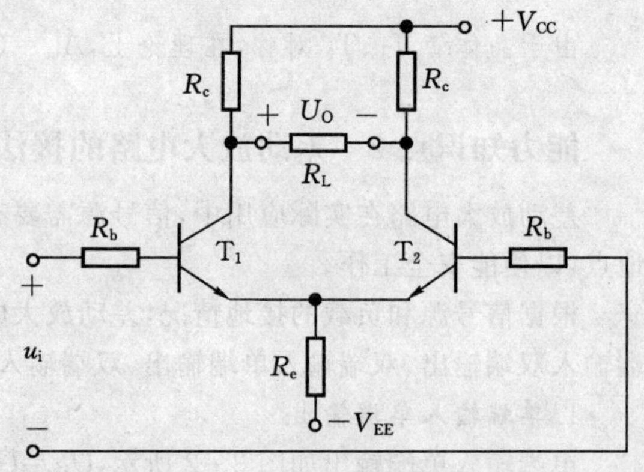

图 3-5　双端输入双端输出接法

当为双端输出时：

$$A_{ud}=\frac{\beta(R_c \mathbin{//} \frac{1}{2}R_L)}{R_b+r_{be}} \tag{3.8}$$

$$A_{uc}=0 \tag{3.9}$$

$$K_{CMR}=\infty \tag{3.10}$$

$$R_O=2R_c \tag{3.11}$$

能力知识点3　基本差动放大电路的改进

为了提高基本差动放大电路的共模抑制比，除了要尽可能把电路做到对称外，还必须要增大 R_e，但 R_e 阻值过大时，会造成 R_e 上的直流压降增大，差动放大电路的动态输出范围就会减小，为了解决此问题，需要对基本差动放大电路进行改进，其中具有恒流源的差动放大电路，就能解决问题。

图3-6(a)为具有电流源的差动放大电路。当选择合适的 R_1、R_2、R_3 时，使晶体管 T_3 工作在放大区时，其集电极电流 I_{C3} 为一恒定值而与负载的大小无关，常把该电路作为输出恒定电流的电流源来使用，图3-6(b)为其简化等效电路。该电路能极大地提高差动放大电路的共模抑制比。

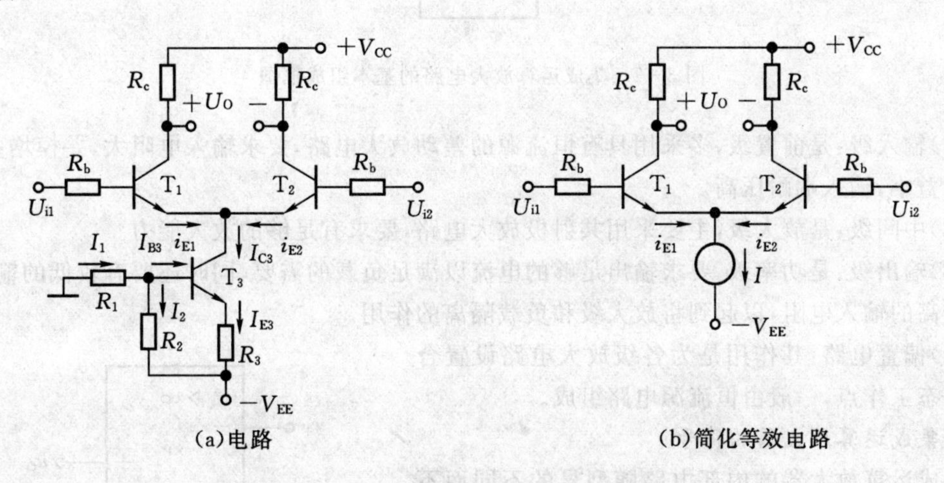

图3-6　具有电流源的差动放大电路

本节思考题

1. 多级直流放大电路为何会产生零点漂移？
2. 什么是差模信号？什么是共模信号？
3. 基本差动放大电路为何可以放大差模信号而抑制共模信号？
4. 基本差动放大电路的接法有几种？
5. 什么是共模电压放大倍数？什么是差模电压放大倍数？
6. 什么是共模抑制比？差动放大电路是如何抑制零漂的？

3.2 集成运算放大电路的结构及其应用电路

集成运算放大电路简称集成运放，实质上是一个多级直接耦合的高增益放大器。集成运算放大器是利用集成工艺，将运算放大器的所有元件集成在同一块硅片上，封装在管壳内；是模拟集成电路中运用最早最广的集成电路。

能力知识点1 集成运算放大电路的相关概念

1. 集成运算放大器的基本组成

集成运算放大电路的基本组成如图3-7所示，它由输入级、中间级、输出级和偏置电路四部分组成。

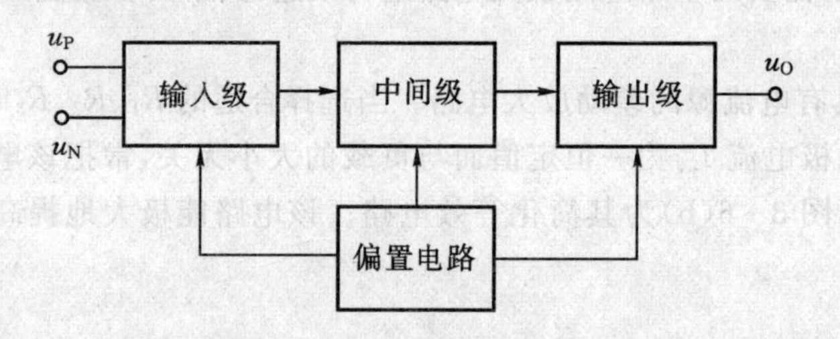

图3-7 集成运算放大电路的基本组成框图

(1)输入级：是前置级，多采用具有恒流源的差动放大电路，要求输入电阻大，差模增益大，共模增益小，输入端耐压高。

(2)中间级：是放大级，主要采用共射极放大电路，要求有足够的放大能力。

(3)输出级：是功率级，要求输出足够的电流以满足负载的需要，同时还要有较低的输出电阻和较高的输入电阻，以起到将放大级和负载隔离的作用。

(4)偏置电路：其作用是为各级放大电路设置合适的静态工作点，一般由恒流源电路组成。

2. 集成运算放大器的符号

集成运算放大器的内部电路随型号的不同而不同，但基本符号相同，如图3-8所示。

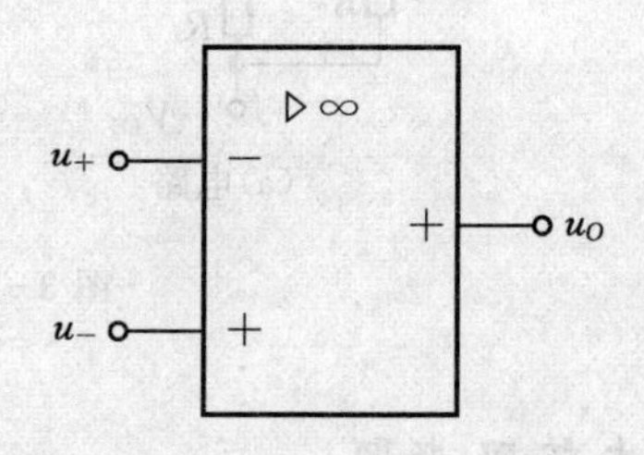

图3-8 集成运算放大器的符号

集成运算放大器有两个输入端，一个是同相输入端，用u_+表示，一个是反相输入端，用u_-表示。当将反相输入端接地，信号由同相输入端输入时，则输出信号就和输入信号的相位相同；当将同相输入端接地，信号由反相输入端输入时，则输出信号就和输入信号的相位相反。集成运算放大器的引脚除了有输入输出端外，还有正负电源输入端。741系列集成运算放大电路为通用型放大器，如国外的μA741、LM741，国产的型号为F007。

常用的集成运算放大器μA741的芯片外形如图3-9所示，芯片管脚如图3-10所示。在图3-10中，管脚1和5为调零输入端、管脚2为反相输入端，管脚3为同相输入端，管脚6为输出端，管脚 4 为－DC12V 电源输入端，管脚 7 为＋DC12V 电源输入端，管脚 8 为空脚。

图 3－9　μA741 外形图

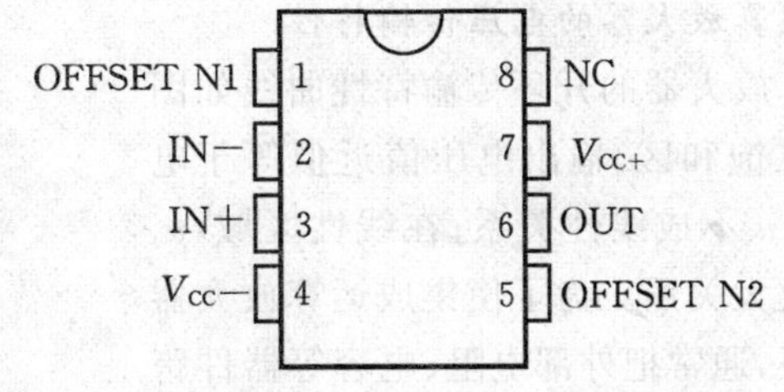

图 3－10　μA741 管脚图

3. 理想集成运算放大器及主要参数

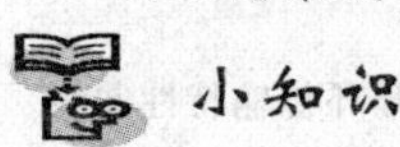

小知识

集成运算放大器的品种繁多。根据内部封装放大器的个数，集成运算放大器可以分为单运放、双运放、四运放。单运放常见的有 LM741、μA741、NE5534、TL081、LM833 等；双运放常见的有 LM358、TL082、NE5532、μ747、TL072、RC4558 等；四运放常见的有 LM324、TL084 等。双运放(或四运放)的内部包含两组(或四组)形式完全相同的运算放大器，除电源公用外，两组(或四组)运放各自独立。

(1)主要参数。

①开环差模电压放大倍数 A_{ud}。集成运算放大器在开环时，即无外加反馈时，输出电压与输入差模信号电压之比成为开环差模电压放大倍数 A_{ud}，A_{ud}越高，运算放大电路的精度越高，性能越稳定。

②输入偏置电流 I_B。I_B是当输出电压为 0 时，流入集成运算放大电路两个输入端的静态基极电流 $I_B=(I_{B1}+I_{B2})/2$，I_B越小越好，一般为 1～100μA。

③共模抑制比 K_{CMR}。共模抑制比用 K_{CMR} 表示，是差模电压放大倍数和共模电压放大倍数之比，越大越好。

④差模输入电阻 r_{id}。r_{id}是指开环时，输入电压变化量与它引起的输入电流变化量之比，即从输入端看进去的动态电阻。

⑤开环输出电阻 r_o。r_o 指的是集成运算放大电路开环时，从输出端向里看进去的等效电阻，其值越小，说明集成运算放大电路带负载的能力就越强。

(2)理想集成运算放大器。满足下列条件的预算放大器成为理想集成运算放大器：

①开环差模电压放大倍数 $A_{ud}\to\infty$；

②差模输入电阻 $r_{id}\to\infty$；

③输出电阻 $r_o\to 0$；

④共模抑制比 $K_{CMR}\to\infty$；

⑤输入偏置电流 $I_{B1}=I_{B2}=0$；

⑥失调电压、失调电流及温漂为 0。

由于集成运算放大器接近于理想运算放大器，所以在分析运算放大电路时，若无特别说明，均按理想运算放大器对待。

能力知识点2 集成运算放大器应用的分析依据

1.集成运算放大器的电压传输特性

集成运算放大器的开环传输特性曲线如图3-11所示，在饱和区，输出电压值近似等于电源电压，u_o与u_i不成线性关系；在线性区域，u_o与u_i成线性放大关系。为了使集成运算放大器工作在线性区，通常把外部电阻、电容等器件跨接在集成运算放大器的输出端与反相输入端之间构成闭环工作状态，限制其电压放大倍数。

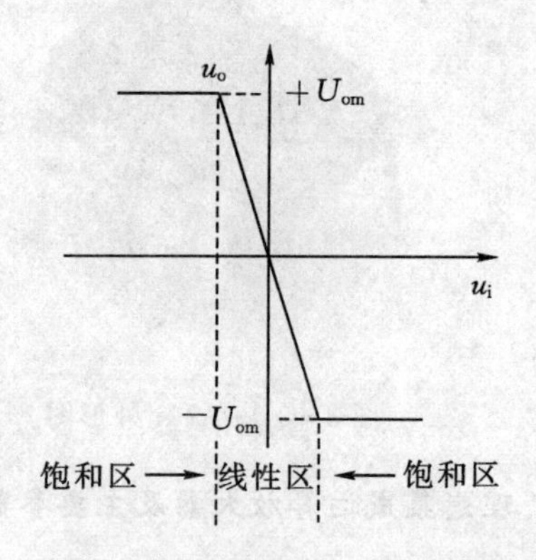

图3-11 集成运算放大电路的开环传输特性曲线

2.集成运算放大器的线性应用分析依据

集成运算放大器工作在线性区域时，分析集成运算放大电路组成的运算放大器依据如下：

(1)虚短。虚短指的是集成运算放大器的同相输入端和反相输入端的电位相等，即

$$u_+ = u_- \tag{3.12}$$

因为集成运算放大器工作在线性范围内时，$u_i = u_+ - u_- = u_o/A_{ud}$，由于理想集成运算放大电路$A_{ud}\to\infty$，所以$u_i = u_+ - u_- = 0$，即$u_+ = u_-$。两个输入端之间相当于短路，但又不是真正的短路，因此称为“虚短”。

(2)虚断。虚断指的是集成运算放大器的同相输入端和反相输入端的输入电流为0，即

$$i_+ = i_- = 0 \tag{3.13}$$

因为理想集成运算放大电路的$r_{id}\to\infty$，所以同相输入端和反相输入端的输入电流为0，即$i_+ = i_- = 0$。两个输入端之间相当于断路，但又没要真正的断开，因此称为“虚断”。

(3)虚地。虚地指的是当同相输入端接地时，$u_- = 0$，即反相输入端也相当于接地，可实际上没有接地，因此称为“虚地”。

能力知识点3 集成运算放大电路的基本运算电路

集成运算放大电路工作在线性区域时，可以完成比例、加法、减法、乘法及除法等运算。本书只介绍反相比例、同相比例、加法及减法运算电路。

1.反相比例运算电路

反相比例运算电路如图3-12所示，输入信号u_i经过电阻R_1接到反相输入端，同相输入端经过电阻R_2接地，为了使集成运算放大电路工作在线性区，输出电压u_o经反馈电阻R_F反馈到反相输入端，形成负反馈。

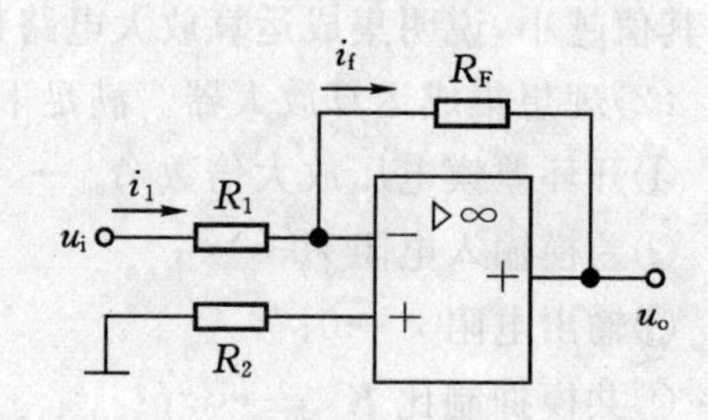

图3-12 反相比例运算电路

由图3-12可知 $i_1 = \dfrac{u_i - u_-}{R_1}$、$i_f = \dfrac{u_- - u_o}{R_F}$

由虚断可知$i_- = 0$，由虚短可知$u_+ = u_- = 0$。

所以 $i_1=\frac{u_i}{R_1}$　$i_f=\frac{-u_o}{R_F}$　$\frac{u_i}{R_1}=\frac{-u_o}{R_F}$

$$u_o=-\frac{R_F}{R_1}u_i \tag{3.14}$$

可见输出电压与输入电压成比例关系，负号表示二者极性相反，所以被称为反相比例运算电路。

所以得到的闭环电压放大倍数

$$A_{uf}=\frac{u_o}{u_i}=-\frac{R_F}{R_1} \tag{3.15}$$

R_2 为静态平衡电阻，为了使集成运算放大电路的两个输入端在静态时处于对称的平衡状态，应使两个输入端的对地电阻相等。所以

$$R_2=R_1 /\!/ R_F \tag{3.16}$$

当反相比例运算电路中的 $R_1=R_F$ 时，$A_{uf}=-1$，说明 u_o 与 u_i 大小相等，极性相反，这时的反相比例运算电路又称为反相器。

2. 同相比例运算电路

同相比例运算电路如图 3－13 所示，输入信号 u_i 经过电阻 R_2 接到同相输入端，反相输入端经过电阻 R_1 接地，为了使集成运算放大电路工作在线性区，输出电压 u_o 经反馈电阻 R_F 反馈到反相输入端，形成负反馈。

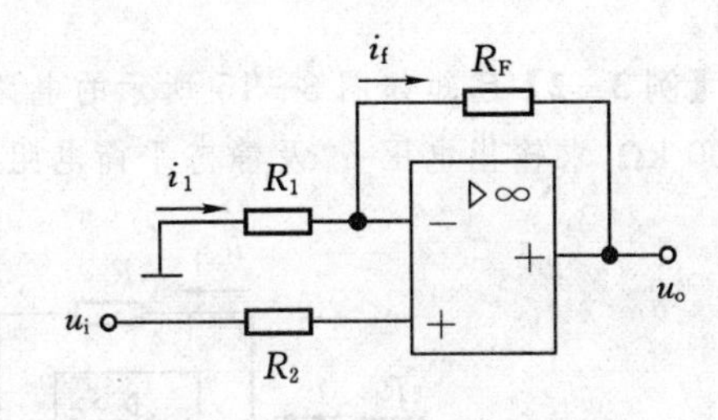

图 3－13　同相比例运算电路

由虚短、虚断可知 $i_1=i_f$，$u_+=u_-=u_i$

所以 $i_1=\frac{0-u_-}{R_1}=-\frac{u_i}{R_1}$、$i_f=\frac{u_--u_o}{R_F}=\frac{u_i-u_o}{R_F}$

$$-\frac{u_i}{R_1}=\frac{u_i-u_o}{R_F}$$

$$u_o=(1+\frac{R_F}{R_1})u_i \tag{3.17}$$

可见输出电压与输入电压成比例关系，二者极性相同，所以被称为同相比例运算电路。

所以得到的闭环电压放大倍数

$$A_{uf}=\frac{u_o}{u_i}=(1+\frac{R_F}{R_1}) \tag{3.18}$$

R_2 为静态平衡电阻，为了使集成运算放大电路的两个输入端在静态时处于对称的平衡状态，应使两个输入端的对地电阻相等。所以

$$R_2=R_1 /\!/ R_F \tag{3.19}$$

当同相比例运算电路中的 $R_1=\infty$ 或 $R_F=0$ 时，$A_{uf}=1$，说明 u_o 与 u_i 大小相等，极性相同，这时的同相比例运算电路又称为电压跟随器。如图 3－14 所示。

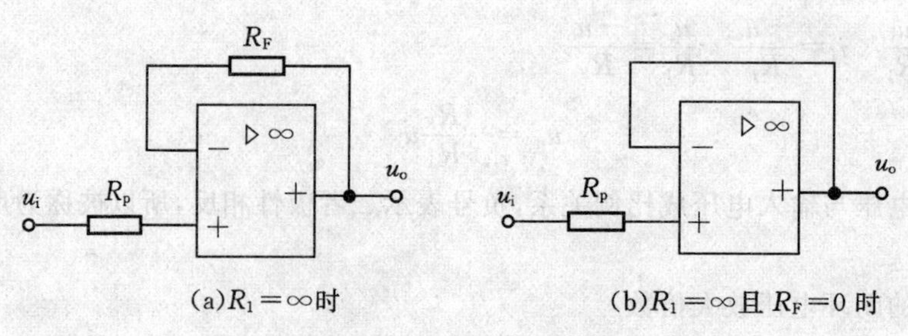

图 3-14　电压跟随器

小知识

电压跟随器具有输入阻抗高、输出阻抗低的特点，具有缓冲、隔离并提高带负载能力的作用。

【例 3-2】 已知如图 3-15 所示的电路，已知 $u_i=2$ V，$R_1=R_{F1}=15$ kΩ，$R_3=25$ kΩ，$R_{F2}=100$ kΩ，求输出电压 u_o 及静态平衡电阻 R_2、R_4 的大小。

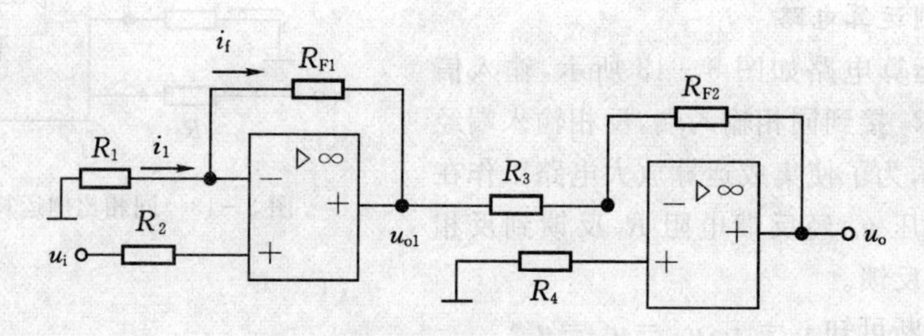

图 3-15

解： 由图 3-15 可知，这是两级比例运算放大电路，第一级为同相比例运算放大电路

所以 $u_{o1}=(1+\dfrac{R_{F1}}{R_1})u_i=(1+1)\times 2=4\ (\text{V})$

第二级为反相比例运算放大电路

所以 $u_o=-\dfrac{R_{F2}}{R_3}u_{o1}=-\dfrac{100}{25}\times 4=-16\ (\text{V})$

静态平衡电阻 $R_2=R_{F1}/\!/R_1=15\ \text{k}\Omega/\!/15\ \text{k}\Omega=7.5\ \text{k}\Omega$

$R_4=R_{F2}/\!/R_3=100\ \text{k}\Omega/\!/25\ \text{k}\Omega=20\ \text{k}\Omega$

小技巧

对于由多级基本运算放大电路组成的集成运算放大电路，分析的技巧为先逐级进行分析，然后再求出输出与输入之间的关系。

3. 加法运算电路

加法运算分为反相加法和同相加法两种，反相加法运算电路如图 3-16 所示，输入信号 u_{i1} 经过电阻 R_1、输入信号 u_{i2} 经过电阻 R_2 同时接到反相输入端，同相输入端经过电阻 R_p 接地，为了使集成运算放大电路工作在线性区，输出电压 u_o 经反馈电阻 R_F 反馈到反相输入端，形成负反馈。

根据虚短可知 $u_+ = u_- = 0$，说明反相输入端为虚地。

由虚断可知 $i_f = i_1 + i_2$，由虚短可知 $u_+ = u_- = 0$。

所以 $i_1 = \frac{u_{i1} - u_-}{R_1} = \frac{u_{i1}}{R_1}$、$i_2 = \frac{u_{i2} - u_-}{R_2} = \frac{u_{i2}}{R_2}$、$i_f = \frac{u_- - u_o}{R_F} = -\frac{u_o}{R_F}$

$$u_o = -\left(\frac{R_F}{R_1}u_{i1} + \frac{R_F}{R_2}u_{i2}\right) \quad (3.20)$$

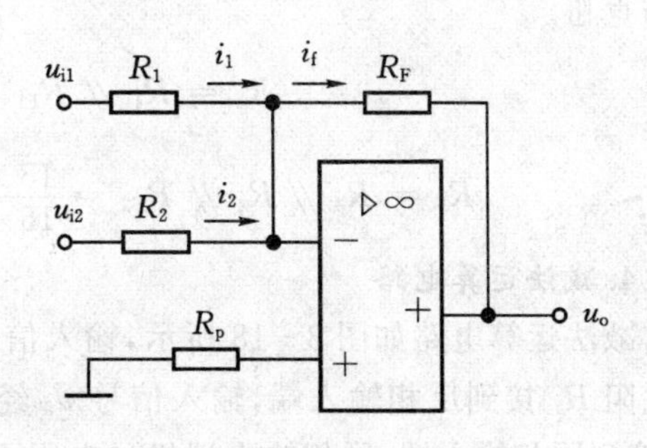

图 3-16 加法运算电路

可见，输出电压与输入电压之间是一种反相输入加法运算关系。

若

$$R_1 = R_2 = R_F, 则\ u_o = -(u_{i1} + u_{i2}) \quad (3.21)$$

平衡电阻

$$R_p = R_1 \mathbin{/\!/} R_2 \mathbin{/\!/} R_F \quad (3.22)$$

另外，同相加法运算电路调节起来困难，且几个输入信号之间会相互影响，还会存在共模输入电压，因此在实际电路中很少应用，如果要实现同相，可在反相运算电路之后再反相。

【例 3-3】 已知如图 3-17 所示的电路，已知 $u_{i1} = 1\ \text{V}$，$u_{i2} = 2\ \text{V}$，$R_1 = 10\ \text{k}\Omega$，$R_{F1} = 20\ \text{k}\Omega$，$R_3 = 15\ \text{k}\Omega$，$R_4 = 20\ \text{k}\Omega$，$R_{F2} = 60\ \text{k}\Omega$，求输出电压 u_o 及静态平衡电阻 R_2、R_5 的大小。

解： 由图 3-17 可知，这是两级运算放大电路

第一级为反相比例运算放大电路

$$u_{o1} = -\frac{R_{F1}}{R_1}u_{i1} = -\frac{20}{10} \times 1 = -2\ (\text{V})$$

第二级为反相加法运算放大电路

$$u_o = -\left(\frac{R_{F2}}{R_3}u_{o1} + \frac{R_{F2}}{R_4}u_{i2}\right) = -\left[\frac{60}{15} \times (-2) + \frac{60}{20} \times 2\right] = 2\ (\text{V})$$

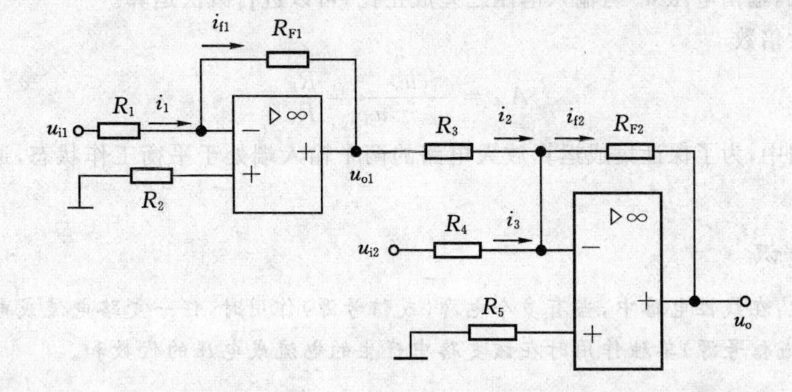

图 3-17

平衡电阻

$$R_2 = R_1 /\!/ R_{F1} = \frac{10 \times 20}{10 + 20} = \frac{20}{3}\ (\text{k}\Omega)$$

$$R_5 = R_3 /\!/ R_4 /\!/ R_{F2} = \frac{15 \times 20}{15 + 20} /\!/ 60 = \frac{60}{7} /\!/ 60 = 7.5\ (\text{k}\Omega)$$

4. 减法运算电路

减法运算电路如图 3-18 所示，输入信号 u_{i1} 经过电阻 R_1 接到反相输入端，输入信号 u_{i2} 经过电阻 R_2 接到同相输入端，同相输入端经过电阻 R_3 接地，为了使集成运算放大电路工作在线性区，输出电压 u_o 经反馈电阻 R_F 反馈到反相输入端，形成负反馈。

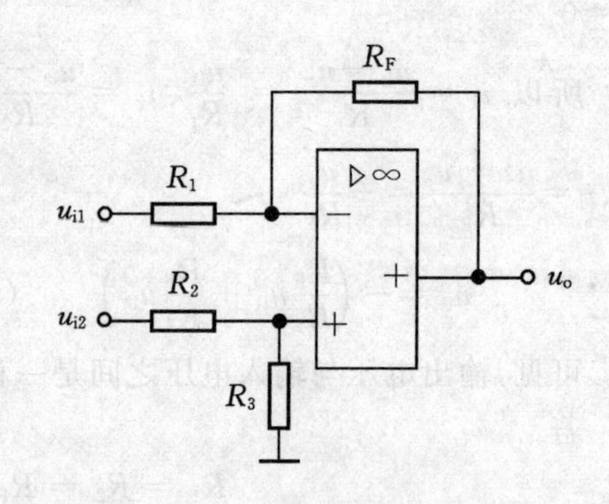

图 3-18 减法运算电路

可以用叠加原理来分析减法运算放大电路：

当 u_{i1} 单独作用时，$u_{i2}=0$(接地)，此时电路变成反相比例运算放大电路。

则 $u'_o = -\frac{R_F}{R_1}u_{i1}$

当 u_{i2} 单独作用时，$u_{i1}=0$(接地)，此时电路变成同相比例运算放大电路。

则
$$u''_o = \left(1+\frac{R_F}{R_1}\right)u_+ = \left(1+\frac{R_F}{R_1}\right)\frac{R_3}{R_2+R_3}u_{i2}$$

所以

$$u_o = u'_o + u''_o = \left(1 + \frac{R_F}{R_1}\right)\frac{R_3}{R_2 + R_3}u_{i2} - \frac{R_F}{R_1}u_{i1} \tag{3.23}$$

当 $R_1=R_2$ 且 $R_3=R_F$ 时，有

$$u_o = \frac{R_F}{R_1}(u_{i2} - u_{i1}) \tag{3.24}$$

当 $R_1=R_F$ 时，有

$$u_o = u_{i2} - u_{i1} \tag{3.25}$$

由此可见，输出电压 u_o 与输入电压之差成正比，可以进行减法运算。

电压放大倍数

$$A_{uf} = \frac{u_o}{u_{i2} - u_{i1}} = \frac{R_F}{R_1} \tag{3.26}$$

实际应用中，为了保证集成运算放大电路的两个输入端处于平衡工作状态，通常选 $R_1=R_2$ 且 $R_3=R_F$。

小知识

叠加定理：在线性电路中，当有多个电源(或信号源)作用时，任一支路电流或电压，可看做由各个电源(或信号源)单独作用时在该支路中产生的电流或电压的代数和。

能力知识点 4　集成运算放大电路的其他应用

1. 集成运算放大电路的线性应用

(1)电压—电流转换电路。电压—电流转换电路如图 3-19 所示，输入信号 u_i 从集成运算

放大电路的同相输入端送入，信号经放大后给负载 R_L 供电。

根据集成运算放大电路的虚短可知

$$u_+ = u_- = u_i$$

根据集成运算放大电路的虚断可知

$$i_L = i_1 = \frac{u_-}{R_1} = \frac{u_i}{R_1} \qquad (3.27)$$

式子(3.27)表明，负载电流 i_L 与输入电压 u_i 成正比，而与负载电阻 R_L 的大小无关，可通过改变 R_1 的阻值大小来改变 i_L 的大小。

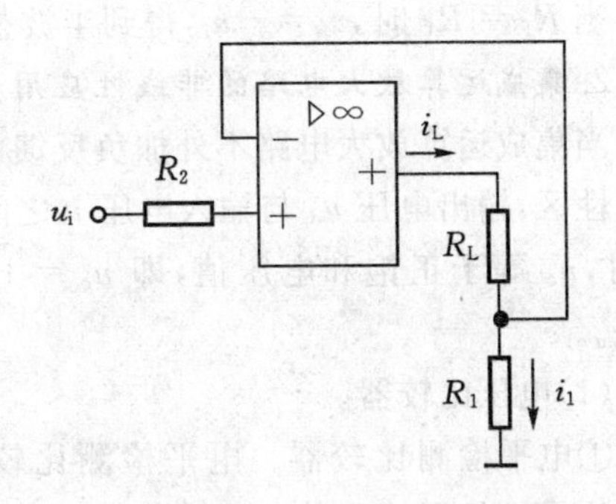

图 3-19　电压—电流转换电路

(2)恒压源电路。由集成运算放大电路组成的可调恒压源电路如图 3-20 所示，输入信号电压 u_i 由稳压管提供，从集成运算放大电路的反相输入端输入。通过调节 R_F 的大小，可调节输出电压 u_o 的大小。

由反相比例运算放大电路的放大原理可知

$$u_o = -\frac{R_F}{R_1}u_i = -\frac{R_F}{R_1}U_Z \qquad (3.28)$$

式子(3.28)表明，输出电压 u_o 与 U_Z 成正比，极性相反。由于 U_Z 稳定不变，所以输出电压 u_o 不随负载 R_L 的变化而波动，输出电压 u_o 恒定。通过调节 R_F 的大小，可调节输出电压 u_o 的大小。

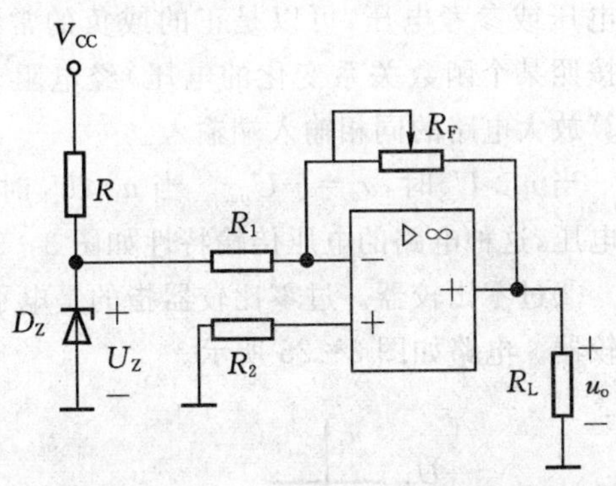

图 3-20　可调恒压源电路

(3)半波整流电路。由集成运算放大电路组成的半波整流电路如图 3-21 所示，输入信号电压 $u_i = \sqrt{2}U\sin\omega t$ V，输入输出电压波形如图 3-22 所示。

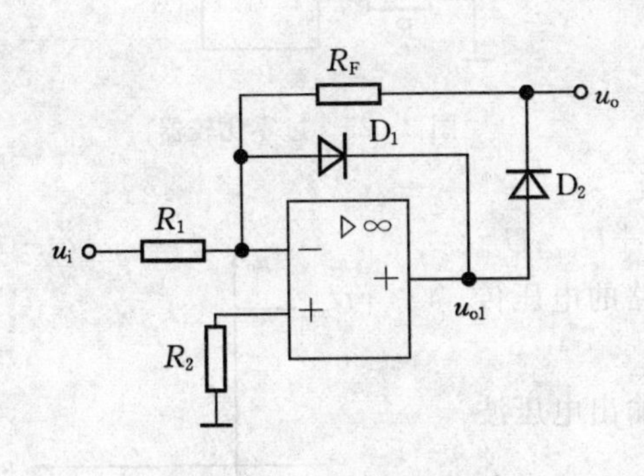

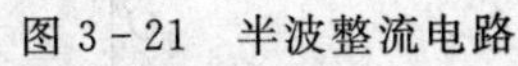
图 3-21　半波整流电路

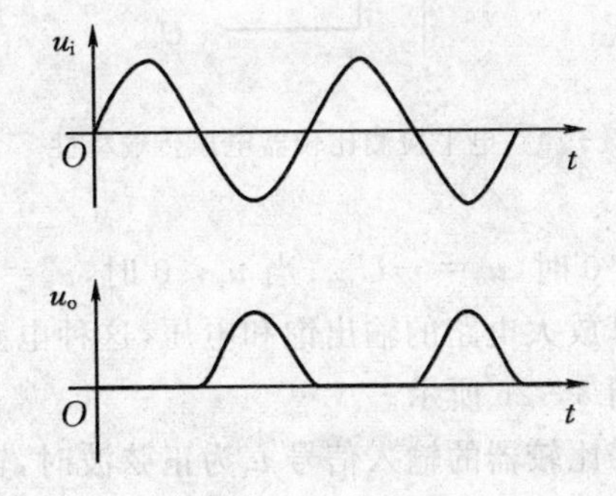

图 3-22　半波整流电路输入输出电压波形

在 u_i 的正半周，u_{o1} 为负，二极管 D_1 承受正向电压而导通，二极管 D_2 承受反向电压而截止，所以 R_F 没有电流流过，此时 $u_o = u_- = 0$。

在 u_i 的负半周，u_{o1} 为正，二极管 D_1 承受反向电压而截止，二极管 D_2 承受正向电压而导通，所以 R_F 有电流流过，组成反相比例运算电路，此时 $u_o = u_{o1} = -\frac{R_F}{R_1}u_i$。

当 $R_F = R_1$ 时，$u_o = -u_i$，得到半波整流，波形图如图 3-22 所示。

2. 集成运算放大电路的非线性应用

当集成运算放大电路不外加负反馈，在开环情况下工作时，集成运算放大电路一般工作在非线性区，输出电压 u_o 与输入电压 u_i 之间不存在线性放大关系，此时的分析依据是：当 $u_+ > u_-$ 时，u_o 等于正饱和电压值，即 $u_o = +U_{om}$；当 $u_+ < u_-$ 时，u_o 等于负饱和电压值，即 $u_o = -U_{om}$。

(1)电压比较器。

①电平检测比较器。电平检测比较器用来检测输入信号 u_i 是否达到某一电压值 U_R，电路如图 3-23 所示，输入信号 u_i 经电阻 R_1 从集成运算放大电路的反相输入端输入，比较电压 U_R（U_R 又称临界电压、基准电压或参考电压，可以是正的或负的常数，也可以是按照某个函数关系变化的电压）经电阻 R_2 从集成运算放大电路的同相输入端输入。

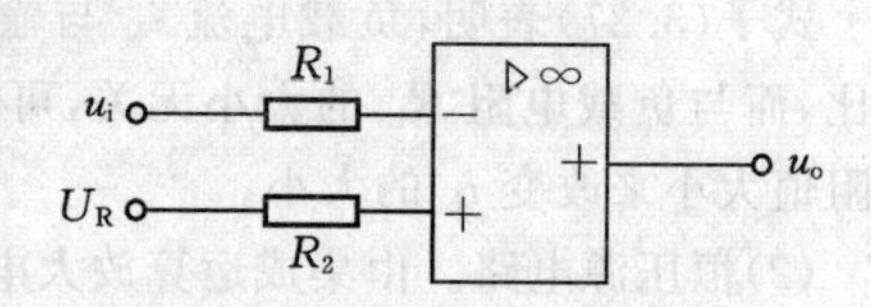

图 3-23　电平检测比较器

当 $u_i > U_R$ 时，$u_o = -U_{om}$。当 $u_i < U_R$ 时。$u_o = +U_{om}$。U_{om} 为集成运算放大电路的输出饱和电压，这种电路的电压传输特性如图 3-24 所示。

②过零比较器。过零比较器指的是电平检测比较器中的基准电压 $U_R = 0$ V 时，就是过零比较器。电路如图 3-25 所示。

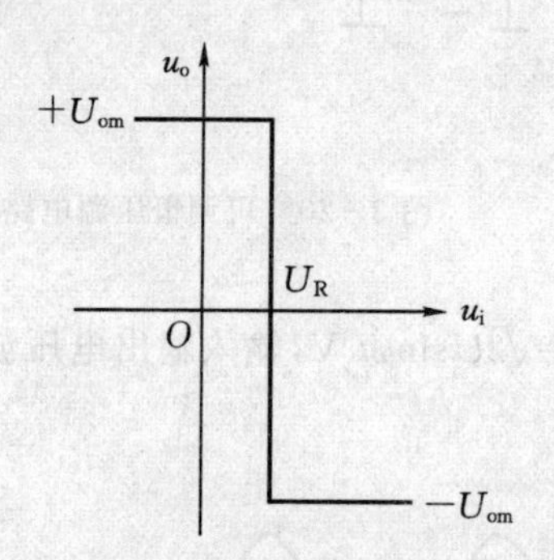

图 3-24　电平检测比较器电压传输特性

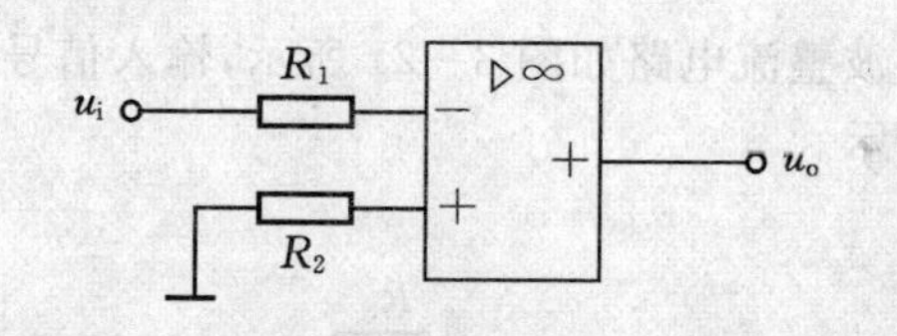

图 3-25　过零比较器

当 $u_i > 0$ 时，$u_o = -U_{om}$；当 $u_i < 0$ 时，$u_o = +U_{om}$；U_{om} 为集成运算放大电路的输出饱和电压，这种电路的电压传输特性如图 3-26 所示。

当过零比较器的输入信号 u_i 为正弦波时，输出电压波形如图 3-27 所示。

(2)限幅电路。

①二极管限幅电路。由集成运算放大电路及二极管组成的单向限幅电路如图 3-28 所示。输入信号 u_i 为正弦波。

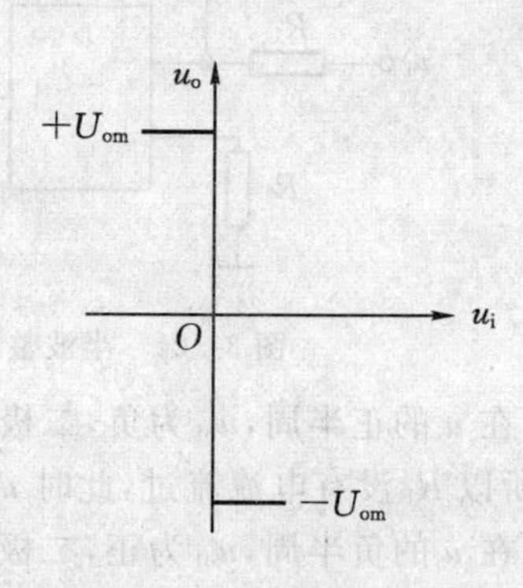

图 3-26　过零比较器电压传输特性

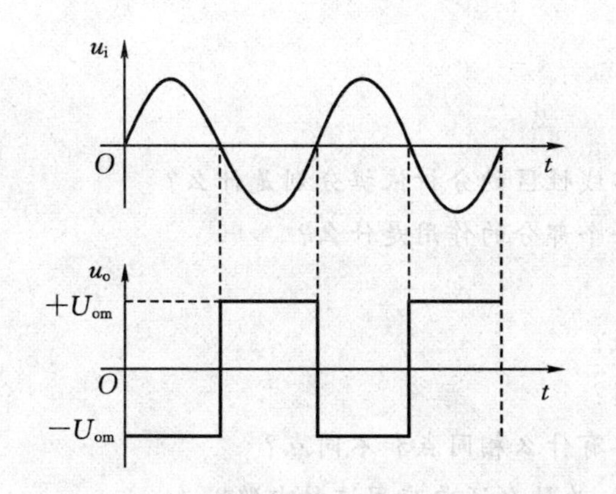

图 3-27　过零比较器的输入输出电压波形

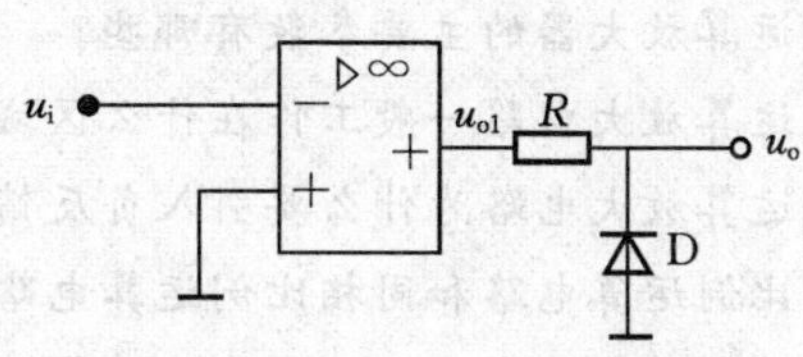

图 3-28　二极管限幅电路

当 $u_i>0$ 时，$u_{o1}=-U_{om}$，二极管 D 正向导通，如果忽略二极管 D 正向导通压降，则 $u_o=0$。

当 $u_i<0$ 时，$u_{o1}=+U_{om}$，二极管 D 反向截止，则 $u_o= u_{o1}=+U_{om}$。输入输出电压波形如图 3-29 所示。

②稳压管限幅电路。由集成运算放大电路及稳压管组成的双向限幅电路如图 3-30 所示。输入信号 u_i为正弦波。

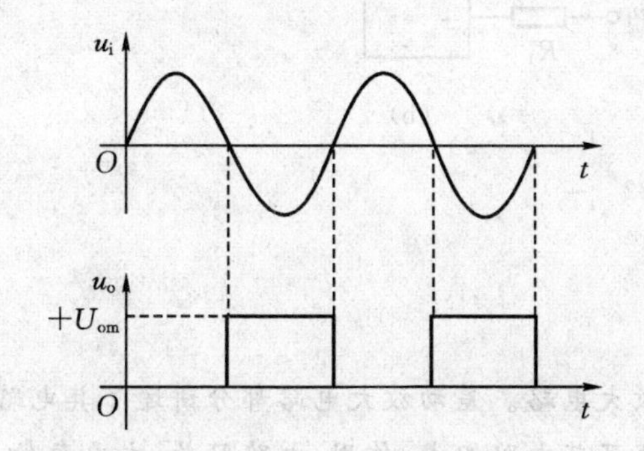

图 3-29　二极管限幅电路输入输出电压波形

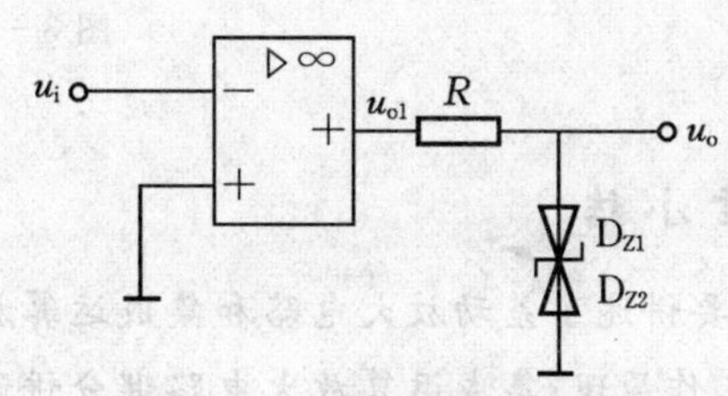

图 3-30　稳压管限幅电路

当 $u_i>0$ 时，$u_{o1}=-U_{om}$，稳压管 D_{Z2} 正向导通，D_{Z1} 反向导通，如果忽略稳压管 D_{Z2} 正向导通压降，则 $u_o=-U_{Z1}$。当 $u_i<0$ 时，$u_{o1}=+U_{om}$，稳压管 D_{Z1} 正向导通，D_{Z2} 反向导通，如果忽略稳压管 D_{Z1} 正向导通压降，则 $u_o=+U_{Z1}$。输入输出电压波形如图 3-31 所示。

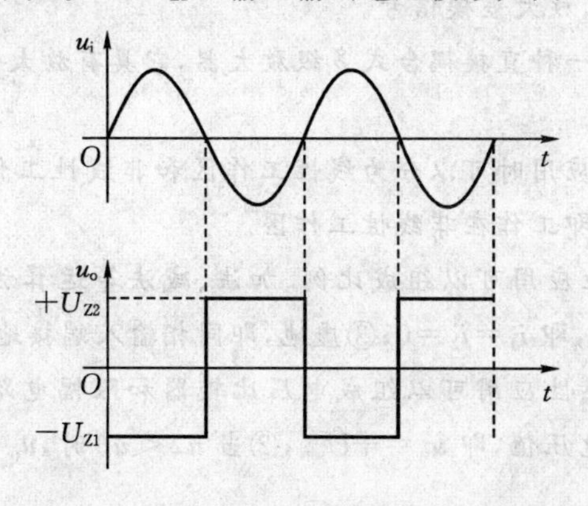

图 3-31　稳压管限幅电路输入输出电压波形

本节思考题

1. 什么是理想运算放大器？

2. 理想集成运算放大器工作在线性区和非线性区的分析依据分别是什么？

3. 集成运算放大器都由哪几部分组成？每个部分的作用是什么？

4. 集成运算放大器的主要参数有哪些？

5. 集成运算放大电路一般工作在什么区域？

6. 集成运算放大电路为什么要引入负反馈？

7. 反相比例运算电路和同相比例运算电路有什么相同点和不同点？

8. 电压跟随器的输出信号和输入信号相同，为什么还要应用这种电路？

9. 电压比较器的功能是什么？用作比较器的集成运算放大电路工作在什么区域？

10. 在图 3-32 所示的电路中，当输入信号 $u_i=2$ V 时，输出信号 u_o 是多少？

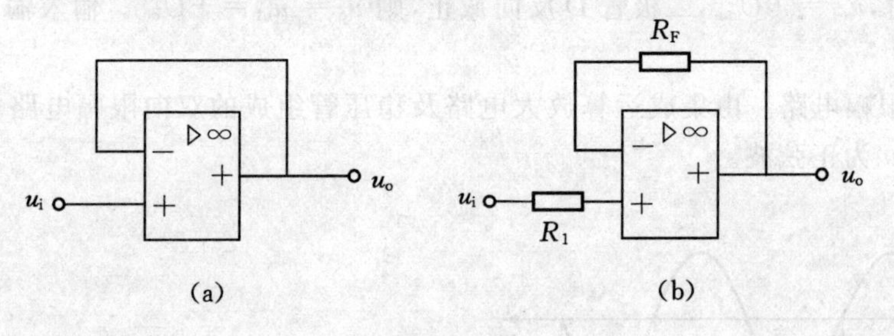

图 3-32

本章小结

本章主要讲述了差动放大电路和集成运算放大电路。差动放大电路部分讲述了其电路组成、作用及工作原理；集成运算放大电路部分讲述了其电路组成、作用、电路符号、主要参数、分析依据、同相比例运算、反相比例运算、加法运算、减法运算等线性应用及非线性应用。其中集成运算放大电路部分是本章的重点，总结如下：

(1) 差动放大电路由两个对称的共射极放大电路组成，能够解决多级直流放大电路零点漂移问题，能够抑制共模信号、放大差模信号。

(2) 集成运算放大器是一种直接耦合式多级放大器，它具有放大倍数高、输入电阻大、输出电阻小及方便使用等特点。

(3) 集成运算放大器在应用时可以分为线性工作区和非线性工作区。有负反馈时即工作在线性工作区，无负反馈时即工作在非线性工作区。

集成运算放大器的线性应用可以组成比例、加法、减法等运算放大电路，分析依据如下：①虚短，即 $u_+=u_-$；②虚断，即 $i_1=i_2=0$；③虚地，即同相输入端接地时，$u_-=0$。

集成运算放大器的非线性应用可以组成电压比较器和限幅电路等，分析依据如下：①当 $u_+>u_-$ 时，u_o 等于正饱和电压值，即 $u_o=+U_{om}$；②当 $u_+<u_-$ 时，u_o 等于负饱和电压值，即 $u_o=-U_{om}$。

(4)集成运算放大器的线性应用为集成运算放大电路应用的重点,要求读者要明白比例、加法、减法等常用运算放大电路的电路组成、工作原理及输入输出之间的关系。

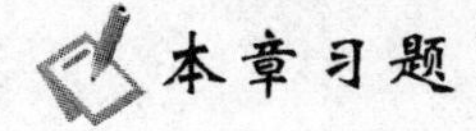

本章习题

A级

3.1 如题图3-1所示,已知$R_F=60\ k\Omega$,$R_1=20\ k\Omega$,$u_i=20\ mV$。求输出电压u_o及平衡电阻R_2的大小。

3.2 如题图3-2所示,求:

(1)当$R_1=20\ k\Omega$,$R_F=100\ k\Omega$时,u_o与u_i之间的关系。

(2)当$R_F=100\ k\Omega$时,欲使$u_o=21u_i$,R_1应为多少?

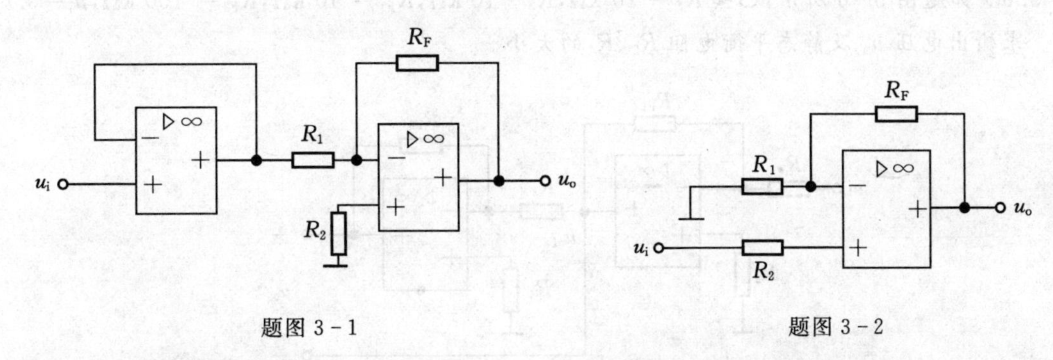

题图3-1　　题图3-2

3.3 如题图3-3所示,已知$R_F=120\ k\Omega$,$R_1=30\ k\Omega$,$R_2=40\ k\Omega$,$u_{i1}=10\ mV$,$u_{i2}=20\ mV$,求输出电压u_o及平衡电阻R_3的大小。

3.4 如题图3-4所示,已知$R_F=R_3=100\ k\Omega$,$R_1=R_2=30\ k\Omega$,$u_{i1}=5\ mV$,$u_{i2}=20\ mV$。求输出电压u_o的大小。

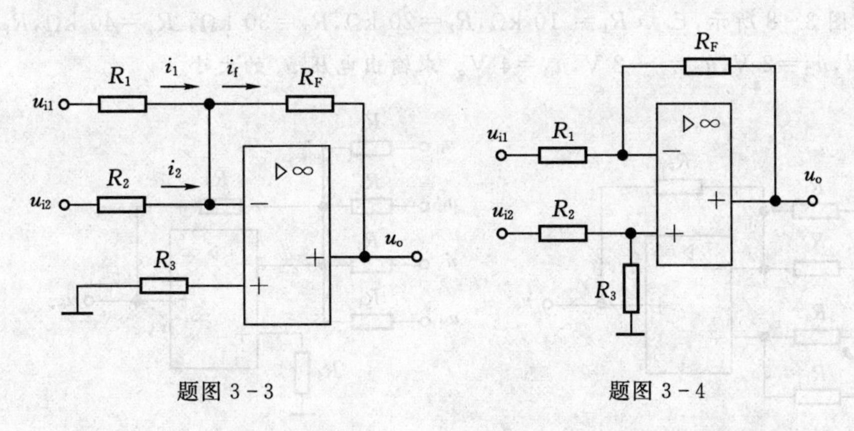

题图3-3　　题图3-4

3.5 如题图3-5所示,已知$R_1=10\ k\Omega$,$R_3=20\ k\Omega$,$R_{F1}=20\ k\Omega$,$R_{F2}=100\ k\Omega$,$u_i=50\ mV$。求输出电压u_o及静态平衡电阻R_2、R_3的大小。

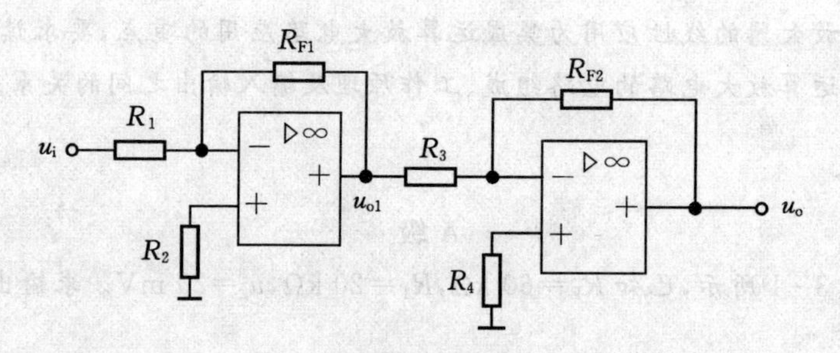

题图 3-5

B级

3.6　如题图 3-6 所示，已知 $R_1=10\ \text{k}\Omega$，$R_3=10\ \text{k}\Omega$，$R_{F1}=40\ \text{k}\Omega$，$R_{F2}=100\ \text{k}\Omega$，$u_i=0.5\ \text{V}$。求输出电压 u_o 及静态平衡电阻 R_2、R_4 的大小。

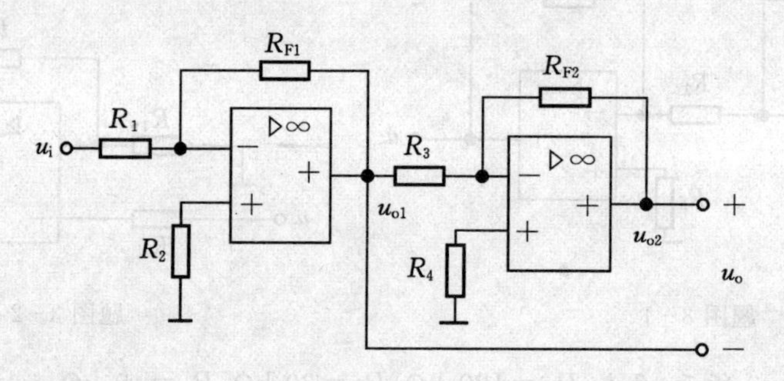

题图 3-6

3.7　如题图 3-7 所示，已知 $R_1=R_2=2\ \text{k}\Omega$，$R_3=R_4=R_F=1\ \text{k}\Omega$，$u_{i1}=1\ \text{V}$，$u_{i2}=2\ \text{V}$，$u_{i3}=3\ \text{V}$，$u_{i4}=4\ \text{V}$。求输出电压 u_o 的大小。

3.8　如题图 3-8 所示，已知 $R_1=10\ \text{k}\Omega$，$R_2=20\ \text{k}\Omega$，$R_3=30\ \text{k}\Omega$，$R_4=40\ \text{k}\Omega$，$R_F=60\ \text{k}\Omega$，$u_{i1}=-1\ \text{V}$，$u_{i2}=2\ \text{V}$，$u_{i3}=-2\ \text{V}$，$u_{i4}=4\ \text{V}$。求输出电压 u_o 的大小。

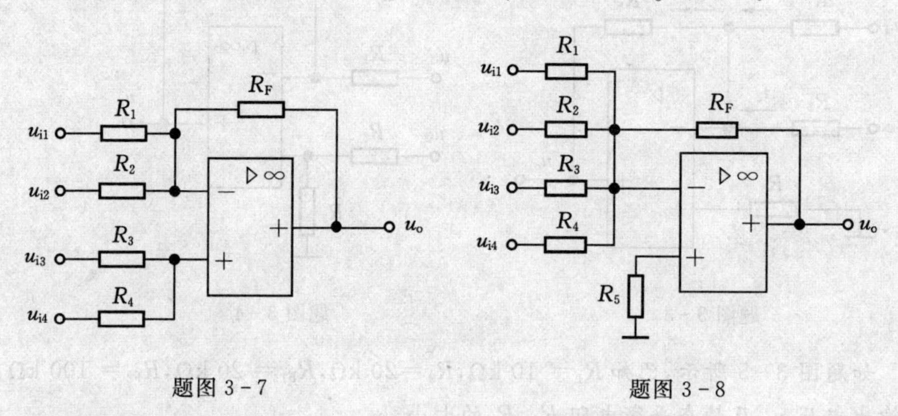

题图 3-7　　题图 3-8

3.9　如题图 3-9 所示，已知 $R_1=100\ \Omega$，$R_2=10\ \text{k}\Omega$，$R_L=200\ \Omega$，$u_i=15\ \text{V}$。求负载电流 i_L 的大小。

3.10　如题图 3-10 所示，已知 $R_1=R_2=R_3=R_5=R_F=10\ \text{k}\Omega$，$R_4=30\ \text{k}\Omega$，$u_{i1}=-2\ \text{V}$，$u_{i2}=1.5\ \text{V}$，$u_{i3}=1\ \text{V}$，$u_{i4}=5\ \text{V}$。求输出电压 u_o 的大小。

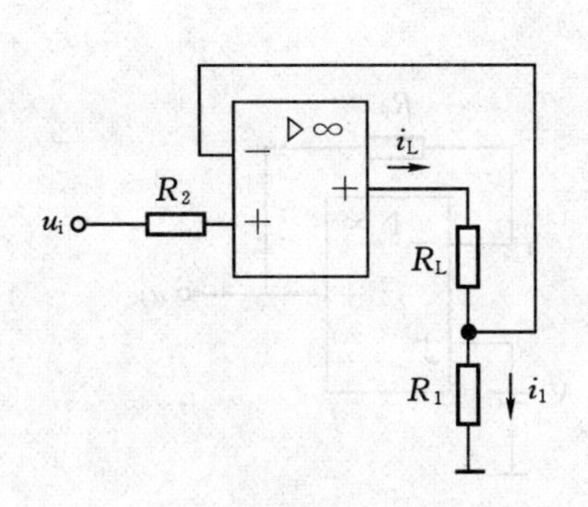

题图 3－9

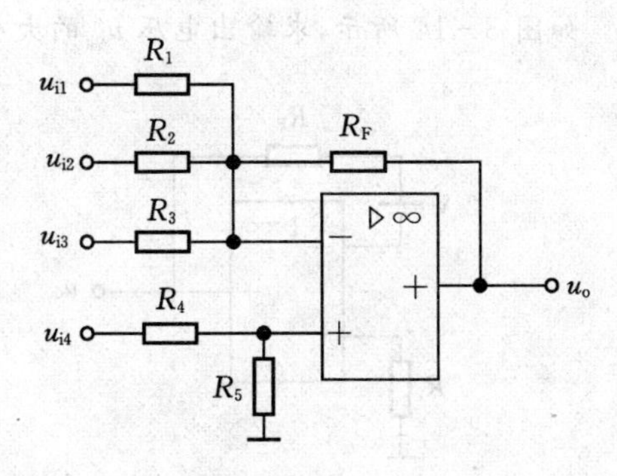

题图 3－10

3.11　如题图 3－11 所示，已知稳压二极管的稳压值 $U_Z=5$ V，$V_{CC}=12$ V，$R_1=10$ kΩ，$R_3=1$ kΩ，R_F为可调电阻，阻值范围为 0～100 kΩ。求把 R_F 调节为何值时输出电压 $u_o=-20$ V。

3.12　如题图 3－12 所示，已知 $R_1=R_3=30$ kΩ，$R_{F1}=R_{F2}=60$ kΩ，$R_4=20$ kΩ，$u_{i1}=2$ V，$u_{i2}=1.5$ V。求输出电压 u_o 的大小。

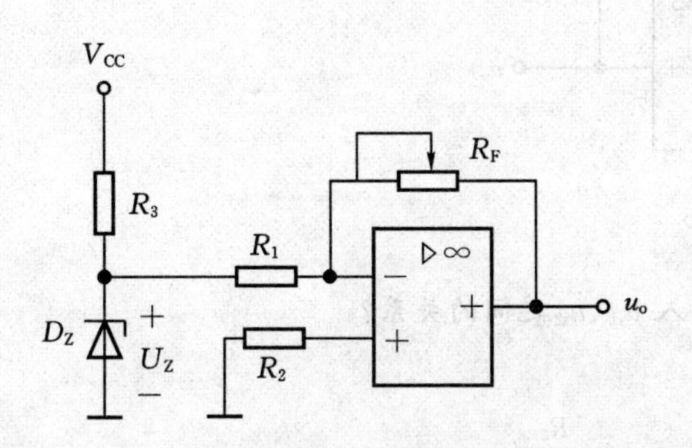

题图 3－11

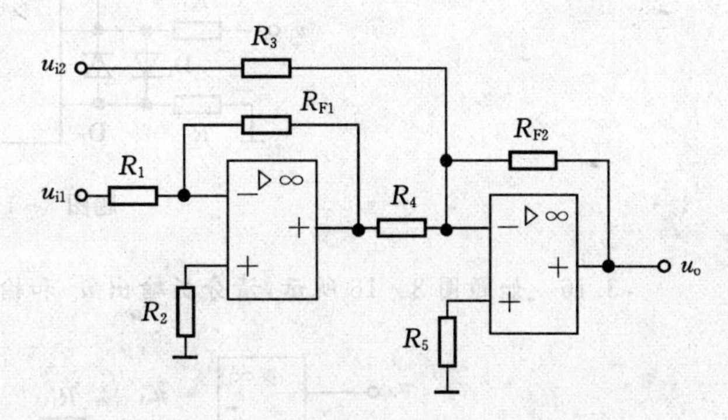

题图 3－12

3.13　如题图 3－13 所示，已知 $R_1=R_2=R_3=20$ kΩ，$u_{i1}=1.5$ V，$u_{i2}=-1.5$ V，$u_{i3}=3$ V，求输出电压 u_o 的大小。

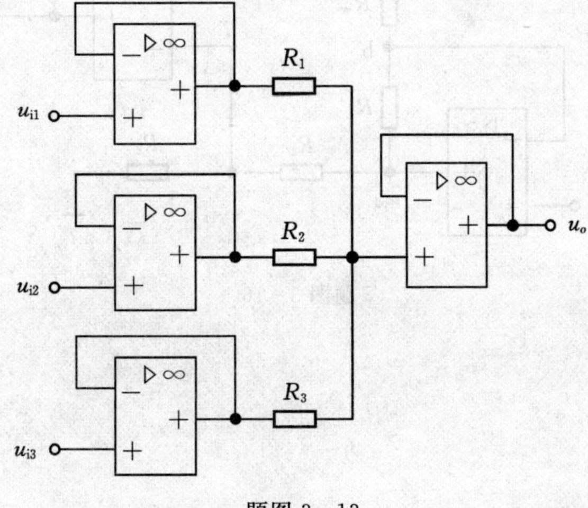

题图 3－13

3.14　如图 3-14 所示，求输出电压 u_o 的大小。

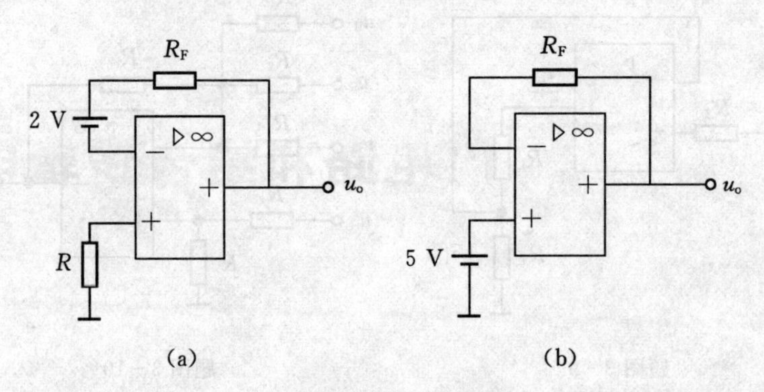

题图 3-14

3.15　如题图 3-15 所示，请分析二极管 D_1、D_2 在此电路具有什么作用？

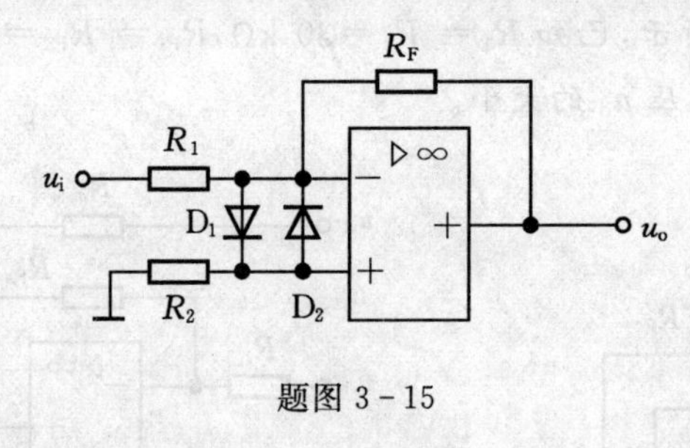

题图 3-15

3.16　如题图 3-16 所示，请分析输出 u_o 和输入 u_{i1}、u_{i2} 之间的关系？

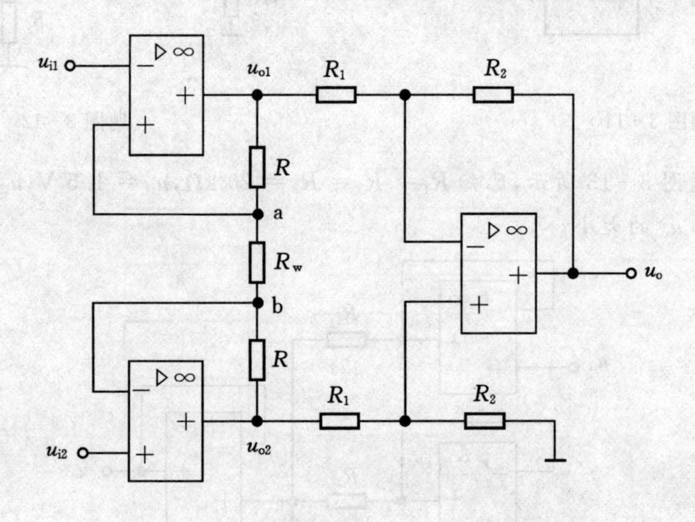

题图 3-16

第4章

门电路和组合逻辑电路

学习目标

1. 知识目标

(1)掌握数字电路基本概念。

(2)掌握数制的含义及转换方法。

(3)掌握与门、或门、非门和与非门等逻辑门电路的逻辑关系。

(4)掌握逻辑代数的基本运算法则和公式。

(5)掌握组合逻辑门电路的分析方法。

(6)了解组合逻辑门电路的设计方法。

(7)熟悉常用集成组合逻辑电路。

2. 能力目标

(1)能够根据需要对数制进行转换。

(2)能够清楚知道常用逻辑门的逻辑关系。

(3)能够清楚知道逻辑代数的基本运算法则和公式。

知识分布网络

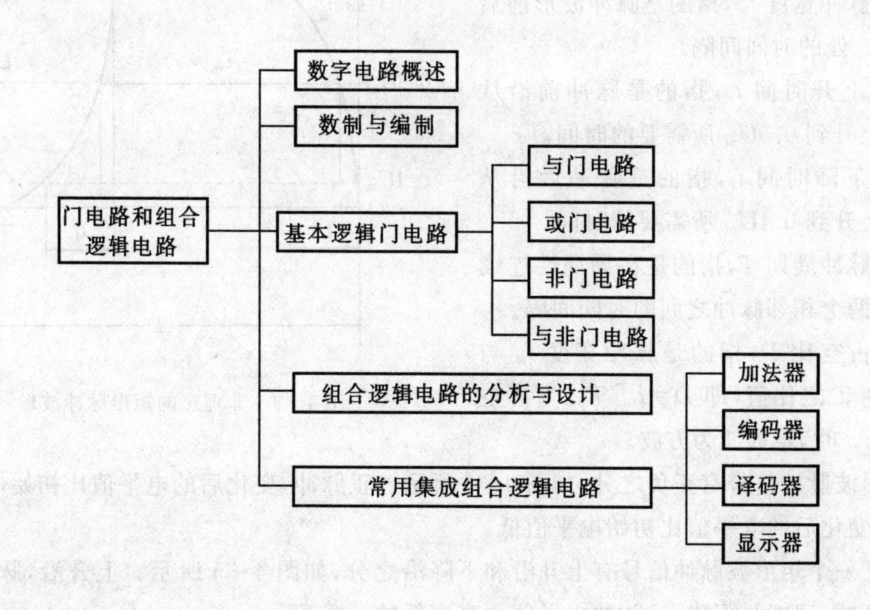

4.1 数字电路概述

能力知识点 1 数字信号的波形与参数

电子电路分为模拟电子电路和数字电子电路，对模拟信号进行处理的电子电路称为模拟电子电路，简称模拟电路。对数字信号进行处理的电子电路称为数字电子电路，简称数字电路。

在时间上和数值上都是连续变化的信号，称为模拟信号，如正弦信号、音频信号等。在时间上和数值上都是离散(不连续变化)的信号，称为数字信号，如矩形波信号、脉冲信号等。模拟信号与数字信号如图 4-1 所示。

数字信号通常用矩形脉冲波形来表示，理想的矩形脉冲波形如图 4-2 所示，非理想的矩形脉冲波形如图 4-3 所示。非理想的矩形脉冲波形的参数有以下六种：

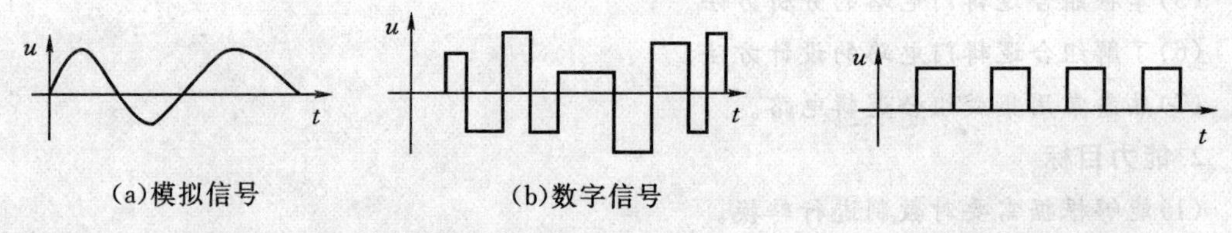

(a)模拟信号 (b)数字信号

图 4-1 模拟信号与数字信号　　图 4-2 理想的矩形脉冲波形

(1)脉冲幅度 U_m，指的是脉冲电压的最大变化幅度。

(2)脉冲宽度 t_w，指的是脉冲波形前后沿 $0.5U_m$ 处的时间间隔。

(3)上升时间 t_r，指的是脉冲前沿从 $0.1U_m$ 上升到 $0.9U_m$ 所需要的时间。

(4)下降时间 t_f，指的是脉冲后沿从 $0.9U_m$ 上升到 $0.1U_m$ 所需要的时间。

(5)脉冲周期 T，指的是在周期性连续脉冲中，两个相邻脉冲之间的时间间隔。

(6)占空比 D，指的是脉冲宽度 t_w 与脉冲周期 T 之比值，即 $D=t_w/T$。当占空比 $D=0.5$ 时，矩形波为方波。

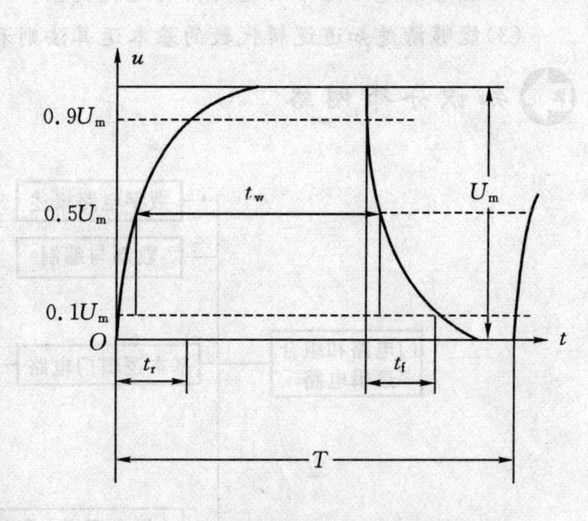

图 4-3 非理想的矩形脉冲波形

矩形波脉冲信号有正负之分，如图 4-4 所示。正脉冲，变化后的电平值比初始电平值高；负脉冲，变化后的电平值比初始电平值低。

对于一个矩形波脉冲信号有上升沿和下降沿之分，如图 4-5 所示。上升沿，脉冲电平值由低变高的一瞬间；下降沿，脉冲电平值由高变低的一瞬间。

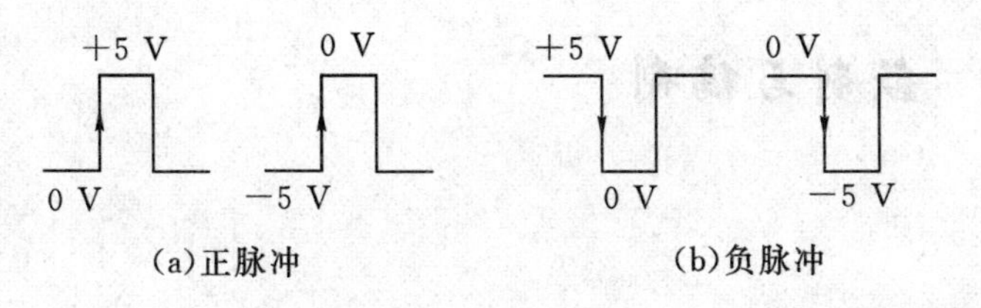

图 4-4 正脉冲与负脉冲

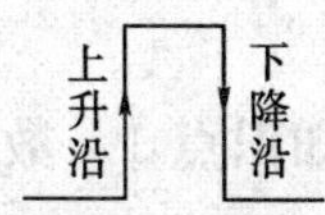
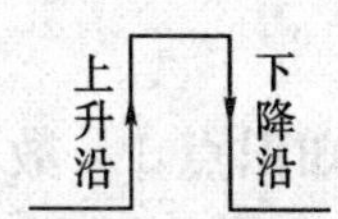

图 4-5 脉冲信号的上升沿与下降沿

能力知识点 2 数字电路的特点与应用

数字电路的工作信号就是矩形波脉冲信号,信号的波形只有低电平和高电平两种相反的状态。这两种相反的状态在数字电路中用 0 和 1 表示,0 和 1 是逻辑值,不是十进制中的数字。如开关的通断、电流的有无等两种相反的逻辑状态都可以用逻辑值 0 和 1 来表示,这就是二值数字逻辑。

数字电路中逻辑电平表示方法:①正逻辑:高电平 H 用逻辑 1 来表示,低电平 L 用逻辑 0 来表示;②负逻辑:高电平 H 用逻辑 0 来表示,低电平 L 用逻辑 1 来表示。平常应用中都用正逻辑。

数字电路中,晶体三极管工作于饱和与截止两种状态,晶体三极管工作于饱和状态时相当于一个开关的接通,晶体三极管工作于截止状态时相当于一个开关的断开,这两种相反的状态可以用逻辑电平来表示。

数字电路研究的主要问题是输出信号的状态与各输入信号的状态之间的逻辑关系,数字电路的特点如下:

(1)内部晶体管工作于饱和与截止状态;

(2)信号只有高电平和低电平两种状态,便于存储、分析和传输;

(3)抗干扰能力强;

(4)电路结构相对简单,功耗较低,便于集成;

(5)可以对输入的数字信号进行算术运算和逻辑运算。

数字电子电路被广泛应用于自动控制、家用电器、仪器仪表、数字通信、计算机等、广播电视领域。

本节思考题

1. 什么是模拟信号? 什么是数字信号?
2. 非理想的矩形脉冲波形的参数有哪些?
3. 什么是正脉冲? 什么是负脉冲?
4. 什么是上升沿? 什么是下降沿?
5. 什么是二值数字逻辑?
6. 什么是正逻辑? 什么是负逻辑?
7. 数字电路有哪些特点?

4.2 数制与编制

能力知识点1 数制

多位数码中每一位的构成方法和进位规则称为数制，简单地说数制就是计数的方法。在数字电路中通常采用二进制数和十六进制数。

1.二进制数与十六进制数

(1)十进制数。十进制数采用0、1、2、3、4、5、6、7、8、9十个不同的数码来表示任何一位数，十进制的基数是10，进位规律是“逢十进一”，各数码处在不同数位时，所代表的数值是不同的。例如：十进制数 $256.38=2\times10^{2}+5\times10^{1}+6\times10^{0}+3\times10^{-1}+8\times10^{-2}$ 其中，10^{2}、10^{1}、10^{0}、10^{-1}、10^{-2} 分别称为十进制数各数位的权，都是10的幂。

(2)二进制数。二进制数是数字电路中最基本的数制，只有0和1两个数码，基数是2，进位规律是“逢二进一”，每个数位的权是2的幂。例如：二进制数 $(1011)_2=1\times2^{3}+0\times2^{2}+1\times2^{1}+1\times2^{0}$。

(3)十六进制数。十六进制数采用0、1、2、3、4、5、6、7、8、9、A(10)、B(11)、C(12)、D(13)、E(14)、F(15)这十六个数码表示的数，基数是16，进位规律是“逢十六进一”，每个数位的权是16的幂。例如：十六进制数 $(3A2E)_{16}=3\times16^{3}+10\times16^{2}+2\times16^{1}+14\times16^{0}$。

2.不同进制数之间的相互转换

在数字电路中需要对不同的进制数进行转换，常用的进制数之间的相互转换方法如下：

(1)十进制数转换为二进制数。将十进制数转换为等值的二进制数，方法为“除2取余数”法，一直除到商为0为止，然后把所得余数倒序排列，即为转换的二进制数。如【例4-1】所示。

【例4-1】请把十进制数29转换成二进制数。

解：转换过程如图4-6所示。

所以 $(29)_{10}=(11101)_2$

2|29
2|14 ……………余数1
2|7 ……………余数0
2|3 ……………余数1
2|1 ……………余数1
0 ……………余数1
(↑ 倒序排列)

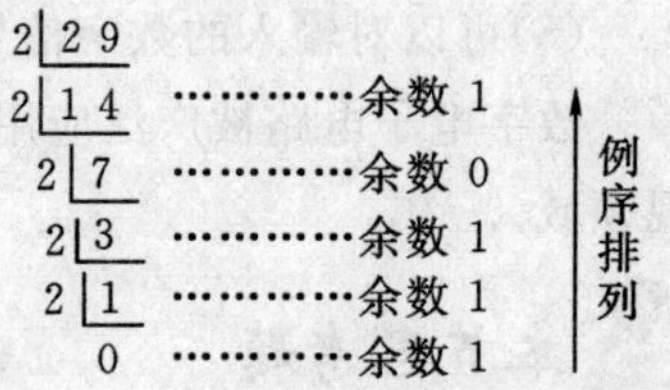

图4-6 十进制转换为二进制的方法

(2)二进制数转换为十进制数。将二进制数转换为等值的十进制数，方法为“按权展开”法，然后再求和。如【例4-2】所示。

【例4-2】请把二进制数1010110转换成十进制数。

解：$(1010110)_2=1\times2^{6}+0\times2^{5}+1\times2^{4}+0\times2^{3}+1\times2^{2}+1\times2^{1}+0\times2^{0}=64+0+16+0+4+2+0=(86)_{10}$

(3)二进制数转换为十六进制数。十六进制中有0～F共计16个数码，它的每一位数码正好和4位二进制数相对应，因此把二进制数转换为十六进制数的方法是“从右往左每4位二进制数一组进行转换”，如【例4-3】所示。

【例4-3】请把二进制数10101001011011转换成十六进制数。

解：二进制数10101001011011从右往左4位一组，分组为：10 1010 0101 1011，按组对应

进行转换的结果为 2A5B

所以$(10101001011011)_2=(2A5B)_{16}$

(4)十六进制数转换为二进制数。把十六进制数转换为二进制数的方法为“从右往左把每一位十六进制数转换为 4 位二进制数”。

【例 4-4】请把十六进制数 3C5D 转换成二进制数。

解:先把十六进制数 3C5D 从右往左每一位一组,分组为:3C5D,然后按组对应进行转换的结果为:0011 1100 0101 1101。

所以$(3C5D)_{16}=(0011110001011101)_2=(11110001011101)_2$

(5)十进制数转换为十六进制数。把十进制数转换为十六进制数的方法之一为“先把十进制数转换为二进制数,再把二进制数转换为十六进制数”。

【例 4-5】请把十进制数 365 转换成十六进制数。

解:先把十进制数转换为二进制数:$(365)_{10}=(101101101)_2$

再把二进制数转换为十六进制数:$(101101101)_2=(16D)_{16}$

小技巧

把十进制数转换为十六进制数的另一种快捷的方法为“除 16 取余数”,一直除到商为 0 为止,然后把所得余数倒序排列(如果余数为 10、11、12、13、14、15,分别写成 A、B、C、D、E、F),即为转换的十六进制数。例如十进制数 365 连续除 16,一直除到商为 0 为止,余数先后为 13、6、1,余数倒序排列后即为 16D,即为对应的十六进制数。

(6)十六进制数转换为十进制数。把十六进制数转换为十进制数的方法之一为“先把十六进制数转换为二进制数,再把二进制数转换为十进制数”。如【例 4-6】所示。

【例 4-6】请把十六进制数 7A3E 转换成十进制数。

解:先把十六进制数转换为二进制数:$(7A3E)_{16}=(111101000111110)_2$,再把二进制数转换为十进制数:$(111101000111110)_2=(31294)_{10}$。

另外,常用的数制对照表如表 4-1 所示。

表 4-1　常用的数制对照表

十进制数	二进制数	十六进制数
0	0000	0
1	0001	1
2	0010	2
3	0011	3
4	0100	4
5	0101	5
6	0110	6

续表 4-1

十进制数	二进制数	十六进制数
7	0111	7
8	1000	8
9	1001	9
10	1010	A
11	1011	B
12	1100	C
13	1101	D
14	1110	E
15	1111	F

3. 二进制数的加减法

(1)二进制数的加法。二进制数的加法规则：0+0=0，0+1=1，1+1=10。

【例 4-7】请计算二进制数 1010 和 0101 的和。

解：运算过程如图 4-7 所示。

所以$(1010)_2+(0101)_2=(1111)_2$

```
  1010
+ 0101
------
  1111
```

图 4-7 二进制数加法

(2)二进制数的减法。二进制数的减法规则：0-0=0，1-1=0，1-0=1，0-1=11。

【例 4-8】请计算二进制数 1010 和 0101 的差。

解：运算过程如图 4-8 所示。

所以$(1010)_2-(0101)_2=(0101)_2$。

```
  1010
- 0101
------
  0101
```

图 4-8 二进制数减法

能力知识点 2 BCD 码

用二进制代码来表示一个给定的十进制数，称为二-十进制编码，简称 BCD 码(binary coded decimal, BCD)。即用 4 位二进制数来表示一位十进制数。4 位二进制码有 16 种组合方式，可任选其中的 10 种来表示十进制数中的 0～9 这十个数，不用的组合称为伪码，因此编码的方案很多，常用的是 8421BCD 码。几种常用的 BCD 码如表 4-2所示。

8421BCD 码是一种常用的有权码，其各位的权分别是 8、4、2、1，所以称为 8421 码。每个代码的各位之和就是它所表示的十进制数，对应关系如表 4-2 所示。

表 4-2 十进制数与 8421BCD 码对照表

十进制数	0	1	2	3	4	5	6	7	8	9
8421 BCD 码	0000	0001	0010	0011	0100	0101	0110	0111	1000	1001
权	8、4、2、1									

十进制数转换为8421BCD码的方法是“把十进制数的每一位数字分为一组，按组分别转换为4位的二进制数”，如【例4-9】所示。

【例4-9】请把十进制数325转换为8421BCD码。

解：先把十进制数325按照每一位数字一组分组为：3 2 5，按组对应进行转换的结果为0011 0010 0101

所以，$(325)_{10}=(0011\ 0010\ 0101)_{8421BCD}=(1100100101)_{8421BCD}$

8421BCD码转换为十进制数的方法是“从右往左把8421BCD码的每4位二进制数分为一组，按组分别转换为一位的十进制数”，如【例4-10】所示。

【例4-10】请把8421BCD码1001100111转换为十进制数。

解：先把8421BCD码1001100111按照从右往左的顺序每4位二进制数字一组进行分组，分组结果为10 0110 0111，按组对应进行转换的结果为2 6 7。

所以，$(1001100111)_{8421BCD}=(267)_{10}$。

本节思考题

1. 什么是数制？常用的数制有哪些？
2. 什么是二进制数？什么是十六进制数？
3. 请根据本节中介绍的进制数之间的转换方法，完成下题。

(1)十进制数转二进制数：$(465)_{10}=(\qquad)_2$，$(72)_{10}=(\qquad)_2$。

(2)二进制数转十进制数：$(10000110)_2=(\qquad)_{10}$，$(10101110)_2=(\qquad)_{10}$。

(3)二进制数转十六进制数：$(11000101)_2=(\qquad)_{16}$，；$(110110111)_2=(\qquad)_{16}$。

(4)十六进制数转二进制数：$(C8A)_{16}=(\qquad)_2$；$(5E)_{16}=(\qquad)_2$。

(5)十进制数转8421BCD码：$(321)_{10}=(\qquad)_{8421BCD}$。

(6)8421BCD码转十进制数：$(101100101)_{8421BCD}=(\qquad)_{10}$。

4.3 基本逻辑门电路及其应用

能力知识点1 基本逻辑门电路

数字电路中能够实现基本逻辑功能的电子电路称为门电路，门电路就是一种逻辑开关，条件满足时，它允许信号通过，条件不满足时，它不允许信号通过。门电路的输入信号与输出信号之间存在一定的逻辑关系，所以门电路又称为逻辑门电路。

基本逻辑门电路包括与门电路、或门电路、非门电路、与非门电路及或非门电路。在分析逻辑门电路时，门电路的输入信号与输出信号都用正逻辑的高低电平（高电平为1，低电平为0）来表示。

1. 与门电路

与门电路用来实现与逻辑，与逻辑指的是当某一事件发生的条件全部满足后，此事件才发生。由开关和灯组成的可以表示与逻辑关系的电路如图4-9(a)所示，由二极管组成的可以实现与逻辑关系的电路如图 4-9(b)所示，具有两个输入端的与门的国标逻辑符号如图 4-9(c)所示。其中 A、B 表示输入，F 表示输出。

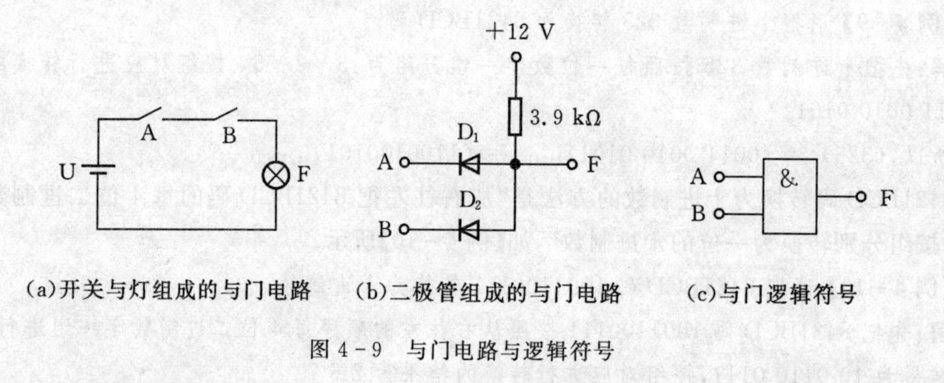

图 4-9 与门电路与逻辑符号

与门电路的逻辑关系分析如下：

(1)图 4-9(a)中，开关闭合为 1，断开为 0；灯亮为 1，灯灭为 0。由图可知只有 A=B=1 时，即条件全部满足时，F=1。

(2)图 4-9(b)中，当 A=1(高电平)，B=0(低电平)时，此时二极管 D_2 的阴极电位(0 V)比二极管 D_1 的阴极电位(+5 V)低，所以在+12 V 电压的作用下，二极管 D_2 优先导通，若忽略二极管 D_2 导通时的管压降(一般采用锗管，其正向导通压降只有 0.2～0.3 V)，则 F 的电位就被钳制为 0 V，此时二极管 D_1 因承受反向电压而截止，即 F=0；当 A=0，B=1 时，同理二极管 D_1 优先导通，F 的电位就被钳制为 0 V，此时二极管 D_2 因承受反向电压而截止，即 F=0；当 A=B=1 时，二极管 D_1、D_2 同时导通，F 的电位就被钳制为+5V，即 F=1。

逻辑门输入与输出之间的逻辑关系可以用列表来表示，称为真值表。通过对与门电路的逻辑关系分析可知，与门电路的真值表如表 4-3 所示。

表 4-3 与门真值表

A	B	F
0	0	0
0	1	0
1	0	0
1	1	1

与逻辑的逻辑功能可以归纳为：有 0 出 0，全 1 出 1。如果与门电路有三个及以上输入端，此逻辑关系依然成立。

2. 或门电路

或门电路用来实现或逻辑，或逻辑指的是当某一事件发生的所有条件中只要满足一个，此事件就可以发生。由开关和灯组成的可以表示或逻辑关系的电路如图 4-10(a)所示，由二极管组成的可以实现或逻辑关系的电路如图 4-10(b)所示，具有两个输入端的或门的国标逻辑符号如图 4-10(c)所示。其中 A、B 表示输入，F 表示输出。

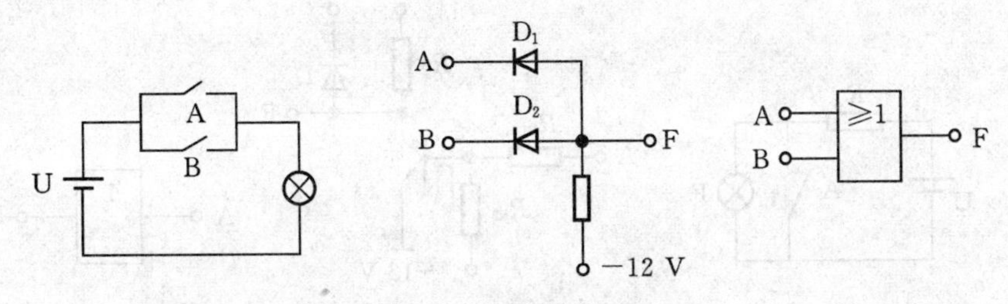

(a)开关与灯组成的或门电路　(b)二极管组成的或门电路　(c)或门逻辑符号

图 4-10　或门电路与逻辑符号

或门电路的逻辑关系分析如下：

(1)图 4-10(a)中，开关闭合为 1，断开为 0；灯亮为 1，灯灭为 0。由图可知只有 A=B=0 时，即条件全部不满足时，F=0，A 与 B 中只要有一个为 1，灯就可以亮，即 F=1。

(2)图 4-10(b)中，当 A=1，B=0 时，此时二极管 D_1 的阳极电位(+5 V)比二极管 D_2 的阳极电位(0 V)高，所以在阴极 −12 V 电压的作用下，二极管 D_1 优先导通，若忽略二极管 D_1 导通时的管压降(一般采用锗管，其正向导通压降只有 0.2～0.3 V)，则 F 的电位就被钳制为 +5 V，此时二极管 D_2 因承受反向电压而截止，即 F=1；当 A=0，B=1 时，同理二极管 D_2 优先导通，F 的电位就被钳制为 +5 V，此时二极管 D_1 因承受反向电压而截止，即 F=1；当 A=B=1 时，二极管 D_1、D_2 同时导通，F 的电位就被钳制为 +5 V，即 F=1；当 A=B=0 时，二极管 D_1、D_2 同时导通，F 的电位就被钳制为 0 V，即 F=0。

通过对或门电路的逻辑关系分析可知，或门电路的真值表如表 4-4 所示。

表 4-4　或门真值表

A	B	F
0	0	0
0	1	1
1	0	1
1	1	1

或逻辑可以归纳为：有 1 出 1，全 0 出 0。如果或门电路有三个及以上输入端，此逻辑关系依然成立。

3. 非门电路

非门电路用来实现非逻辑，非门电路只有一个输入端和一个输出端，非逻辑指的是当某一事件发生的条件满足时，此事件就不发生，条件不满足时，此事件就发生。由开关和灯组成的可以表示非逻辑关系的电路如图 4-11(a)所示，由三极管组成的可以实现非逻辑关系的电路如图 4-11(b)所示，非门的国标逻辑符号如图 4-11(c)所示。其中 A 表示输入，F 表示输出。

非门电路的逻辑关系分析如下：

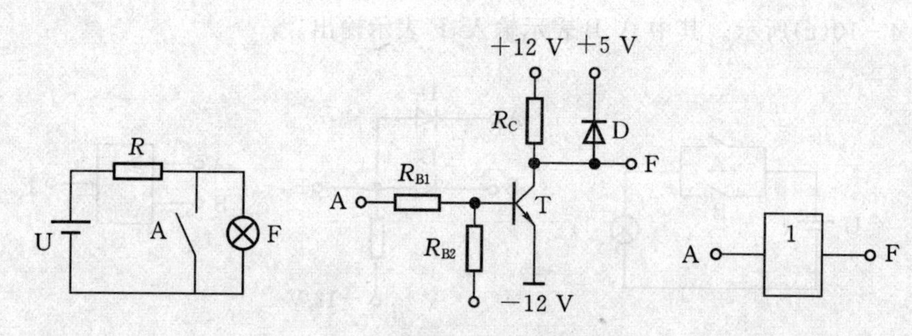

(a)开关与灯组成的非门电路　(b)三极管组成的非门电路　(c)非门逻辑符号

图 4-11　非门电路与逻辑符号

(1)图 4-11(a)中,开关闭合为 1,断开为 0;灯亮为 1,灯灭为 0。由图可知当 A=0 时,即条件全部不满足时,灯亮,F=1;当 A=1 时,即条件全部满足时,灯灭,F=0。

(2)图 4-11(b)中,当 A=1 时,此时三极管 T 饱和导通,T 的饱和管压降 $U_{CE}=0.3V$,在忽略 T 的饱和管压降的情况下,T 的集电极电位为 0 V,即 F 的电位为 0 V,F=0;当 A=0 时,此时三极管 T 在负电源的作用下,发射结反偏而截止,此时二极管 D 承受正向电压而导通,若忽略二极管 D 导通时的管压降(一般采用锗管,其正向导通压降只有 0.2~0.3 V),则 F 的电位就被钳制为+5 V,即 F=1。

通过对非门电路的逻辑关系分析可知,非门电路的真值表如表 4-5 所示。

表 4-5　非门真值表

A	F
0	1
1	0

非逻辑可以归纳为:有 0 出 1,有 1 出 0。非门电路输出总是与输入相反,因此又称反相器。

4. 与非门电路

基本逻辑门在实际应用中会进行组合使用,组成与非门、或非门等门电路,用来增加逻辑功能,满足实际需要。

将与门放在前面,非门放在后面,两个门串联起来就构成了与非门电路,其逻辑电路示意图如图 4-12(a)所示,逻辑符号如图 4-12(b)所示。

通过对与非门电路的逻辑关系分析可知,与非门电路的真值表如表 4-6 所示。

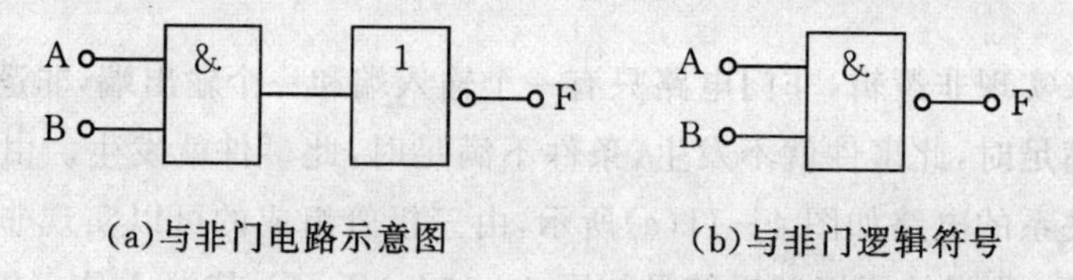

(a)与非门电路示意图　(b)与非门逻辑符号

图 4-12　与非门电路示意图与逻辑符号

表 4-6　与非门真值表

A	B	F
0	0	1
0	1	1
1	0	1
1	1	0

与非逻辑可以归纳为:有 0 出 1,全 1 出 0。如果与非门电路有三个及以上输入端,此逻辑关系依然成立。

5. **或非门电路**

将或门放在前面,非门放在后面,两个门串联起来就构成了或非门电路,其逻辑电路示意图如图 4-13(a)所示,逻辑符号如图 4-13(b)所示。

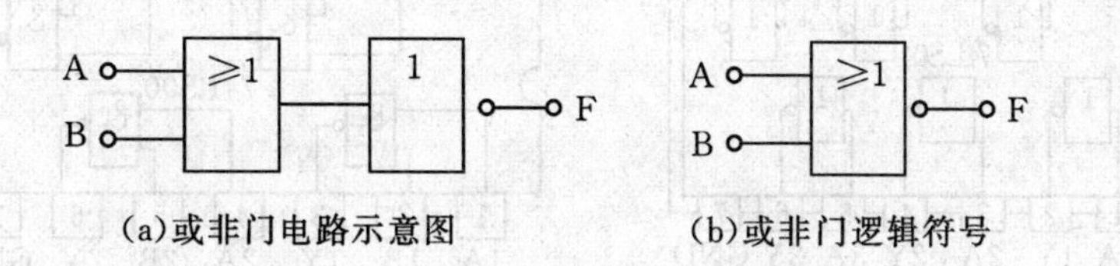

(a)或非门电路示意图　　(b)或非门逻辑符号

图 4-13　或非门电路示意图与逻辑符号

通过对或非门电路的逻辑关系分析可知,或非门的真值表如表 4-7 所示。

表 4-7　或非门真值表

A	B	F
0	0	1
0	1	0
1	0	0
1	1	0

或非逻辑可以归纳为:有 1 出 0,全 0 出 1。如果或非门电路有三个及以上输入端,此逻辑关系依然成立。

6. **基本逻辑门集成电路**

常用的基本逻辑门集成电路为 74LS 系列,它属于 TTL 集成门电路,TTL 是三极管—三极管逻辑(transistor transistor logic)集成门电路,具有低功耗,速度快,抗干扰能力强,带负载能力强,品种,生产厂家多、价格低等优点,是目前集成电路中主要应用的产品系列。

(1)74LS08(4 个 2 输入与门)。74LS08 的管脚图如图 4-14 所示。

(2)74LS32(4 个 2 输入或门)。74LS32 的管脚图如图 4-15 所示。

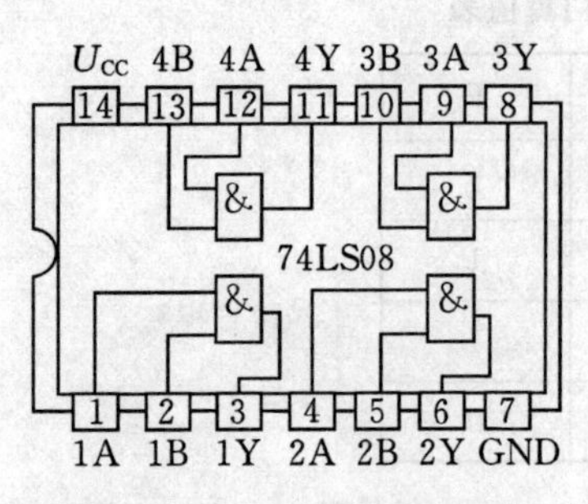

图 4-14　74LS08 的管脚图

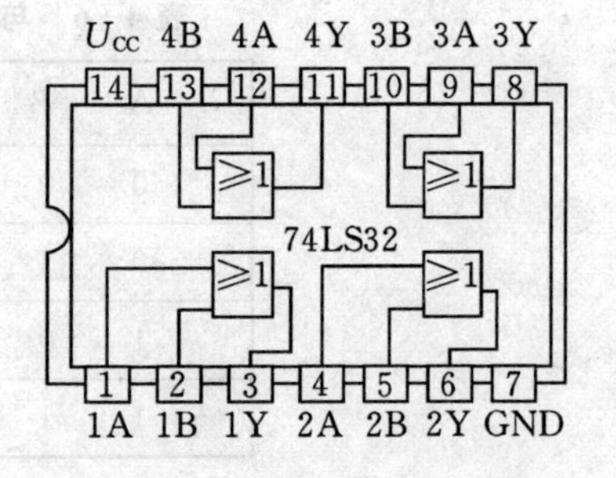

图 4-15　74LS32 的管脚图

(3)74LS04(6 个非门)。74LS04 的管脚图如图 4-16 所示。

(4)74LS00(4 个 2 输入与非门)。74LS00 的管脚图如图 4-17 所示。

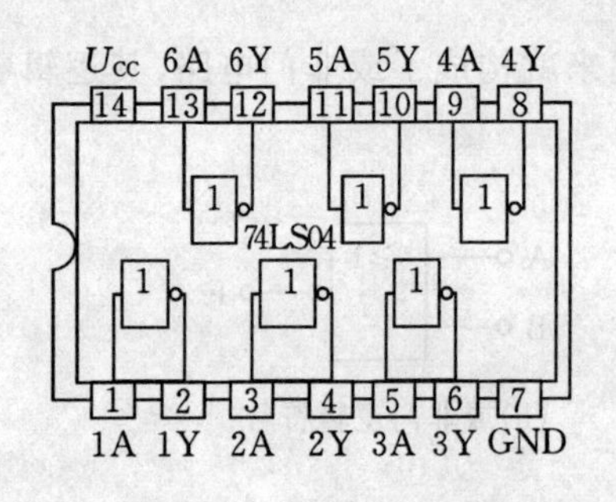

图 4-16　74LS04 的管脚图

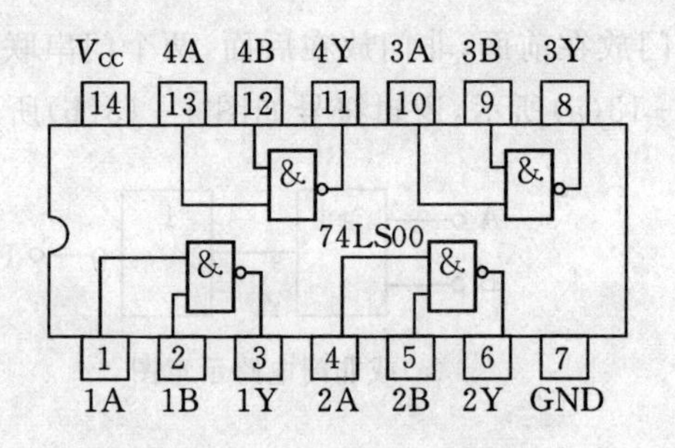

图 4-17　74LS00 的管脚图

(5)74LS02(4 个 2 输入或非门)。74LS02 的管脚图如图 4-18 所示。

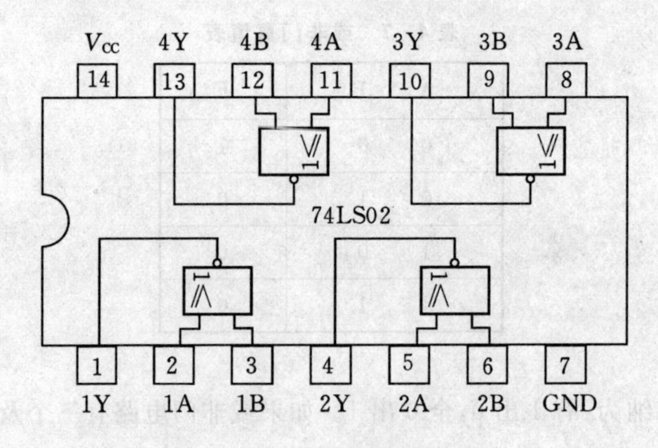

图 4-18　74LS02 的管脚图

能力知识点 2　门电路的简单应用

基本逻辑门电路在实际的生产生活中有着重要的应用，如【例 4-11】所示。

【例 4-11】 如图 4-19 所示为由基本逻辑门电路组成的设备故障声光报警控制电路。该电路中 u_i 为方波脉冲信号，当设备 A、设备 B、设备 C 工作正常时控制电路中 A=1、B=1、C=1，设备正常工作时，绿色设备正常工作状态指示灯 HG_1、HG_2、HG_3 亮，当设备 A、设备 B、设备

C中有任何一个出现故障时，控制电路就会得到一个低电平输入信号，红色故障报警灯就会闪烁，同时报警音响也会响起进行声光报警，请分析该报警电路的工作原理。

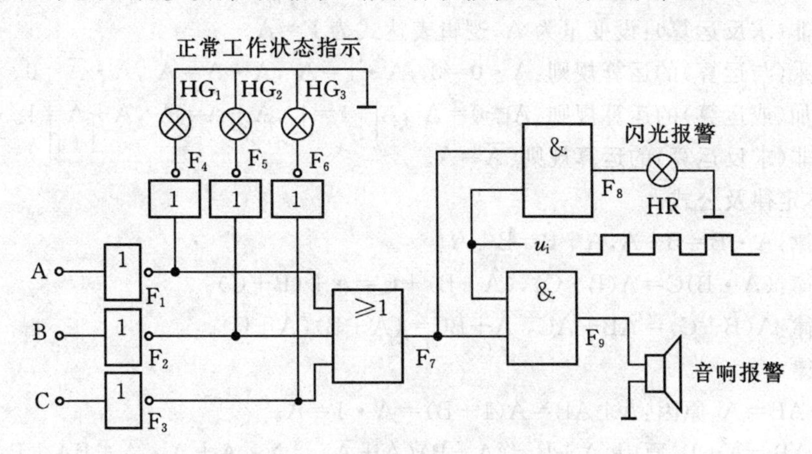

图4-19　设备故障声光报警控制电路

解：当设备A、设备B、设备C工作正常时控制电路中A=1、B=1、C=1，根据逻辑关系可知此时$F_1=F_2=F_3=0$，$F_4=F_5=F_6=1$，所以此时绿色设备正常工作状态指示灯HG_1、HG_2、HG_3亮，同时$F_7=0$，所以$F_8=F_9=0$，红色闪光报警灯HR不亮，报警音响不响。

当设备A、设备B、设备C中有一个出现故障时，假设设备C出现故障，则控制电路中A=1、B=1、C=0，所以根据逻辑关系可知$F_1=F_2=0$，$F_3=1$，$F_4=F_5=1$，$F_6=0$，绿色设备正常工作状态指示灯HG_1亮、HG_2亮、HG_3不亮。同时$F_7=1$，F_8、F_9随着输入信号u_i的高低电平变化而输出高低电平，此时红色闪光报警灯HR闪烁亮，报警音响随着u_i的变化频率发出声响。

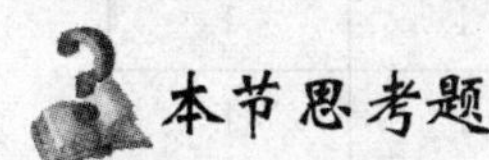

本节思考题

1. 什么是逻辑门电路？
2. 基本逻辑门电路有哪些？请总结它们的逻辑符号。
3. 什么是正逻辑？什么是负逻辑？
4. 什么是与逻辑、或逻辑、非逻辑、与非逻辑、或非逻辑？它们的逻辑关系分别是什么？
5. 常用的基本逻辑门TTL集成电路中的74LS系列芯片有哪些？

4.4　组合逻辑电路的分析与设计

能力知识点1　逻辑代数的基础知识

1. 逻辑代数的基本运算法则

逻辑代数是英国数学家布尔创立的，又称布尔代数。逻辑代数的变量用字母A、B、C、F等字母表示，每一个变量只取1和0两种状态。逻辑代数用来分析逻辑电路和逻辑事件。

(1)基本逻辑运算及运算规则。基本逻辑运算只有三种，即逻辑乘(与运算)、逻辑加(或运算)、逻辑非(求反运算)。

①逻辑乘(与运算):设变量为 A 和 B,逻辑表达式为 $F=A\cdot B$。

②逻辑加(或运算):设变量为 A 和 B,逻辑表达式为 $F=A+B$。

③逻辑非(求反运算):设变量为 A,逻辑表达式为 $F=\overline{A}$。

④逻辑乘(与运算)的运算规则:$A\cdot 0=0$,$A\cdot 1=A$,$A\cdot A=A$,$A\cdot \overline{A}=0$。

⑤逻辑加(或运算)的运算规则:$A+0=A$,$A+1=1$,$A+A=A$,$A+\overline{A}=1$。

⑥逻辑非(求反运算)的运算规则:$\overline{\overline{A}}=A$。

(2)基本定律及公式。

①交换律:$A\cdot B=B\cdot A$,$A+B=B+A$。

②结合律:$(A\cdot B)C=A(B\cdot C)$,$(A+B)+C=A+(B+C)$。

③分配律:$A(B+C)=AB+AC$, $A+BC=(A+B)(A+C)$。

④吸收律:

A. $A+AB=A$,原因:$A+AB=A(1+B)=A\cdot 1=A$。

B. $A+\overline{A}B=A+B$,原因:$A+B=(A+B)(A+\overline{A})=A\cdot A+A\cdot \overline{A}+BA+B\overline{A}=A+0+AB+\overline{A}B= A+AB+\overline{A}B= A+\overline{A}B$。

C. $A(A+B)=A$,原因:$A(A+B)=A\cdot A+AB=A+AB=A$。

⑤反演律:$\overline{A+B}=\overline{A}\cdot \overline{B}$, $\overline{A\cdot B}=\overline{A}+\overline{B}$。

反演律可以通过表 4-8 和表 4-9 中的真值表来证明。

表 4-8 $\overline{A+B}$与 $\overline{A}\cdot\overline{B}$ 的真值表

A	B	$\overline{A+B}$	$\overline{A}\cdot\overline{B}$
0	0	1	1
0	1	0	0
1	0	0	0
1	1	0	0

表 4-9 $\overline{A\cdot B}$与 $\overline{A}+\overline{B}$ 的真值表

A	B	$\overline{A\cdot B}$	$\overline{A}+\overline{B}$
0	0	1	1
0	1	1	1
1	0	1	1
1	1	0	0

逻辑代数的运算规则和基本定律公式表达的是逻辑关系而不是数量关系。

2. 逻辑表达式的化简

在逻辑代数中,输出逻辑变量和输入逻辑变量之间的关系式称为逻辑表达式,又称逻辑函数。根据逻辑代数的基本运算公式和法则,可将逻辑表达式进行化简,化简之后,一方面容易找出逻辑函数所表达的逻辑功能,另一方面可以设计出最简单的逻辑电路来实现所要求的逻辑功能。

【例 4-12】请化简逻辑表达式 $F=C\overline{B}+B+\overline{C}B$。

解:$F=C\overline{B}+B+\overline{C}B$

$=(B+\overline{B}C)+\overline{C}B=B+C+\overline{C}B$

$=B+(C+\overline{C}B)=B+C+B=B+B+C=B+C$

【例 4-13】请化简逻辑表达式 $F=A(\overline{A}+B)+B(B+C)+B$。

解:$F=A(\overline{A}+B)+B(B+C)+B$

$=A\,\overline{A}+AB+BB+BC+B=0+AB+B+BC+B=(AB+B)+(BC+B)$

$=B(A+1)+B(C+1)=B+B=B$

【例 4-14】 请化简逻辑表达式 $F=AB+\overline{A}C+\overline{B}C$。

解: $F=AB+\overline{A}C+\overline{B}C=AB+(\overline{A}+\overline{B})C=AB+\overline{AB}C=AB+C$

【例 4-15】 请证明公式 $AB+\overline{A}C+BC=AB+\overline{A}C$。

解: 采用配项法,利用 $(A+\overline{A}=1)$ 进行配项。

$$\begin{aligned}AB+\overline{A}C+BC&=AB+\overline{A}C+(A+\overline{A})BC=AB+\overline{A}C+ABC+\overline{A}BC\\&=(AB+ABC)+(\overline{A}C+\overline{A}BC)\\&=AB(1+C)+\overline{A}C(1+B)=AB+\overline{A}C\end{aligned}$$

能力知识点 2　组合逻辑电路的分析与设计举例

按照逻辑功能的不同可将数字电路分为组合逻辑电路和时序逻辑电路两类。组合逻辑电路的特点是该电路在任意时刻的输出信号只与此时刻的输入信号有关,而与信号输入之前该电路的状态无关,该电路中不含记忆元件。时序逻辑电路的特点是该电路在任意时刻的输出信号不仅与此时刻的输入信号有关,而且还与信号输入之前该电路的状态有关,该电路中含有记忆元件或存储电路。

当组合逻辑电路的输入信号改变时,输出信号就随之改变。因此,任何一个组合逻辑电路都可以用逻辑函数表示,即输出信号是输入信号的函数,并可以利用逻辑代数的运算法则,对组合逻辑电路的逻辑功能进行研究。组合逻辑电路的研究内容包括:电路的分析与设计。

1. 组合逻辑电路的分析

组合逻辑电路的分析就是根据逻辑电路分析该电路具有怎么样的逻辑功能。组合逻辑电路的分析步骤如下:①根据给定的逻辑电路图写出逻辑表达式;②化简逻辑表达式;③列出真值表;④由真值表总结逻辑功能。

【例 4-16】 请分析如图 4-20 所示逻辑电路的逻辑功能。

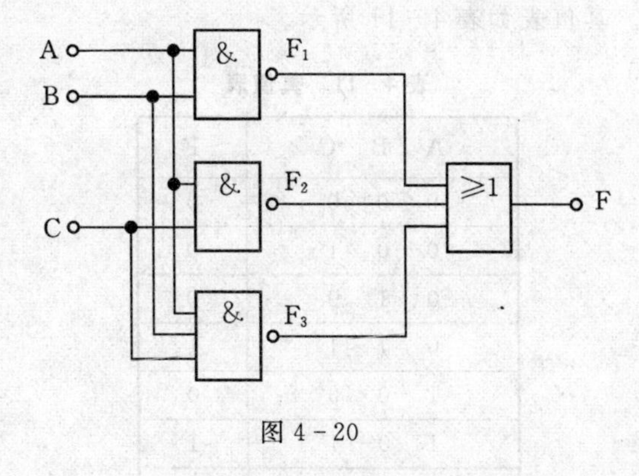

图 4-20

解: (1)根据电路图列写逻辑表达式并由逻辑电路图可知 $F_1=\overline{AB}, F_2=\overline{AC}, F_3=\overline{ABC}$
所以

$$F=F_1+F_2+F_3=\overline{AB}+\overline{AC}+\overline{ABC}$$

(2)化简逻辑表达式。

$$\begin{aligned}F&=(\overline{AB}+\overline{ABC})+\overline{AC}=(\overline{AB}+\overline{AB}+\overline{C})+\overline{AC}\\&=\overline{AB}(1+\overline{C})+\overline{AC}=\overline{AB}+\overline{AC}=\overline{A}+\overline{B}+\overline{A}+\overline{C}=\overline{A}+\overline{B}+\overline{C}\end{aligned}$$

(3)列真值表。真值表如表 4-10 所示。

表 4-10 真值表

A B C	F
0 0 0	1
0 0 1	1
0 1 0	1
0 1 1	1
1 0 0	1
1 0 1	1
1 1 0	1
1 1 1	0

(4)总结逻辑功能。由真值表 4-10 可以看出,该组合逻辑电路的逻辑功能为:有 0 出 1,全 1 出 0。

2.组合逻辑电路的设计

组合逻辑电路的设计是在已知逻辑要求的基础上,设计出最简单、最合理的组合逻辑电路,具体步骤如下:①根据给定的逻辑要求,列写真值表;②由真值表写出逻辑表达式;③对逻辑表达式进行化简;④画出相应的逻辑电路图。

【例 4-17】请用基本逻辑门设计一个三人表决电路。A、B、C 三位嘉宾每人各有一个按键,按下时即给组合逻辑电路输入信号 1 表示同意,不按下时即为 0 表示反对。表决结果用指示灯 F 来体现,多数赞成时,灯亮(F=1)表示通过,否则灯不亮(F=0),表示不通过。

解:(1)根据题意列出真值表。A、B、C 作为输入信号,F 作为输出信号。同意为 1,反对为 0,通过为 1,不通过为 0。真值表如表 4-11 所示。

表 4-11 真值表

A B C	F
0 0 0	0
0 0 1	0
0 1 0	0
0 1 1	1
1 0 0	0
1 0 1	1
1 1 0	1
1 1 1	1

(2)由真值表写出逻辑表达式。由真值表可以看出有四种情况灯亮:

①A=0,B=1,C=1。

②A=1,B=0,C=1。

③$A=1,B=1,C=0$。

④$A=1,B=1,C=1$。

用$\overline{A}$表示A反对，用$\overline{B}$表示B反对，用$\overline{C}$表示C反对，于是这四种情况可以表示为：$\overline{A}BC,A\overline{B}C,AB\overline{C},ABC$。这四种情况中的任何一种都可以使灯亮，所以是或的逻辑关系。所以$F=\overline{A}BC+A\overline{B}C+AB\overline{C}+ABC$。

(3)对逻辑表达式进行化简。根据$A+A+A=A$，所以

$$
\begin{aligned}
F &= \overline{A}BC+A\overline{B}C+AB\overline{C}+ABC \\
&= \overline{A}BC+A\overline{B}C+AB\overline{C}+ABC+ABC+ABC \\
&= (\overline{A}BC+ABC)+(A\overline{B}C+ABC)+(AB\overline{C}+ABC) \\
&= (\overline{A}+A)BC+(\overline{B}+B)AC+(\overline{C}+C)AB \\
&= BC+AC+AB
\end{aligned}
$$

(4)画出相应的逻辑电路图。如图4-21所示。

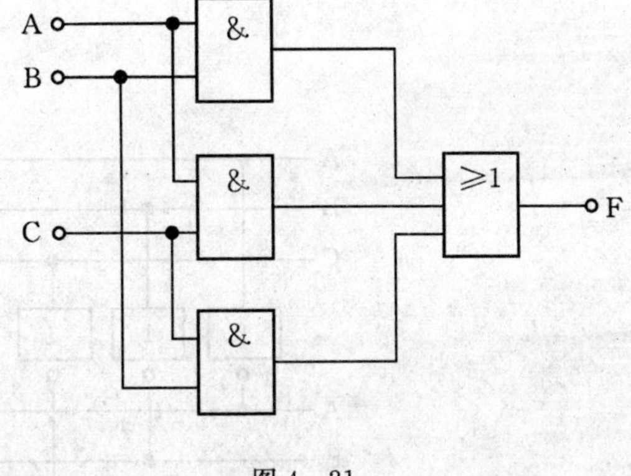

图4-21

【例4-18】某生活小区的给水泵房有A、B、C三台给水泵，请设计一个逻辑控制电路，对这三台给水泵的工作状态进行监控，逻辑功能要求如下：

(1)A、B、C三台给水泵都能正常工作，绿色指示灯亮；

(2)A、B、C三台给水泵都不能正常工作，红色指示灯亮；

(3)A、B、C三台给水泵中有单台或两台不能正常工作，黄色指示灯亮。

解：(1)根据题意列出真值表。用A、B、C作为该逻辑电路的输入，用1表示给水泵能正常工作，用0表示给水泵不能正常工作；用F_1、F_2、F_3分别表示绿灯、红灯和黄灯的状态，用1表示灯亮，用0表示灯不亮。真值表如表4-12所示。

表4-12　真值表

A	B	C	F_1	F_2	F_3
0	0	0	0	1	0
0	0	1	0	0	1
0	1	0	0	0	1
0	1	1	0	0	1
1	0	0	0	0	1
1	0	1	0	0	1
1	1	0	0	0	1
1	1	1	1	0	0

(2)根据真值表列出逻辑表达式。

$$F_1 = ABC$$

$$F_2 = \overline{A}\overline{B}\overline{C}$$

$$F_3 = \overline{A}\overline{B}C + \overline{A}B\overline{C} + \overline{A}BC + A\overline{B}\overline{C} + A\overline{B}C + AB\overline{C}$$

(3)对逻辑表达式进行化简。化简后如下：

$$F_1 = ABC$$

$$F_2 = \overline{A}\overline{B}\overline{C}$$

$$F_3 = \overline{ABC + \overline{A}\overline{B}\overline{C}}$$

(4)画出相应的逻辑电路图。如图4-22所示。

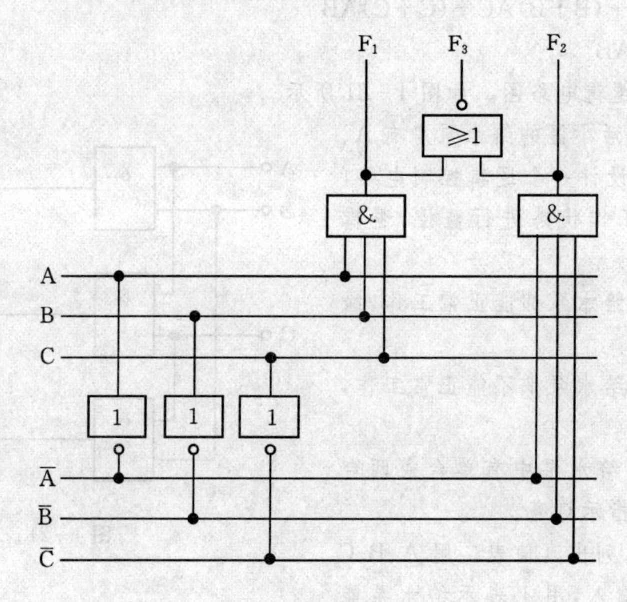

图4-22

本节思考题

1. 基本逻辑运算有那三种？
2. 逻辑代数有哪些基本定律？
3. 组合逻辑电路的特点是什么？
4. 组合逻辑电路的分析步骤有哪些？
5. 组合逻辑电路的设计步骤有哪些？
6. 请化简逻辑表达式 $F = ABC + \overline{A}BC + \overline{BC}$。
7. 请化简逻辑表达式 $F = A + B + C + D + \overline{A}\overline{B}\overline{C}\overline{D}$。

4.5 常用集成组合逻辑电路

能力知识点1　加法器

能完成二进制数加法的组合逻辑电路称为加法器，它分为半加器和全加器两种。

1. 半加器

能够完成两个一位二进制数 A 和 B 相加的组合逻辑电路称为半加器。半加器的逻辑符号如图 4－23 所示，其中 S 为和，C_O为进位。半加器的真值表如表 4－13 所示。

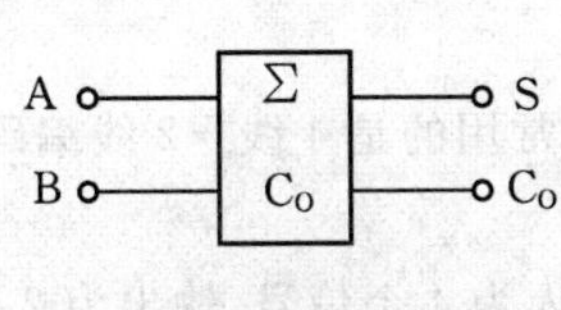

图 4－23　半加器逻辑符号

表 4－13　半加器真值表

A　B	S	C_O
0　0	0	0
0　1	1	0
1　0	1	0
1　1	0	1

半加器的逻辑表达式为 $S=A\overline{B}+\overline{A}B$；$C_O=AB$。

2. 全加器

能够完成两个二进制数 A、B 与来自低位的进位 C_I三者相加的组合逻辑电路称为全加器。全加器的逻辑符号如图 4－24 所示，其中 C_I为低位的进位，S 为和，C_O为进位。全加器的真值表如表 4－14 所示。

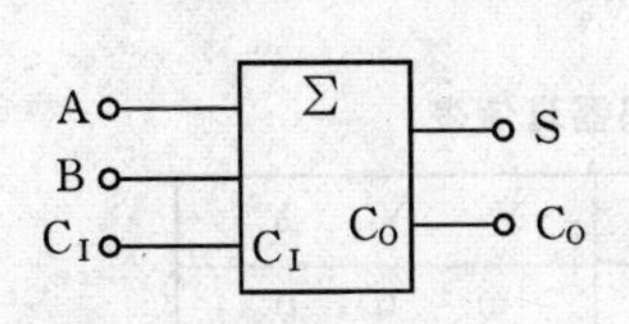

图 4－24　全加器逻辑符号

表 4－14　全加器真值表

A　B　C_I	S	C_O
0　0　0	0	0
0　0　1	1	0
0　1　0	1	0
0　1　1	0	1
1　0　0	1	0
1　0　1	0	1
1　1　0	0	1
1　1　1	1	1

全加器的逻辑表达式为

$$S=\overline{A}\overline{B}C_I+\overline{A}B\,\overline{C_I}+A\overline{B}\,\overline{C_I}+AB\,\overline{C_I}$$

$$C_O=\overline{A}BC_I+A\overline{B}C_I+AB\,\overline{C_I}+ABC_I$$

3. 集成全加器

集成电路全加器74LS283为4位超前进位全加器，其管脚图如图4-25所示，A_4～A_1、B_4～B_1为两个4位的二进制数，S_4～S_1为4位和输出，C_0为来自低位的进位输入，C_4为总的输出进位。超前进位可以有效地提高加法器的运算速度。

能力知识点2　编码器

编码就是将文字、数字、符号等信息用二进制代码表示的过程。能实现编码的电路称为编码器，编码器有普通编码器和优先编码器两种。m个输出端最多能对2^m个输入信号编码。

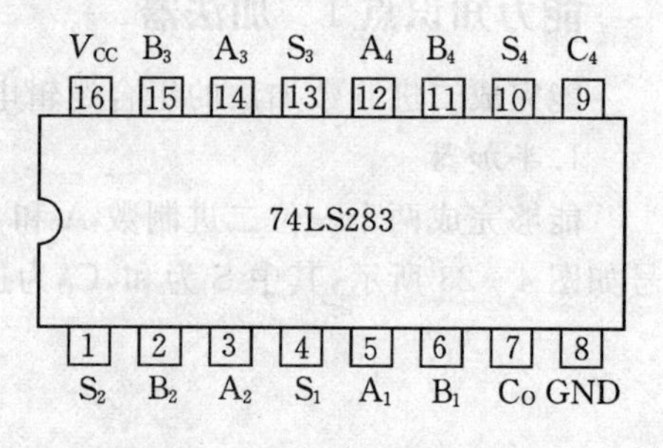

图4-25　74LS283管脚图

1. 普通编码器

普通编码器的特点是任何时刻只允许对一个输入信息进行编码，即任何时刻输入信息中只能有一个为逻辑1，若同时有两个逻辑1输入，编码就会出错。最常用的是4线—2线编码器和8线—3线编码器。

(1)4线—2线编码器。4线—2线编码器指的是输入为4个信号，输出为2位的二进制代码，用I表示输入，用Y表示输出，其真值表见表4-15。

表4-15　4线—2线编码器真值表

I_3	I_2	I_1	I_0	Y_1	Y_0
0	0	0	1	0	0
0	0	1	0	0	1
0	1	0	0	1	0
1	0	0	0	1	1

(2)8线—3线编码器。8线—3线编码器指的是输入为8个信号，输出为3位的二进制代码，用I表示输入，用Y表示输出，其真值表见表4-16。

表4-16　8线—3线编码器真值表

I_7	I_6	I_5	I_4	I_3	I_2	I_1	I_0	Y_2	Y_1	Y_0
0	0	0	0	0	0	0	1	0	0	0
0	0	0	0	0	0	1	0	0	0	1
0	0	0	0	0	1	0	0	0	1	0
0	0	0	0	1	0	0	0	0	1	1
0	0	0	1	0	0	0	0	1	0	0
0	0	1	0	0	0	0	0	1	0	1
0	1	0	0	0	0	0	0	1	1	0
1	0	0	0	0	0	0	0	1	1	1

2.优先编码器

优先编码器的特点是允许两个以上逻辑1同时输入,但输入的信号有优先顺序,电路只对其中优先级别最高的输入信号进行编码。4线—2线优先编码器的真值表见表4-17。

表4-17　4线—2线优先编码器真值表

I_3	I_2	I_1	I_0	Y_1	Y_0
×	×	×	1	0	0
×	×	1	0	0	1
×	1	0	0	1	0
1	0	0	0	1	1

常用的8线—3线优先编码器的集成电路为74LS148,其管脚图如图4-26所示,其功能表如表4-18所示。

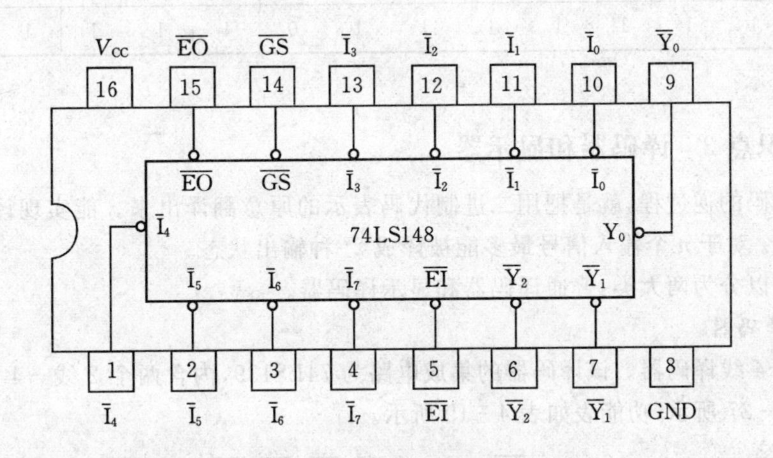

图4-26　74LS148管脚图

(1)$\bar{I}_0 \sim \bar{I}_7$为输入端,低电平有效,$\bar{I}_7$的优先等级最高。

(2)$\overline{EI}$为使能控制端,低电平有效,即$\overline{EI}=0$时,可以正常编码,$\overline{EI}=1$时,编码器禁止编码,3个输出端均为高电平。

(3)$\overline{Y}_2$、$\overline{Y}_1$、$\overline{Y}_0$为输出端,低电平有效。

(4)$\overline{EO}$为选通输出端,低电平有效,当$\overline{EI}=0$时,并且所有的输入端都为高电平(即没有编码输入)时,$\overline{EO}=0$;其他情况$\overline{EO}=1$。

(5)$\overline{GS}$为扩展输出端,低电平有效,当$\overline{EI}=0$时,并且输入端至少有一个编码信号输入时(即有编码信号输入),$\overline{GS}=0$;当$\overline{EI}=0$时,且无编码信号输入时,$\overline{GS}=1$,表示编码器处于非编码工作状态。

表 4-18　74LS148 功能表

输入									输出				
$\overline{EI}$	$\overline{I_7}$	$\overline{I_6}$	$\overline{I_5}$	$\overline{I_4}$	$\overline{I_3}$	$\overline{I_2}$	$\overline{I_1}$	$\overline{I_0}$	$\overline{Y_2}$	$\overline{Y_1}$	$\overline{Y_0}$	EO	GS
1	×	×	×	×	×	×	×	×	1	1	1	1	1
0	1	1	1	1	1	1	1	1	1	1	1	0	1
0	0	×	×	×	×	×	×	×	0	0	0	1	0
0	1	0	×	×	×	×	×	×	0	0	1	1	0
0	1	1	0	×	×	×	×	×	0	1	0	1	0
0	1	1	1	0	×	×	×	×	0	1	1	1	0
0	1	1	1	1	0	×	×	×	1	0	0	1	0
0	1	1	1	1	1	0	×	×	1	0	1	1	0
0	1	1	1	1	1	1	0	×	1	1	0	1	0
0	1	1	1	1	1	1	1	0	1	1	1	1	0

能力知识点 3　译码器和显示器

译码是编码的逆过程，就是把用二进制代码表示的原意翻译出来。能实现译码功能的电路称为译码器。对于 n 个输入信号最多能被译成 2^n 种输出状态。

译码器可以分为两大类：普通译码器和显示译码器。

1. 普通译码器

(1)2 线—4 线译码器。该译码器的集成电路为 74LS139，内含两个 2 线—4 线译码器，其管脚图如图 4-27 所示，功能表如表 4-19 所示。

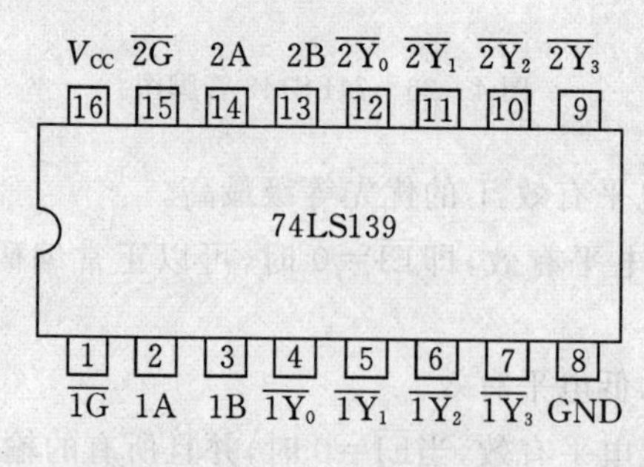

图 4-27　74LS139 管脚图

①A、B 为输入端，高电平有效。

②G 为使能控制端，低电平有效，当 $\overline{G}=0$ 时，译码器才能工作。

③$\overline{Y_0}\sim\overline{Y_3}$ 为输出端，低电平有效。

表 4-19　74LS139 功能表

输入			输出			
$\overline{G}$	B	A	$\overline{Y}_3$	$\overline{Y}_2$	$\overline{Y}_1$	$\overline{Y}_0$
1	×	×	1	1	1	1
0	0	0	1	1	1	0
0	0	1	1	1	0	1
0	1	0	1	0	1	1
0	1	1	0	1	1	1

(2)3 线－8 线译码器。最常用的普通译码器为 3 线－8 线译码器，该译码器的集成电路为 74LS138，其管脚图如图 4-28 所示，功能表如表 4-20 所示。

①A_0、A_1、A_2 为输入端，高电平有效。

②$\overline{Y}_0$～$\overline{Y}_7$ 为输出端，低电平有效。

③G_1、$\overline{G}_{2A}$、$\overline{G}_{2B}$ 为使能控制端，只有当 $G_1=1$、$\overline{G}_{2A}=0$、$\overline{G}_{2B}=0$ 时，译码器才会工作，不满足这个条件时，译码器禁止工作，所有输出端均输出高电平信号，利用这三个使能控制端可以扩展译码器的功能。

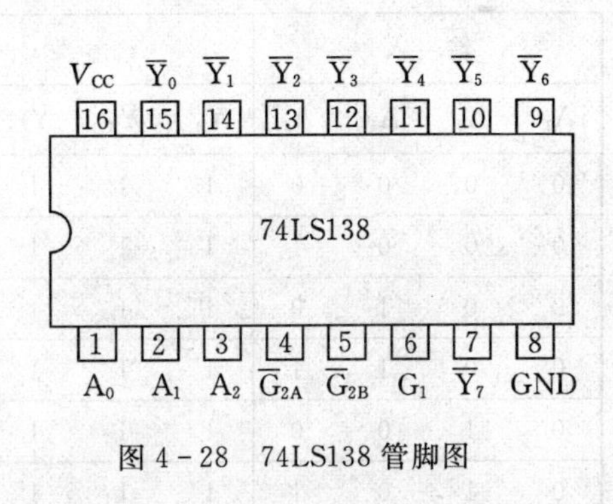

图 4-28　74LS138 管脚图

表 4-20　74LS138 功能表

输入						输出							
G_1	$\overline{G}_{2A}$	$\overline{G}_{2B}$	A_2	A_1	A_0	$\overline{Y}_7$	$\overline{Y}_6$	$\overline{Y}_5$	$\overline{Y}_4$	$\overline{Y}_3$	$\overline{Y}_2$	$\overline{Y}_1$	$\overline{Y}_0$
0	×	×	×	×	×	1	1	1	1	1	1	1	1
0	1	×	×	×	×	1	1	1	1	1	1	1	1
×	×	1	×	×	×	1	1	1	1	1	1	1	1
1	0	0	0	0	0	1	1	1	1	1	1	1	0
1	0	0	0	0	1	1	1	1	1	1	1	0	1
1	0	0	0	1	0	1	1	1	1	1	0	1	1
1	0	0	0	1	1	1	1	1	1	0	1	1	1
1	0	0	1	0	0	1	1	1	0	1	1	1	1
1	0	0	1	0	1	1	1	0	1	1	1	1	1
1	0	0	1	1	0	1	0	1	1	1	1	1	1
1	0	0	1	1	1	0	1	1	1	1	1	1	1

(3)二一十进制译码器。二一十进制译码器又称BCD码译码器,它的功能是将输入的一位BCD码(4位二进制数码)进行译码,输出信号对应十进制的0～9数字。

二一十进制译码器的集成电路常用的为74LS42,它的管脚图如图4－29所示,功能表如表4－21所示。

①A_0、A_1、A_2、A_3为输入端,高电平有效。

②$\overline{Y}_0$～$\overline{Y}_9$为输出端,低电平有效。

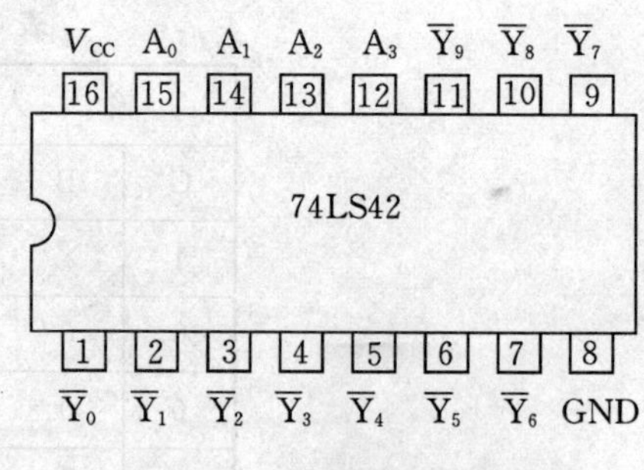

图4－29　74LS42管脚图

表4－21　74LS42功能表

输入				输出										对应十进制数
A_3	A_2	A_1	A_0	$\overline{Y}_9$	$\overline{Y}_8$	$\overline{Y}_7$	$\overline{Y}_6$	$\overline{Y}_5$	$\overline{Y}_4$	$\overline{Y}_3$	$\overline{Y}_2$	$\overline{Y}_1$	$\overline{Y}_0$	
0	0	0	0	1	1	1	1	1	1	1	1	1	0	0
0	0	0	1	1	1	1	1	1	1	1	1	0	1	1
0	0	1	0	1	1	1	1	1	1	1	0	1	1	2
0	0	1	1	1	1	1	1	1	1	0	1	1	1	3
0	1	0	0	1	1	1	1	1	0	1	1	1	1	4
0	1	0	1	1	1	1	1	0	1	1	1	1	1	5
0	1	1	0	1	1	1	0	1	1	1	1	1	1	6
0	1	1	1	1	1	0	1	1	1	1	1	1	1	7
1	0	0	0	1	0	1	1	1	1	1	1	1	1	8
1	0	0	1	0	1	1	1	1	1	1	1	1	1	9

2.显示译码器

在数字电路中,有时候需要把数据直观地显示出来,就需要有显示译码器把数据译码后进行显示,而常用于数码显示的为LED数码管,常用于显示译码的集成电路为74LS48。

(1)LED数码管。LED数码管由半导体发光二极管组成,当发光二极管两端加上正向电压时,二极管正向导通,放出能量,发出一定波长的光(红、绿、黄等颜色)。常见的LED数码管由7个笔画段a、b、c、d、e、f、g及一个小数点D_P构成,它们都是发光二极管。LED数码管外形及管脚排列如图4－30所示。

LED数码管按照内部接线方式的不同分为共阴数码管和共阳数码管,如图4－31所示。共阴数码管指的是管内发光二极管的阴极连在一起作为公共端com接公共低电位,共阳数码管指的是管内发光二极管的阳极连在一起作为公共端com接公共高电位。

LED数码管不同组合的笔段点亮时,所表示的含义如图4－32所示。

(2)七段显示译码器。七段显示译码器的典型集成电路为74LS48,它能够把输入的二进制数据进行译码,先后送给LED数码管进行显示。74LS48的管脚排列如图4－33所示,功能表如表4－22所示。

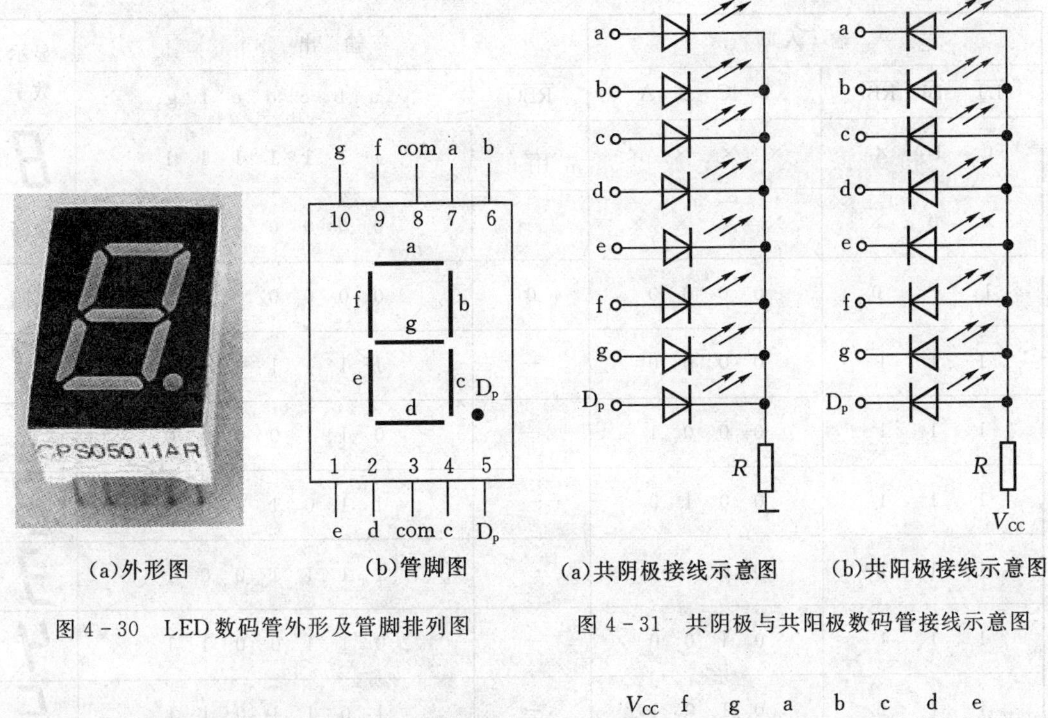

(a)外形图 (b)管脚图

图 4-30 LED 数码管外形及管脚排列图

(a)共阴极接线示意图 (b)共阳极接线示意图

图 4-31 共阴极与共阳极数码管接线示意图

图 4-32 LED 数码管不同组合的笔段点亮时所表示的含义图

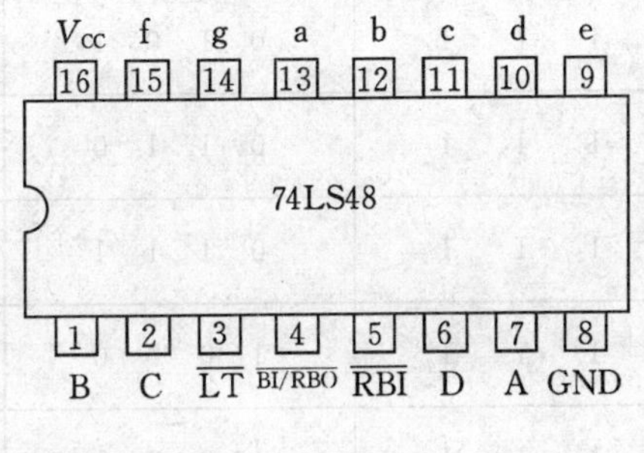

图 4-33 74LS48 的管脚图

①A、B、C、D 为数据输入端，高电平有效。

②a、b、c、d、e、f、g 为译码字段输出端，高电平有效，使用 74LS48 进行译码时，必须配用共阴 LED 数码管。

③$\overline{LT}$为试灯输入端，低电平有效，当$\overline{LT}=0$时，a、b、c、d、e、f、g 均输出 1，即所有字段全亮，显示数字 8，其作用时在使用前校验数码管各段是否能正常发光，LED 数码管在正常工作时，$\overline{LT}=1$。

④$\overline{BI}/\overline{RBO}$具有双重功能，它作为输入时($\overline{BI}$功能)为灭灯输入控制端，低电平有效，当$\overline{BI}=0$时，无论输入什么数据，所有字段同时熄灭，数码管不显示；它作为输出时($\overline{RBO}$功能)为输出灭零控制端，低电平有效，输出灭零控制$\overline{RBO}$必须要和输入灭零控制$\overline{RBI}$配合使用。

⑤$\overline{RBI}$为灭零输入端，低电平有效，当$\overline{RBI}=0$，且 A=B=C=D=0 时，数码管各字段均不亮，即不显示 0，用于当输入信号为“0000”时，不需要显示 0 的场合，如果需要能正常显示 0，则$\overline{RBI}=1$。

表 4-22　74LS48 功能表

输入		输出		显示数字
$\overline{LT}$　$\overline{BI}$　$\overline{RBI}$	D　C　B　A	$\overline{RBO}$	a　b　c　d　e　f　g	
0　1　×	×　×　×　×	—	1　1　1　1　1　1　1	8
×　0　×	×　×　×　×	—	0　0　0　0　0　0　0	全暗
1　—　0	0　0　0　0	0	0　0　0　0　0　0　0	全暗
1　1　1	0　0　0　0	—	1　1　1　1　1　1　0	0
1　1　1	0　0　0　1	—	0　1　1　0　0　0　0	1
1　1　1	0　0　1　0	—	1　1　0　1　1　0　1	2
1　1　1	0　0　1　1	—	1　1　1　1　0　0　1	3
1　1　1	0　1　0　0	—	0　1　1　0　0　1　1	4
1　1　1	0　1　0　1	—	1　0　1　1　0　1　1	5
1　1　1	0　1　1　0	—	1　0　1　1　1　1　1	6
1　1　1	0　1　1　1	—	1　1　1　0　0　0　0	7
1　1　1	1　0　0　0	—	1　1　1　1　1　1　1	8
1　1　1	1　0　0　1	—	1　1　1　1　0　1　1	9

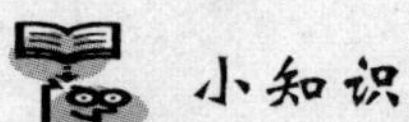

小知识

LED数码管按段数可分为七段数码管和八段数码管，八段数码管比七段数码管多一个发光二极管(多一个小数点显示)；按能显示多少个“8”可分为1位、2位、3位、4位、5位、6位、7位等七个种类数码管；每一种又分为共阴和共阳两类，它们的发光原理是一样的，颜色有红，绿，蓝，黄等几种。LED数码管被广泛用于仪表、时钟、车站、家电等场合。选用时要注意产品的尺寸、颜色、功耗、亮度、波长等。

【例4-19】如图4-34所示，为一片74LS48译码器译码后驱动一块共阴极数码管的电路图。试分析什么情况下，数码管显示数字3。

解:由七段显示译码器74LS48的功能表4-22可知，当输出端输出结果为a=1、b=1、c=1、d=1、e=0、f=0、g=1时，数码管显示数字3，此时，要求使能控制端$\overline{LT}$=1、$\overline{BI}/\overline{RBO}$=1、$\overline{RBI}$=1，且输入端输入的电平信号D=0、C=0、B=1、A=1。

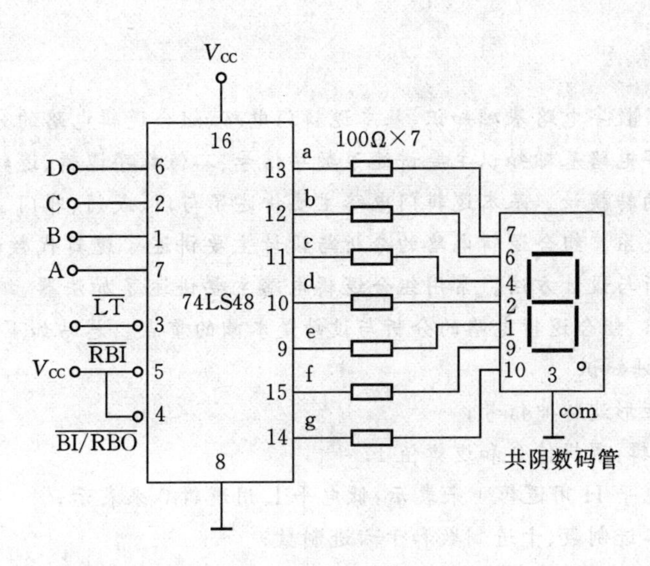

图 4-34

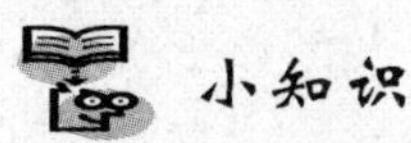

小知识

LED数码管的驱动方式有静态和动态两种。静态驱动也称直流驱动，是指每个数码管的每一个段码都由一个单片机的I/O端口进行驱动，或者使用七段显示译码器进行驱动。静态驱动的优点是编程简单，显示亮度高，缺点是占用I/O端口多。图4-34所示即为LED数码管的静态驱动方式。

动态驱动是将所有数码管的8个显示笔划"a,b,c,d,e,f,g,D_p"的同名端连在一起，另外为每个数码管的公共极com增加位选通控制电路，位选通由各自独立的I/O线控制，只有被选通的数码管才会显示。其优点是能够节省大量的I/O端口，而且功耗更低；缺点是编程复杂。

本节思考题

1. 什么是加法器？加法器可以分为哪两种？
2. 半加器和全加器有何区别？
3. 什么叫编码？编码器有哪两种？
4. 编码器中的4线—2线编码器具有什么特点？
5. 编码器中的8线—3线编码器具有什么特点？
6. 普通编码器和优先编码器有何区别？
7. 什么叫译码？译码器有哪两种？
8. 常用的3线—8线译码器集成电路是什么？请画出管脚图。
9. 常用的二—十进制译码器集成电路是什么？请画出管脚图。
10. LED数码管由什么组成？可以分为哪两类？
11. 什么叫共阴极LED数码管？什么叫共阳极LED数码管？

本章小结

本章主要讲述了数字电路基础知识、基本逻辑门电路、组合逻辑电路的分析与设计及常用组合逻辑电路。数字电路基础知识主要讲述了数字信号、二值数字逻辑、逻辑电平、二进制、十六进制及相互之间的转换等。基本逻辑门电路主要讲述了与门、或门、非门、与非门、或非门等的逻辑电路与逻辑关系。组合逻辑电路的分析与设计主要讲述了逻辑代数的基本运算法则、组合逻辑电路的分析与设计方法。常用组合逻辑电路主要讲述了加法器、编码器、译码器等。其中基本逻辑门电路、组合逻辑电路的分析与设计是本章的重点。总结如下：

1. 数字电路基础知识

(1)数字信号：矩形波脉冲信号；

(2)二值数字逻辑：逻辑值0和逻辑值1；

(3)正逻辑：高电平H用逻辑1来表示，低电平L用逻辑0来表示；

(4)数制：常用二进制数、十进制数和十六进制数；

(5)数制转换：重点为二进制数与十进制数之间的相互转换，具体方法参见本章例题；

(6)BCD码：用二进制代码来表示的一个给定的十进制数。

2. 基本逻辑门电路

(1)与门：逻辑关系"有0出0，全1出1"；

(2)或门：逻辑关系"有1出1，全0出0"；

(3)非门：逻辑关系"有0出1，有1出0"；

(4)与非门：逻辑关系"有0出1，全1出0"；

(5)或非门：逻辑关系"有1出0，全0出1"；

(6)常用基本逻辑门集成电路：与门74LS08、或门74LS32、非门74LS04、与非门74LS00、或非门74LS02。

3. 组合逻辑电路的分析与设计

(1)基本逻辑运算及运算规则：逻辑乘(与运算)的运算规则：$A\cdot 0=0$、$A\cdot 1=A$、$A\cdot A=A$、$A\cdot \overline{A}=0$，逻辑加(或运算)的运算规则：$A+0=A$、$A+1=1$、$A+A=A$、$A+\overline{A}=1$，逻辑非(求反运算)的运算规则：$\overline{\overline{A}}=A$。

(2)基本定律及公式：交换律、结合律、分配律、吸收律、反演律等。

(3)逻辑表达式的化简：依据为逻辑运算规则及基本定律、公式。

(4)组合逻辑电路的分析步骤：①根据给定的逻辑电路图写出逻辑表达式；②化简逻辑表达式；③列出真值表；④由真值表总结逻辑功能。

(5)组合逻辑电路的设计步骤：①根据给定的逻辑要求，列写真值表；②由真值表写出逻辑表达式；③对逻辑表达式进行化简；④画出相应的逻辑电路图。

4. 常用组合逻辑电路

(1)加法器：分为半加器和全加器两类。

(2)全加器集成电路：74LS283。

(3)普通编码器：常用4线—2线编码器和8线—3线编码器。

(4)优先编码器：常用的为8线—3线优先编码器，它的集成电路为74LS148。

(5)普通译码器：①2线—4线译码器，它的集成电路为74LS139；②3线—8线译码器，它的集成电路为74LS138；③二一十进制译码器，它的集成电路为74LS42。

(6)数字显示：常用LED数码管。

(7)七段显示译码器：常用的集成电路为74LS48。

本章习题

A级

4.1　请写出题图4-1所示逻辑电路的逻辑表达式。

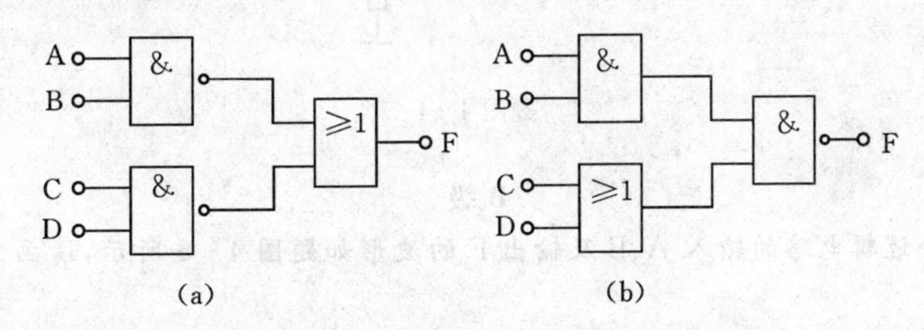

题图4-1

4.2　请根据给出的逻辑表达式$F=A\overline{B}+B\overline{C}+C\overline{A}$，使用基本逻辑门画出逻辑图。

4.3　请根据给出的逻辑表达式$F=A(B+C)+BC$，使用基本逻辑门画出逻辑图。

4.4　请化简下列逻辑表达式。

(1)$F=A\overline{B}+B+\overline{A}B$　　(2)$F=A\overline{B}C+\overline{A}+B+\overline{C}$

(3)$F=A\overline{C}+ABC+AC\overline{D}+CD$　　(4)$F=A\overline{B}CD+ABD+A\overline{C}D$

4.5　请将下列十进制数分别转换为二进制数和十六进制数。

(1)35　　(2)56　　(3)121　　(4)235

4.6　请将下列十进制数转换为8421BCD码。

(1)47　　(2)105　　(3)456　　(4)321

4.7　请分析题图4-2所示电路的逻辑功能。

4.8　请分析题图4-3所示电路的逻辑功能。

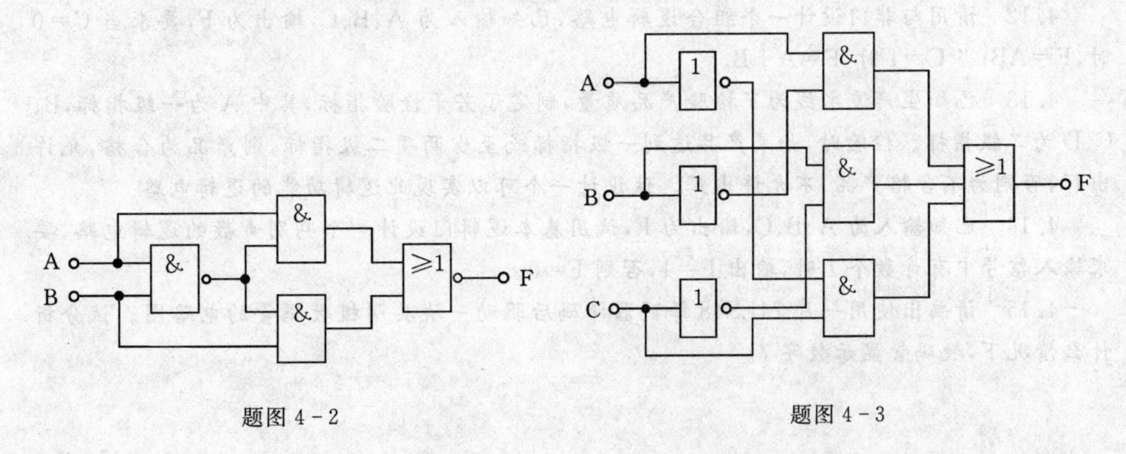

题图4-2　　题图4-3

4.9　如题图4-4所示，A为数字输入信号，非门为74LS04，设发光二极管LED正向导通压降为 1.7 V,当通过电流大于 1 mA 时发光,但最大允许通过电流为 10 mA,已知逻辑高电平信号为 5 V,逻辑低电平信号为 0 V,为了保证 LED 正常发光。求电阻 R 的阻值范围。

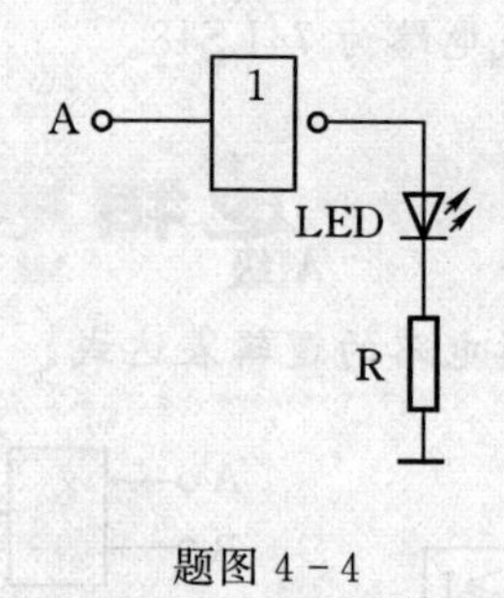

题图 4-4

B 级

4.10　组合逻辑电路的输入 A、B 及输出 F 的波形如题图 4-5 所示,请画出能实现此功能的逻辑图。

4.11　如题图 4-6 所示,当组合逻辑电路的输入 A、B、C 中有两个或两个以上为高电平时,发光二极管 LED 就能发光。请用基本逻辑门设计能实现此功能的逻辑电路,并分析工作原理。

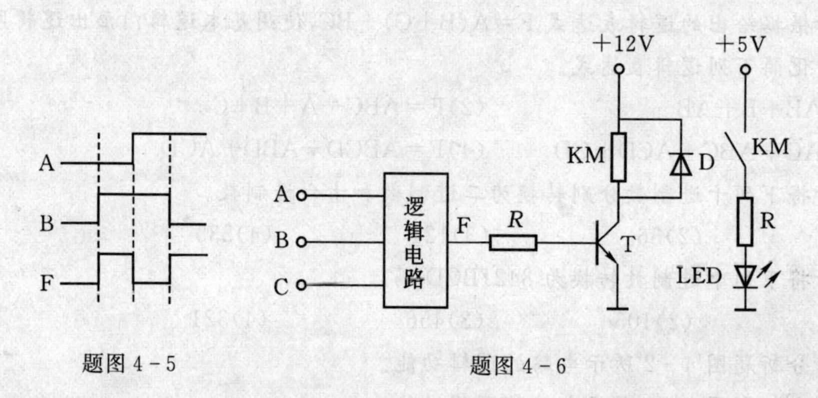

题图 4-5　　题图 4-6

4.12　请用与非门设计一个组合逻辑电路,已知输入为 A、B、C,输出为 F,要求当 C=0 时,F=AB;当 C=1 时,F=A+B。

4.13　已知生产流水线为了检验产品质量,制定了若干检验指标,其中 A 为一级指标,B、C、D 为二级指标。检验时,如果产品达到一级指标或至少两项二级指标,则产品为合格,允许出厂,否则为不合格产品,不允许出厂。试设计一个可以实现此逻辑功能的逻辑电路。

4.14　已知输入为 A、B、C,输出为 F,试用基本逻辑门设计一个判别奇数的逻辑电路,要求输入信号中有奇数个 1 时,输出 F=1,否则 F=0。

4.15　请画出使用一片 74LS48 译码器译码后驱动一块共阴极数码管的电路图。试分析什么情况下,数码管显示数字 7。

第 5 章 时序逻辑电路

学习目标

1. 知识目标

(1)掌握 RS 触发器、JK 触发器及 D 触发器的逻辑图、逻辑符号及真值表。

(2)了解寄存器的种类、功能及特性。

(3)掌握二进制加法计数器的组成结构及原理。

(4)熟悉集成计数器 74LS90 或 CT4090 的管脚排列及逻辑功能。

2. 能力目标

(1)能够识记 RS 触发器、JK 触发器及 D 触发器的逻辑图、逻辑符号及真值表。

(2)能够对二进制加法计数器电路及集成计数器电路进行分析。

知识分布网络

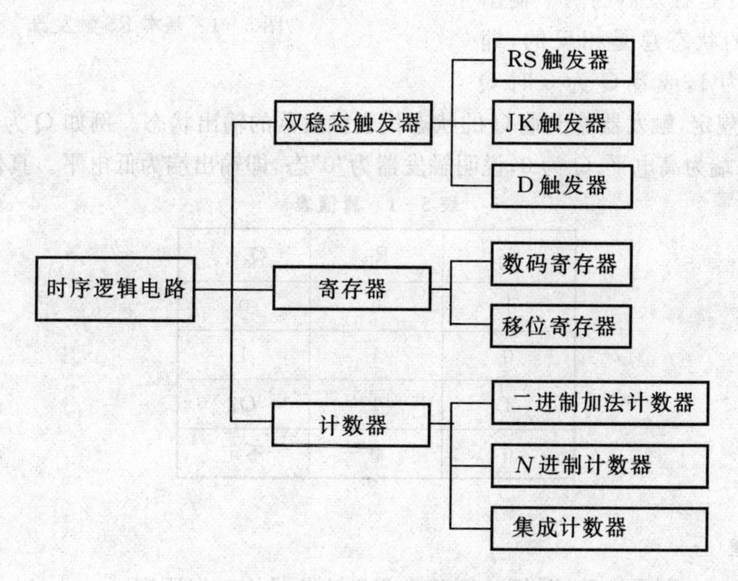

5.1 双稳态触发器

上一章主要介绍了基本逻辑门电路及各种门电路的组合，其共同特点是，任一时刻的输出信号仅由输入信号决定，一旦输入信号消失，输出信号随即消失。也就是说，它们只有逻辑运算功能，而没有存储或记忆功能。本章将要讨论的双稳态触发器和时序逻辑电路则具有记忆功能。即它们的输出信号不仅与输入信号有关，而且与电路原来的状态有关，输入信号消失后，电路的状态仍能保留，可以存储信息。当需要这些信息时，可以随时取用。因此在计算机技术、自动控制技术、自动检测技术等许多领域中，触发器和时序逻辑电路得到了广泛的应用。

本章首先讨论双稳态触发器，然后讨论由触发器构成的寄存器、计数器等主要的逻辑部件。

能力知识点 1　RS 触发器

双稳态触发器是组成时序逻辑电路的基本单元电路，它的内部电路是由集成门电路按照一定方式连接而成。随着大规模集成电路技术的迅速发展，目前可以在一个硅片上制作几个触发器。双稳态触发器有 RS 触发器、JK 触发器和 D 触发器等基本类型。

1. 结构

基本 RS 触发器由两个与非门输出端和输入端交叉连接组成，如图 5-1 所示。

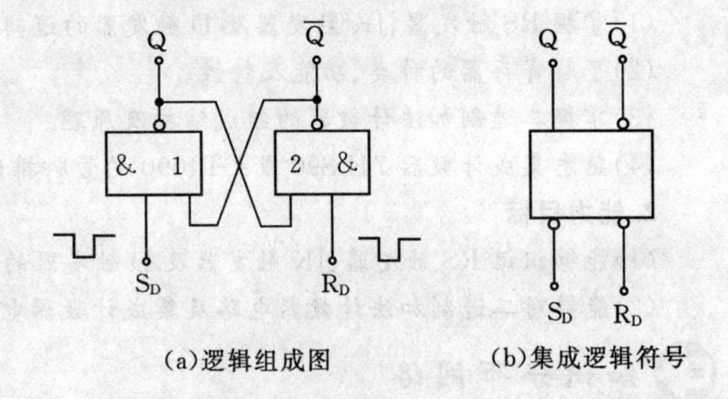

(a)逻辑组成图　(b)集成逻辑符号

图 5-1　基本 RS 触发器

图 5-1 (a)中，R_D和 S_D是触发器的输入端，输入信号必须是负脉冲才能改变电路的状态。输入端 R_D称为置"0"端或复位端，S_D称为置"1"端或置位端。Q 和 $\overline{Q}$ 是触发器的两个输出端，且 Q 和 $\overline{Q}$ 的状态总是相反的，即 Q 为 0 时 $\overline{Q}$ 就为 1，或者 $\overline{Q}$ 为 0 时 Q 就为 1。习惯上规定，触发器输出端 Q 的状态代表触发器的输出状态。例如 Q 为 1，说明触发器为"1"态，即输出端为高电平；Q 为 0，说明触发器为"0"态，即输出端为低电平。真值表见 5-1。

表 5-1　真值表

S_D	R_D	Q_{n+1}
1	0	0
0	1	1
1	1	Q_n
0	0	不定

2. 工作原理

结合图 5-1(a)所示电路，分析一下基本 RS 触发器的工作原理。

(1)当 $R_D=0$，$S_D=1$ 时，根据与非门的逻辑功能"有 0 出 1，全 1 出 0"，与非门 2 的输出端 $\overline{Q}$ 应为 1，而与非门 1 的输入端即为"全 1"，则其输出端 Q 为 0。这就是说，当负脉冲信号经 R_D端进入触发器时，触发器为 0 态，输出端为低电平。负脉冲消失后，恢复高电平，由于 Q 为 0，反馈输入与非门 2，所以与非门 2 的输出仍然保持为 1。所以触发器的"0"态可保持下去。这就是时序逻辑电路的记忆功能。

(2)由于基本 RS 触发器结构对称，与(1)同理，当 $R_D=1$，$S_D=0$ 时，与非门 1 的输出端 Q 应为 1，与非门 2 的输出端 $\overline{Q}$ 为 0。这就是说，当负脉冲信号经 S_D端进入触发器时，触发器为 1

态，输出端为高电平。负脉冲消失后，恢复高电平，由于$\overline{Q}$为0，反馈输入与非门1，所以与非门1的输出仍然保持为1。所以触发器的“1”态可保持下去。

(3)当$R_D=1$，$S_D=1$时，触发器输出端的状态由各自的另一个输入端的状态决定。例如，如果触发器原来状态时Q为1，$\overline{Q}$为0，则与非门1的输入端有一端为0，则输出端Q仍为1，由于Q为1，使与非门2的输入为“全1”，因此，$\overline{Q}$的状态仍为0。所以当R_D和S_D都输入1时，触发器的状态不变。

(4)当$R_D=0$，$S_D=0$，两个输入端同时加负脉冲时，与非门1、2输出都为1。这个状态在实际工作中是不允许出现的。另外，当负脉冲消失后，即负脉冲从0跳变到1时，触发器所处的状态完全由触发器中两个与非门本身的速度决定。如果与非门1速度快，则1门输出为“0”，2门输出为“1”；如果2门速度快，则2门输出为“0”，1门输出为“1”。然而，两个与非门哪个速度快是难以确定的。因此，当R_D和S_D为同时加负脉冲时，触发器的状态不能确定。

从上述分析可知，基本RS触发器具有三种逻辑功能，即：置“0”、置“1”和保持。其真值表如表5-1所示。

在基本RS触发器中，输入信号直接加在输出门上，它们所有的变化都直接影响到输出端的状态，这是基本RS触发器的工作特点，所以R_D又叫直接复位端，S_D又叫直接置位端。根据触发器的工作特点，在实际应用中，基本RS触发器常用来作为其他触发器的一部分，用来预置其他触发器工作之前的初始状态。

在可控RS触发器中，如图5-2(a)所示JK触发器中的F_1、F_2，R_D和S_D起直接复位和直接置位作用，预置触发器的初始状态。触发器工作之后不再使用R_D和S_D。也就是说，在可控RS触发器中，R_D和S_D不是输入信号端。可控RS触发器的工作原理在此不再赘述。

小知识

在数字系统中，为了各个单元电路能够有序地工作，常常要求某些触发器在接到控制信号之后才能工作。也就是说，触发器要在控制信号来到时，才能按照输入信号的状态改变其输出状态。通常称这个控制信号为时钟脉冲，或称为时钟信号，简称时钟，用C或CP表示。所以，这种受时钟脉冲控制的触发器称为可控触发器，又称为时钟触发器。

能力知识点2　JK触发器

1.JK触发器的结构

主从型JK触发器内部由两个可控RS触发器和一个非门组成，电路如图5-2(a)所示。其中F_1为主触发器，F_2为从触发器。非门G的作用是使从触发器在时钟脉冲C下降沿到来时才翻转。J、K是触发器的信号输入端，从触发器的输出端Q和$\overline{Q}$是JK触发器的输出端。

2.工作原理

结合图5-2(a)所示电路，分析一下JK触发器的工作原理。

设J与K端的输入信号为某种状态，当C脉冲上升沿到来时，即C=1，主触发器F_1的输出端随着JK输入信号的状态而变，即将JK端的信息储存在F_1中，输出为Q'。此时，由于从触发器F_2的$C'=0$(C=1经非门G所得)，因此，从触发器F_2的状态不变。当C脉冲下降沿到来时，即C=0，主触发器F_1的状态不变，仍为Q'。这时，从触发器的时钟信号$C'=1$，从触发器接收信息，即JK触发器的输出状态翻转，F_1中的信息进入F_2中，输出为$Q(Q=Q')$。因此，主从型JK触发器从整体来看，是在C脉冲的下降沿翻转。它不仅有置0、置1和保持的功能，还具有计数的功能(即当J=1，K=1时，每来一个C脉冲，触发器状态就翻转一次，其状态用$\overline{Q_n}$表示)。JK触发器的逻辑功能如真值表5-2所示。

在JK触发器中，C端是触发器的时钟脉冲控制端，它的作用是：当脉冲下降沿到来时，触发器的功能(置0、置1、保持和翻转)才能显现出来，其他时间均保持原来的状态。所以，J、K对输出端状态的影响受时钟脉冲C的控制。R_D、S_D是直接复位和置位端，当$R_D=0$，$S_D=1$时，计数器输出端被强制性地清零，Q=0；当$S_D=0$，$R_D=1$时，计数器输出端被强制置位，Q=1。由上述分析可知，JK触发器的各输入端对输出状态的影响优先级别不同，按优先级从高到低的顺序为：

$$R_D、S_D \rightarrow C \rightarrow J、K$$

在图5-2(b)所示JK触发器的逻辑符号中，输入端C的小圆圈表示脉冲下降沿触发，即当时钟脉冲C的下降沿到来时触发器按相应的功能输出；输入端R_D、S_D的小圆圈表示低电平置0或置1；输出端$\overline{Q}$的小圆圈表示取反。

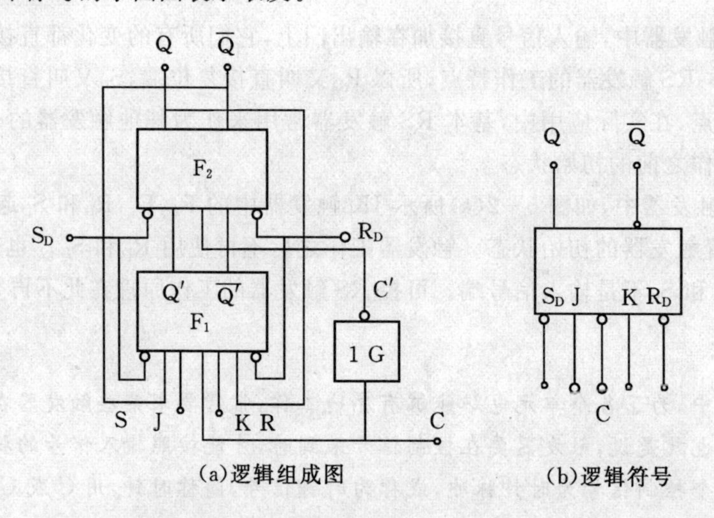

(a)逻辑组成图　　(b)逻辑符号

图5-2　JK触发器

常用的集成JK触发器有CT4112(74LS112)、CT4076(74LS76)、CT4073(74LS73)等。CT4073(74LS73)排列如图5-3所示。

表5-2　JK触发器真值表

J	K	Q_{n+1}
0	0	Q_n
0	1	0
1	0	1
1	1	$\overline{Q_n}$

【例5-1】已知主从型JK触发器的J、K输入信号与时钟脉冲C的波形如图5-4所示，试画出输出端Q的波形。

解：设触发器初始状态为"0"。当第一个时钟脉冲下降沿到来时，由 J=1，K=0，触发器置 1，即 Q=1。第二个时钟脉冲下降沿到来时，由于 J=K=0，触发器输出状态不变，即 Q 仍为 1。当第三个时钟脉冲下降沿到来时，J=0，K=1，触发器置 0，Q=0。当第四个时钟脉冲下降沿到来时，J=K=1，触发器翻转，即 Q=1。输出端 Q 的波形如图 5-4 所示。

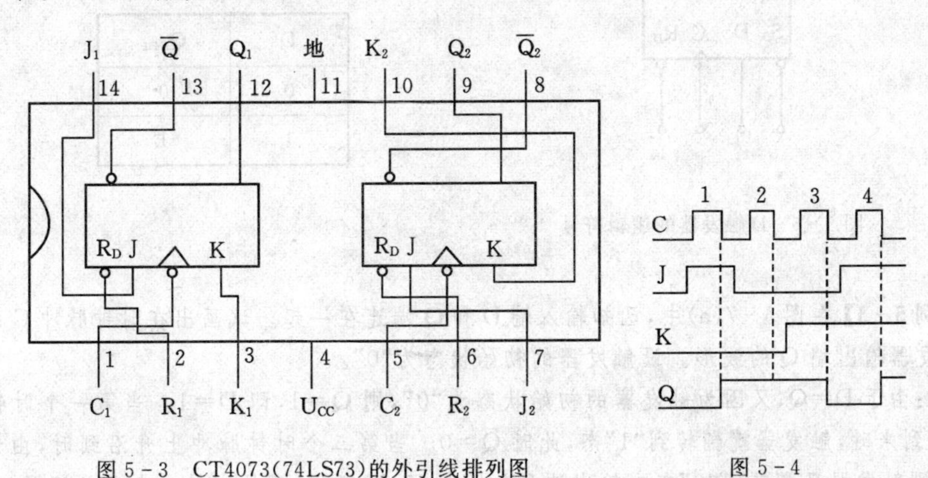

图 5-3　CT4073(74LS73)的外引线排列图　　图 5-4

【例 5-2】在图 5-5(a)所示的主从型 JK 触发器中，已知 J、K 输入端连在一起接高电平，试画出在时钟脉冲 C 的作用下输出端 Q 的波形。

解：设触发器的初始状态为"0"。由于 J=K=1，触发器处于计数状态，即每来一个脉冲，触发器翻转一次。输出波形如图 5-5(b)所示，可见它是一个 2 分频器。

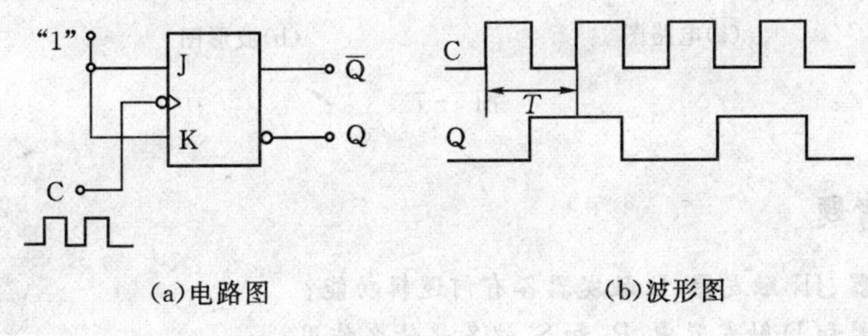

(a)电路图　　(b)波形图

图 5-5

能力知识点 3　D 触发器

如图 5-6 所示为维持阻塞型 D 触发器的逻辑符号。D 触发器有一个输入端 D，一个时钟脉冲控制端 C，两个输出端 Q 和 $\overline{Q}$，还有直接置位端 S_D 和直接复位端 R_D。D 触发器的逻辑功能如真值表 5-3 所示。结合 D 触发器的逻辑符号和真值表，可以看出，当时钟脉冲上升沿到来时，若触发器输入端 D 原来状态为 0，则触发器的输出状态也为 0；若触发器输入端 D 原来状态为 1，则触发器的输出状态也为 1。

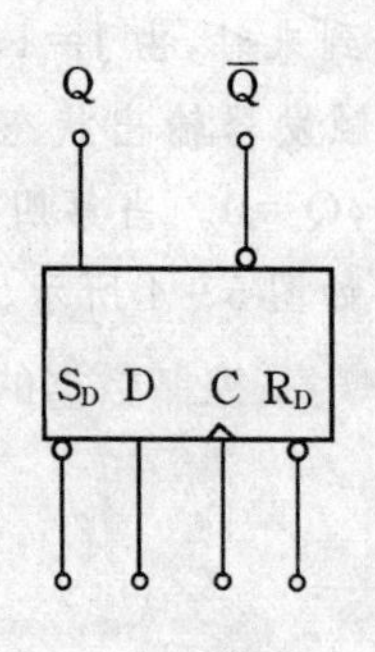

图 5-6 D触发器的逻辑符号

表 5-3 真值表

D	Q_{n+1}
0	0
1	1

【例 5-3】在图 5-7(a)中,已知输入端 D 和 $\overline{Q}$ 端连在一起。试画出在时钟脉冲 C 的作用下,触发器输出端 Q 的波形。设触发器的初始状态为"0"。

解:由于 $D=\overline{Q}$,又因为触发器的初始状态为"0",则 $\overline{Q}=1$,即 $D=1$。当第一个时钟脉冲上升沿到来时,触发器就翻转到"1"态,此时 $\overline{Q}=0$。当第二个时钟脉冲上升沿到时,由于 $D=\overline{Q}=0$,则触发器又翻转回"0"态。输出波形如图 5-7(b)所示,可见它是一个 2 分频器。

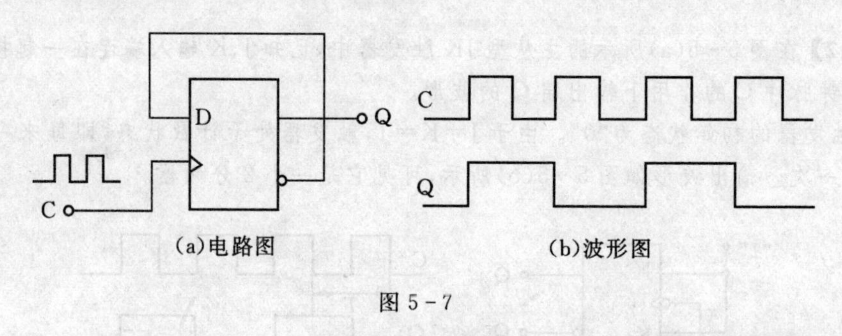

(a)电路图 (b)波形图

图 5-7

本节思考题

1. RS 触发器、JK 触发器、D 触发器各有何逻辑功能?

2. JK 触发器和 D 触发器中,R_D 和 S_D 端各起什么作用?

3. 时钟脉冲 C 起什么作用?主从型 JK 触发器和 D 触发器分别在时钟脉冲的上升沿触发还是下降沿触发?

*5.2 寄存器

寄存器属于时序逻辑电路,它是数字电路中的基本逻辑部件之一,用来暂存各种需要运算的数码和运算结果。例如,在数字计算机中,对于暂时不需要参与计算的数据或各种命令数据,先将它们存放在寄存器中,等到需要时,再将这些数据从寄存器中取出来。

凡是具有记忆功能的触发器都能寄存数据,一个触发器只能寄存一位二进制数码,寄存多位数码时,就需要多个触发器。寄存器就是由多个触发器组成的,根据寄存数据功能的不同,寄存器可分为两大类:数码寄存器和移位寄存器。这两种寄存器的不同之处是,移位寄存器除了有寄存数码的功能外，还具有移位的功能。

能力知识点1 数码寄存器

图5-8所示是由四个基本RS触发器及四个与非门(靠近输入端的与非门)组成的四位数码寄存器的逻辑图。$F_0 \sim F_3$的作用是存储数据，与非门的作用是控制数据的输入。

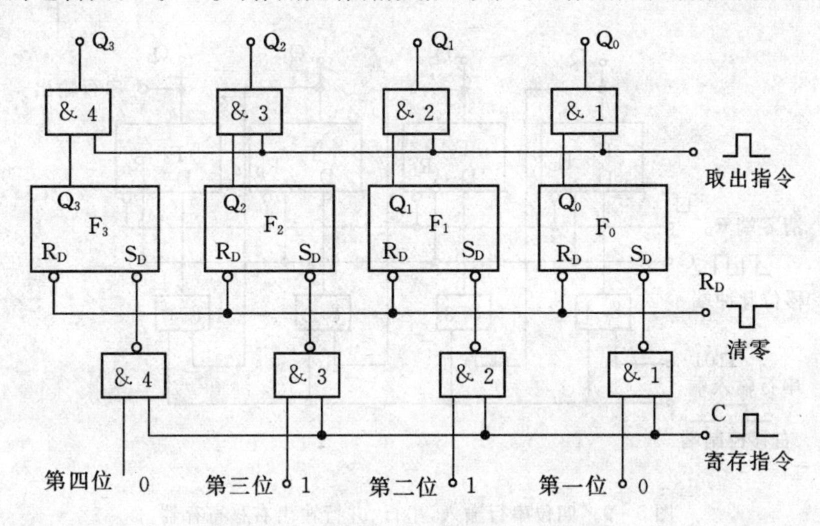

图5-8 由基本RS触发器组成的寄存器

数码寄存器的工作原理分析如下：

1. 清除数码

在寄存器存放数码之前，先将寄存器内部数码清除。具体做法是，首先在清零端给一个清零负脉冲，使$F_0 \sim F_3$触发器的R_D端为低电平，由于此时寄存指令为零，则$F_0 \sim F_3$的输出端为“0”态，为寄存数码作好准备。

2. 寄存数码

当寄存指令到来时(寄存指令为正脉冲)，外部输入数码才能被寄存器接收而存入寄存器之中。例如输入数码为0110，此时，与非门1和4的输出为1，触发器F_0和F_3状态不变，仍为“0”态，输出为0；与非门2和3的输出为0，则F_1和F_2置“1”，输出为1。可见，在寄存指令到来后，0110这个四位二进制数码就存入寄存器了。

数码寄存器存了数码之后，只要不清零，寄存器中的数码就将长久保持下去。

3. 取出数码

当需要从寄存器中取出数码时，可在取出指令端给一个取出指令(正脉冲)，数码0110就从数码输出端取出。

这种寄存器结构简单，应用广泛。另外还可以由四个D触发器及四个与门组成四位数码寄存器，在此不再赘述。

能力知识点2 移位寄存器

在数字系统中，常常需要将寄存器中的数码按照时钟的节拍向左或向右移位，即每来一个时钟脉冲，数码左移或右移一位(或多位)。

图 5-9 所示的电路是由四个 D 触发器组成的右移寄存器，它的输入输出方式是串行输入、串并行输出。所谓串行输入就是数码从一个触发器的输入端逐位送入。所谓串行输出就是数码从一个输出端逐位取出。所谓并行输出就是数码从各个触发器的输出端同时取出。

图 5-9 的时钟脉冲信号作为移位脉冲。寄存的数码是从与门 4 的输入端送入。输出可并行输出，也可以从触发器 F_0 的输出端逐位取出，即串行输出。

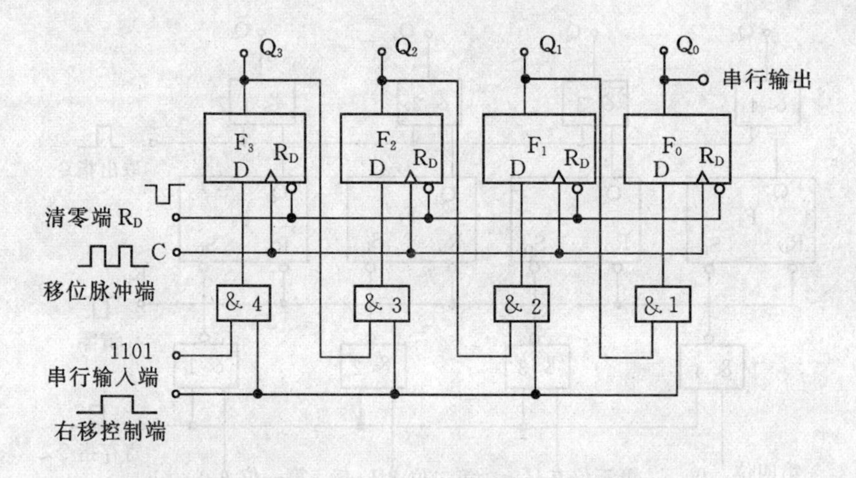

图 5-9　四位串行输入，串行、并行输出右移寄存器

移位寄存器的工作原理分析如下：

数码的移位操作由右移控制端控制，当右移控制端为高电平"1"时，各个与门打开，高一位触发器的输出才能通过与门 4、3、2、1 分别送入低一位触发器的 D 输入端；当控制端处于低电平时，各与门关闭，数码的移位寄存就不能进行。下面我们以送入数码 1101 为例分析右移过程。

数码 1101 按着时钟脉冲 C 的节拍从低位到高位依次送人第四个触发器 F_3 的输入端，未寄存数据之前，只将最低位"1"从与门 4 的输入端输入。首先触发器要清零，即 R_D 端给一个负脉冲，使 $F_3 \sim F_0$ 的输出状态为"0000"。然后右移控制端给高电平，触发器 $F_3 \sim F_0$ 的输入端分别为 $D_3=1, D_2=0, D_1=0, D_0=0$，为右移寄存作好准备。

当第一个移位脉冲 C 到来时，触发器的状态发生变化，$Q_3=1, Q_2=0, Q_1=0, Q_0=0$。触发器中的状态为"1000"，即在第一个移位脉冲 C 作用下，数码 1101 向右移了一位。

在第二个移位脉冲 C 到来之前，各触发器输入端状态为 $D_3=0, D_2=1, D_1=0, D_0=0$。当第二个移位脉冲 C 到来之后，$Q_3=0, Q_2=1, Q_1=0, Q_0=0$，触发器的状态为"0100"，即在第二个脉冲 C 作用下，数码 1101 又向右移了一位。

在第三个移位脉冲 C 到来之前，各触发器输入端状态为 $D_3=1, D_2=0, D_1=1, D_0=0$。在第三个移位脉冲到来之后，$Q_3=1, Q_2=0, Q_1=0, Q_0=0$，触发器输出状态为 1010，又向右移了一位。

在第四个移位脉冲 C 到来之前，各触发器输入端状态为 $D_3=1, D_2=1, D_1=0, D_0=1$。当第四个移位脉冲 C 到来之后，$Q_3=1, Q_2=1, Q_1=0, Q_0=1$。触发器输出状态为 1101。经过四个移位脉冲，数码 1101 全部向右送入移位寄存器之中。

右移过程为：0000　　1000　　0100　　1010　　1101

如果需要取出数码，可由每位触发器的输出端同时取出，即并行输出；也可以从最低位触发器输出端 Q_0 逐位取出，即每来一个时钟脉冲，取出一位数码，经过四个时钟脉冲，四位数码全部从寄存器中依次取出，这叫串行输出。

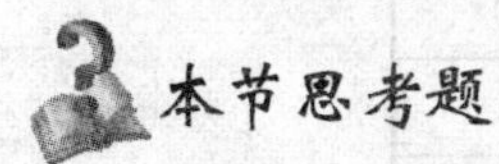

1. 数码寄存器和移位寄存器有什么区别？

2. 什么叫串行输入、串行输出、并行输入和并行输出？

5.3 计数器

在数字电路中，计数器也是基本逻辑部件之一，它能累计输入脉冲的数目。计数器可以进行加法计数和减法计数，或者进行两者兼有的可逆计数。计数器若从进位制来分，有二进制计数器、十进制计数器及 N 进制计数器。计数器若从时钟脉冲的控制方式来分，有异步计数器和同步计数器等。

能力知识点 1　二进制加法计数器

四位二进制的异步加法计数器如图 5－10 所示。它由 4 个 JK 触发器组成，需要计数的时钟脉冲不是同时加到各位触发器的 C 端，而是从最低位触发器的 C 端输入。其他各位触发器的时钟脉冲是由相邻低位触发器输出电平供给。

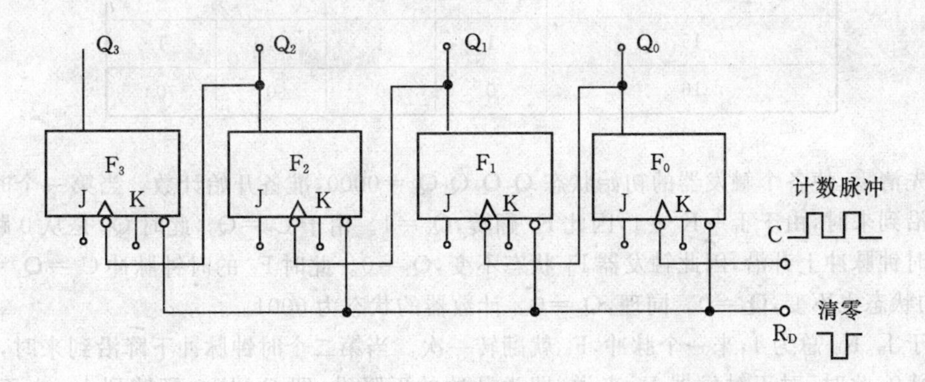

图 5－10　四位二进制的异步加法计数器

下面我们对图 5－10 所示四位二进制加法计数器进行计数分析。

(1)各触发器时钟脉冲 C 的表达式，即 $C_0=C$，$C_1=Q_0$，$C_2=Q_1$，$C_3=Q_2$。

(2)各个触发器输入信号的逻辑表达式，即 $J_0=K_0=J_1=K_1=J_2=K_2=J_3=K_3=1$(J、K 端悬空，相当于接高电平)。

(3)根据第(1)、(2)写出在时钟脉冲作用下，各触发器的状态(见表 5－4)。

表 5-4 四位二进制异步加法计数器计数脉冲与输出端状态对应关系表

计数脉冲数 C	输出端状态			
	Q_3	Q_2	Q_1	Q_0
0	0	0	0	0
1	0	0	0	1
2	0	0	1	0
3	0	0	1	1
4	0	1	0	0
5	0	1	0	1
6	0	1	1	0
7	0	1	1	1
8	1	0	0	0
9	1	0	0	1
10	1	0	1	0
11	1	0	1	1
12	1	1	0	0
13	1	1	0	1
14	1	1	1	0
15	1	1	1	1
16	0	0	0	0

首先清零，使各个触发器的初始状态 $Q_3Q_2Q_1Q_0=0000$，准备开始计数。当第一个时钟脉冲下降沿到来时，由于 $J_0=K_0=1$，因此 F_0 翻转，$Q_0=1$。由于 $C_1=Q_0$，此时 Q_0 是从 0 跳变到 1，属于时钟脉冲上升沿，因此触发器 F_1 状态不变，$Q_1=0$。此时 F_2 的时钟脉冲 $C_2=Q_1=0$，所以 F_2 的状态也不变，$Q_2=0$。同理，$Q_3=0$。计数器的状态为 0001。

由于 J_0、K_0 总为 1，来一个脉冲，F_0 就翻转一次。当第二个时钟脉冲下降沿到来时，Q_0 从 1 翻转到 0，此时，对于触发器 F_1 来说，即为脉冲的下降沿，即 Q_1 从 0 翻转到 1。由于 $C_2=Q_1$，此时，对触发器 F_2 来说，脉冲是上升沿，不具备翻转条件，因此，F_2 的状态不变。计数器的状态为 0010。

与上述同理，当第三个时钟脉冲下降沿到来时，F_0 从 0 翻转为 1，F_1、F_2、F_3状态不变，计数器的状态为 0011；第四个时钟脉冲下降沿到来时，F_0 从 1 翻转到 0，F_1 从 1 翻转到 0，F_2 从 0 翻转到 1，F_3 状态不变，计数器的状态为 0100；第五个脉冲到来时，计数器的状态为 0101……如此进行下去，一直到第十五个时钟脉冲下降沿到来时，计数器累计四位二进制数的最大值为 1111。当第十六个时钟脉冲下降沿到来时，各触发器的时钟脉冲均处于下降沿，满足翻转条件，计数器向高位进位，同时又返回到初始状态，$Q_3Q_2Q_1Q_0=0000$。计数过程中各触发器的具体状态如表 5-4 所示，而其工作波形如图 5-11 所示。

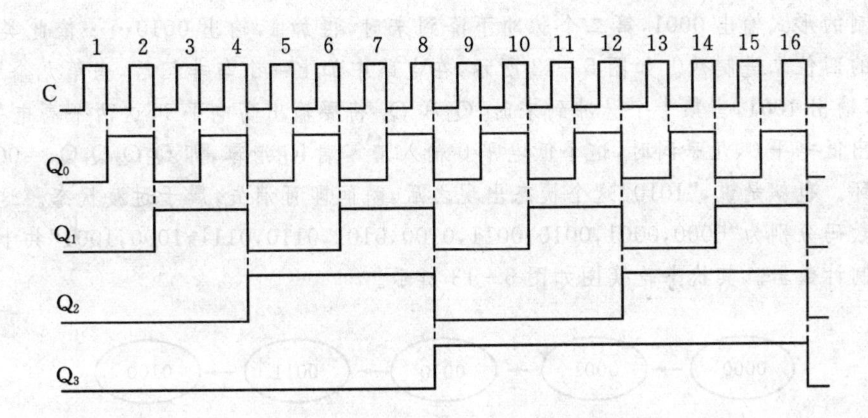

图 5-11　四位二进制计数器的工作波形

在二进制计数器中，由于每一级触发器有两个状态，四级共有 $4^2=16$ 个状态，所以它可以累计 16 个脉冲，第 16 个脉冲到来后电路返回初始状态。如果计数器由五位触发器组成，则五级共有 $2^5=32$ 个状态，所以它可以累计 32 个脉冲，第 32 个脉冲到来后，电路返回初始状态。依次类推，如果用 n 表示触发器的级数，那么相应的二进制计数器就可累计 2^n 个脉冲数。

同步二进制加法计数器的时钟脉冲同时加到各位触发器的时钟脉冲输入端，触发器是同时翻转的，因而提高了计数速度。具体原理在此不再分析。

能力知识点 2　N 进制计数器

如果用 n 表示触发器级数，那么 n 级触发器有 2^n 个状态，可累计 2^n 个计数脉冲。例如 $2^4=16$，计数器的状态循环一次可累计 16 个脉冲数，因此这种二进制计数器也可叫做十六进制计数器。若 $2^{n-1}<N<2^n$，就构成其他进制的计数器，叫做 N 进制计数器。例如我们常用的十进制计数器，其级数满足 $2^3<N<2^4$。若用三级触发器，只有 8 种状态，不够用；若用四级触发器，又多余 6 个状态，应设法舍去。因此在 N 进制计数电路中，必须设法舍去多余的状态。

下面通过例题说明 N 进制计数器的构成和计数原理。

【例 5-4】 试分析如图 5-12 所示的十进制异步计数电路的计数原理。

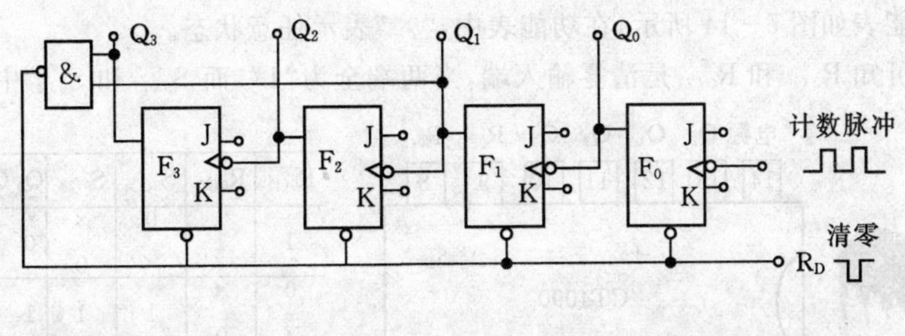

图 5-12

解：由图 5-12 可知，这是一个异步加法计数器。

如果去掉左上角的与非门，则它就是一个十六进制的加法计数器。它的计数方法是：第一步：清零，$Q_3Q_2Q_1Q_0=0000$；第二步开始计数：从时钟控制端输入一个脉冲，输出端就以一个四位二进制的形式输出 0001，第二个脉冲下降到来时，再加 1，输出 0010……依此类推，分别输出对应的四位二进制数。如图 5－12 所示，在电路中加上一个与非门后，当第九个脉冲到来时，计数器输出 1001，当第十个脉冲到来时，Q_3 和 Q_1 将要输出高电平 1，这两个高电平 1 经过与非门输出低电平 0，几乎同时，这个低电平 0 输入清零端 R_D 清零，即 $Q_3Q_2Q_1Q_0=0000$，进入下轮的循环。也就是说，“1010”这个状态出现之后，瞬间即可消失，属于过渡状态。这样，计数器输出的数码分别为“0000，0001，0010，0011，0100，0101，0110，0111，1000，1001”共十个数码，则为十进制计数器。其状态轮换图如图 5－13 所示。

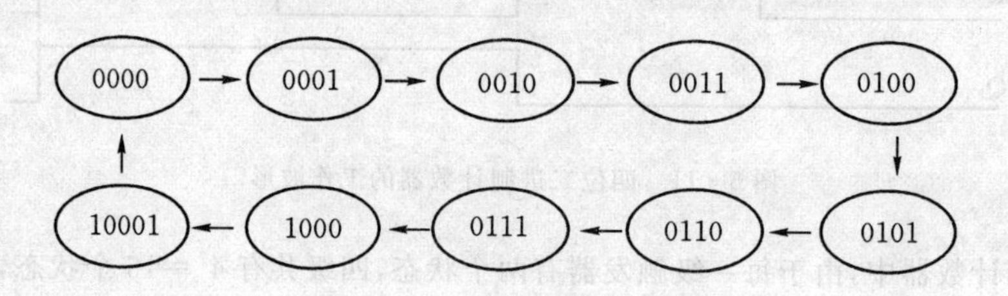

图 5－13　状态转换图

通过对上述例题分析可以发现，若要将十六进制计数器转换成一个 N 进制计数器，在输出端的适当位置加上一个与非门即可。如：与非门的输入端若接在 Q_2、Q_1 上，则可以输出的数码为 0000～0101 共 6 个，构成六进制计数器；与非门的输入端若接在 Q_3、Q_2 上，则可以输出的数码为 0000～1011 共 12 个，构成十二进制计数器……这种方法是将输出端的信号通过一定方法送回到输入端的清零端，所以称为反馈清零法。

能力知识点 3　集成计数器

目前我国已系列化生产出多种集成计数器，即将整个计数电路全部集成在一个单片上，使用起来极为方便。下面以 CT4090（74LS90）、CT4160（74LS160）、CT4161（74LS161）型计数器为例，说明集成计数器的管脚功能及使用方法。

1. CT4090（74LS90）集成计数器

CT4090 是一片 2－5－10 进制的计数器，由主从型 JK 触发器和附加门组成。其外形、管脚排列图和功能表如图 5－14 所示，在功能表中，“×”表示任意状态。

由功能表可知 $R_{0(1)}$ 和 $R_{0(2)}$ 是清零输入端，当两端全为“1”，而 $S_{9(1)}$ 和 $S_{9(2)}$ 中至少有一端

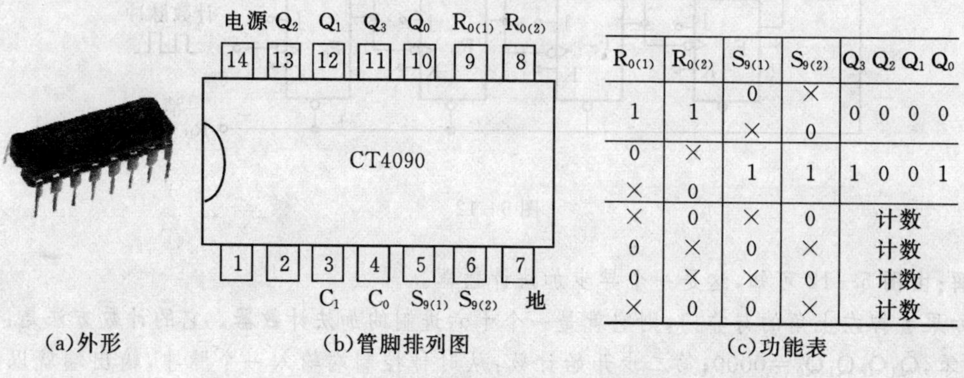

$R_{0(1)}$	$R_{0(2)}$	$S_{9(1)}$	$S_{9(2)}$	Q_3 Q_2 Q_1 Q_0
1	1	0	×	0 0 0 0
		×	0	
0	×	1	1	1 0 0 1
×	0			
×	0	×	0	计数
0	×	0	×	计数
0	×	×	0	计数
×	0	0	×	计数

(a)外形　(b)管脚排列图　(c)功能表

图 5－14　CT4090(74LS90)计数器

为“0”时，计数器清零。$S_{9(1)}$和$S_{9(2)}$是置9输入端，当两端全为“1”而$R_{0(1)}$和$R_{0(2)}$中至少有一端为“0”时计数器输出“1001”，即表示十进制数9。C_0和C_1是两个时钟脉冲输入端。

该计数器的计数功能如下：

(1)只从C_0端输入计数脉冲，由Q_0输出，其余输出端无效，则构成二进制计数器。

(2)只从C_1端输入计数脉冲，由$Q_3Q_2Q_1$输出，Q_0无效，则构成五进制计数器。

(3)将Q_0端与C_1端连接，在C_0端输入计数脉冲，由$Q_3Q_2Q_1Q_0$输出，则构成十进制计数器。

【例5-5】图5-15是由两片CT4090计数器组成的N进制计数器，试分析：

(1)两片CT4090各自接成几进制计数器。

(2)两片CT4090共同组成几进制计数器。

(3)画出Q_{31}和Q_{02}的波形图。

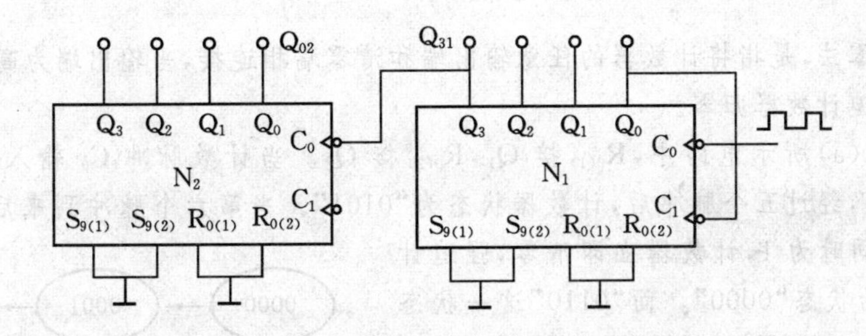

图5-15

解：(1)Q_0端与C_1端连接，时钟脉冲从C_0端输入，故N_1为十进制计数器；N_2计数器的时钟脉冲是从C_0输入，由Q_0输出，C_1悬空，没有脉冲信号输入，其他三位输出端无效，故N_2为二进制。

(2)N_1为十进制计数器，经过10个脉冲循环一次，每当第十个脉冲来到后，Q_3从1变为0，相当于一个脉冲下降沿，送入N_2(二进制计数器)的C_0端，使其开始计数。当N_1(十进制计数器)经过第一次10个脉冲后，N_2的Q_0从0变为1，计数为1；当N_1经过第二次10个脉冲后，N_2的Q_0从1变回到0，恢复到原状态，N_1也恢复到原状态0000。从以上分析可知，每来20个时钟脉冲，计数器的状态循环一次，故此计数器为二十进制计数器。

(3)N_1计数器中的Q_{31}和N_2计数器中的Q_{02}波形如图5-16所示。

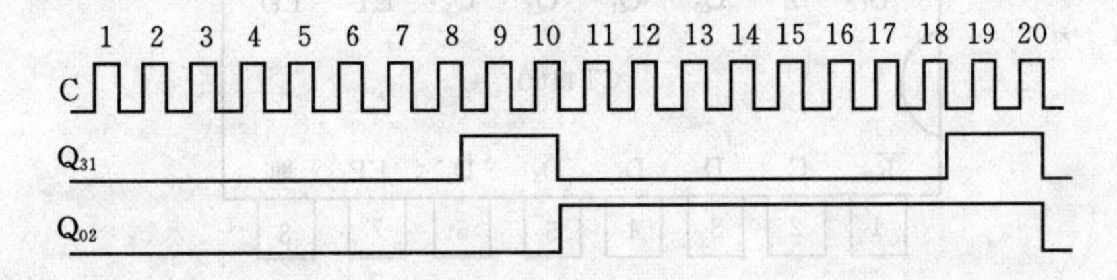

图5-16

按上面的接法使用CT4090，每个计数器只有3种进制，构成N进制计数器的进制种类不多。为了增加CT4090进制的种类，常采用“反馈清零法”，可使CT4090得到二至十之间的任意进制计数器。

【例 5-6】 图 5-17 中，采用“反馈清零法”将 CT4090 接成六进制和九进制计数器。试分析其计数原理。

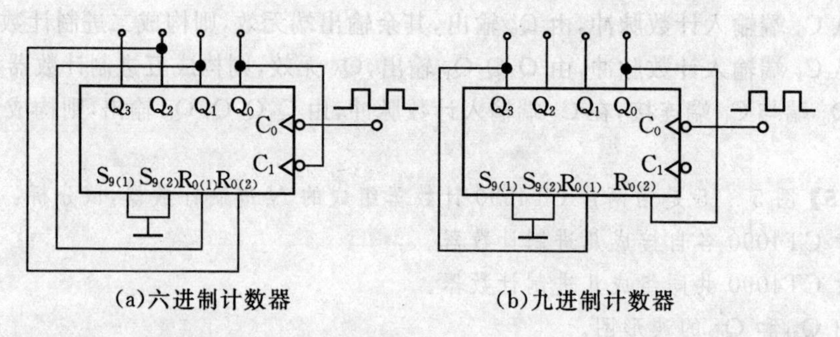

(a)六进制计数器　　(b)九进制计数器

图 5-17

解：反馈清零法，是指将计数器的任意输出端和清零端相连接，当输出端为高电平时，清零端立即清零，强迫计数器归零。

在图 5-17(a)所示电路中，$R_{0(1)}$ 接 Q_1，$R_{0(2)}$ 接 Q_2。当计数脉冲 C_0 输入时，计数器从“0000”开始计数，经过五个脉冲后，计数器状态为“0101”。当第六个脉冲到来后，Q_1 变为 1，使 $R_{0(1)}$ 和 $R_{0(2)}$ 同时为 1，计数器立即清零，强迫计数器返回到初始状态“0000”。而“0110”这一状态出现后瞬间即可消失，属于过渡状态。计数器输出的数码分别为“0000,0001,0010,0011,0100,0101”共六个数码，则为六进制计数器。其状态转换图如图 5-18 所示。

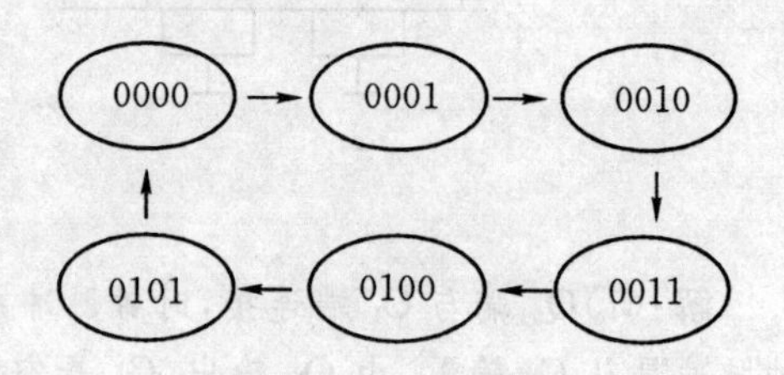

图 5-18　状态轮换图

同理，图 5-17(b)所示电路为九进制计数器，读者可自行分析其计数原理。

2. CT4160 (74LS160) 集成计数器

CT4160(74LS160)是具有预置数功能的四位同步十进制计数器，内部逻辑电路由 JK 触发器和附加门组成，其管脚排列如图 5-19 所示，功能表见表 5-5。

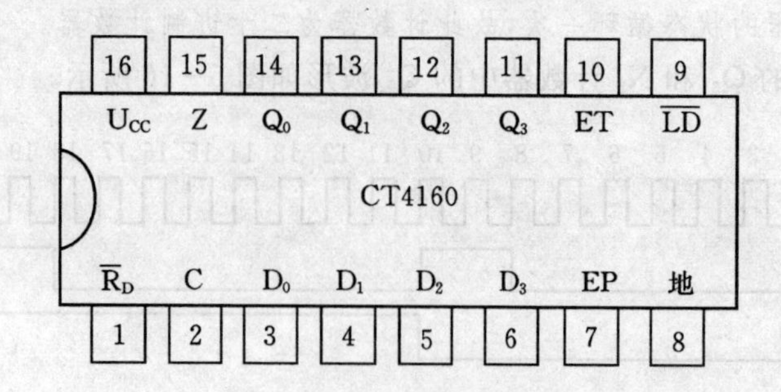

图 5-19　CT4160(74LS160)管脚排列

表 5-5 CT4160(74LS160)的功能表

C	$\overline{R}_D$	$\overline{LD}$	EP ET	工作状态
×	0	×	× ×	置零
↑	1	0	× ×	预置数
×	1	1	0 1	保持
×	1	1	× 0	保持(但 Z=0)
↑	1	1	1 1	计数

根据管脚排列图和功能表可知,CT4160(74LS160)各管脚的功能如下:

(1)$D_3 \sim D_0$ 是预置数据输入端。当$\overline{R}_D=1$,$\overline{LD}=0$ 时,在 C 脉冲上升沿将 $D_3 \sim D_0$ 的数据送入计数器中,使计数器输出状态 $Q_3 \sim Q_0$ 为 $D_3 \sim D_0$ 的状态。

(2)$\overline{R}_D$ 为异步复位端,低电平有效。当 $\overline{R}_D=0$ 时,计数器的输出状态为"0000"。

(3)$\overline{LD}$为同步置数端,低电平有效。当$\overline{LD}=0$,$\overline{R}_D=1$ 时,在时钟脉冲 C 上升沿将 $D_3 \sim D_0$ 的数据送入计数器,使计数器输出状态为 $D_3 \sim D_0$ 的状态。

(4)EP、ET 为计数控制端,高电平有效。当 $\overline{R}_D=1$,$\overline{LD}=1$,EP=ET=1 时,在 C 脉冲的上升沿,计数器处于计数状态;当 EP、ET 不同时为 1 时,计数器处于保持状态;

(5)C 为同步计数脉冲,上升沿有效。计数器实现预置数和计数功能,必须受时钟脉冲 C 的控制,即在时钟脉冲 C 的上升沿到来时,计数器才能预置数和计数。

(6)Z 为进位端。当 ET=1 时,且计数器状态为"1111"时,Z 端才为高电平,产生进位。

【例 5-7】试用预置数功能将 CT4160 计数器接成六进制计数器。

解:由于 CT4160 计数器的预置数功能是$\overline{LD}$为低电平时计数器置数,所以$\overline{LD}$端要和一个与非门的输出端相连,具体逻辑电路如图 5-20 所示。

在图 5-20 中,将 D_3—D_0 接地,即预置数为"0000"。EP=ET=$\overline{R}_D$=1,接成计数状态。与非门的两个输入端分别与 Q_2 和 Q_0 相连接;与非门的输出端与置数端$\overline{LD}$相连接。

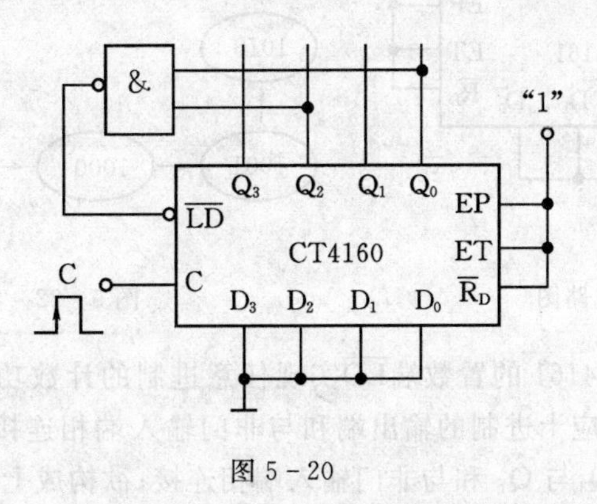

图 5-20

首先用 $\overline{R}_D$ 端(令 $\overline{R}_D=0$)将计数器清零,即 $Q_3Q_2Q_1Q_0=0000$。计数器清零后,$\overline{R}_D$ 恢复高电平,计数器准备计数。第一个脉冲上升沿到来时,输出 $Q_3Q_2Q_1Q_0=0001$,第二个脉冲上升

沿到来时，输出 $Q_3Q_2Q_1Q_0$＝0010，如此下去，当第五个脉冲上升沿到来时，输出 $Q_3Q_2Q_1Q_0$＝0101。此时与非门的两个输入端均为 1，所以输出为 0，使 $\overline{LD}$ 为 0，计数器停止计数，而去准备接收数据输入端 D_3～D_0 的预置数据。当第六个脉冲上升沿到来时，$D_3D_2D_1D_0$＝0000 的数据就置入计数器，从而使计数器置数，即 $Q_3Q_2Q_1Q_0$＝0000。从此，计数器开始循环以上计数过程。它可以输出的数码为“0000、0001、0010、0011、0100、0101”共六个，构成六进制计数器。

小知识

用 $\overline{R}_D$ 端也可以将 CT4161 计数器构成 N 进制计数器，但是由于清零信号持续时间过短，使计数器工作不可靠，导致电路出现误动作；在前面介绍的 CT4090 组成 N 进制计数器时，其输出出现过渡状态（产生毛刺），使计数工作不可靠，所以在实际应用中要外接附加电路，保证电路工作可靠。

3. CT4161（74LS161）集成计数器

CT4161 是具有置数功能的四位二进制同步加法计数器（十六进制计数器），其内部电路也是由 JK 触发器和附加门组成，其管脚排列和功能表同 CT4160。利用 CT4161 也可以构成十六以内的任意进制计数器。

【例 5-8】 试用 CT4161 计数器组成十二进制计数器。

解： 用置数端 $\overline{LD}$ 实现十二进制计数功能，逻辑电路如图 5-21 所示。从图中可以看出，预置数仍为“0000”，每来一个脉冲，计数器加 1。当第 11 个脉冲上升沿到来时，其状态为 $Q_3Q_2Q_1Q_0$＝1011。此时与非门的输出由 1 变为 0，输入 $\overline{LD}$，准备置数。当第 12 个脉冲上升沿到来时，$D_3D_2D_1D_0$＝0000 的数据就置入计数器，输出全为 0，实现十二进制计数的功能。其状态转换图如图 5-22 所示。

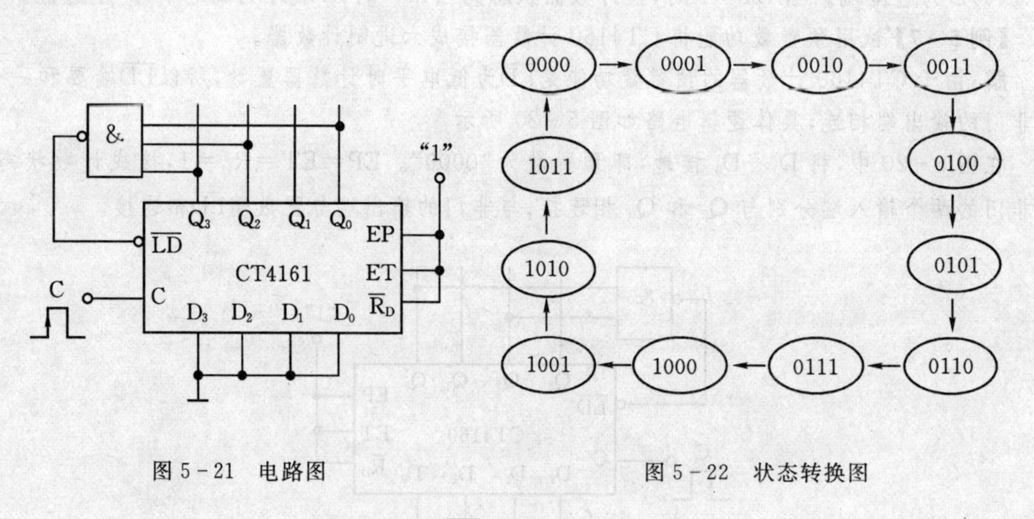

图 5-21 电路图　　　图 5-22 状态转换图

可见，如果想要用 CT4161 的置数端 $\overline{LD}$ 实现任意进制的计数功能，将逻辑电路中与非门的输入端按四位二进制对应十进制的输出端和与非门输入端相连接即可。如：欲构成十进制计数器，10＝$(1010)_2$，将 Q_3 与 Q_1 和与非门输入端相连接；欲构成七进制计数器，7＝$(0111)_2$，将 Q_2、Q_1、Q_0 和与非门的输入端相连接即可，依此类推。

【例 5-9】 已知计数、译码显示电路如图 5-23 所示，试分析其工作原理。

解： 这是一个十进制计数译码显示电路，由计数器、译码器和显示器 LED 组成。其中计数器使用的是同步二进制计数器 CT4161，利用$\overline{LD}$端置数，接成十进制计数器；译码器使用的是七段译码器 74LS47，低电平有效；显示器使用的是共阳极接法的数码管，低电平点亮各字段。

按图 5-23 接好线路，接通 5 V 电源，在时钟脉冲 C 到来时，CT4161 开始计数，随之译码器 74LS47 接收计数器的输出代码，翻译成十进制数，由数码管显示出来。

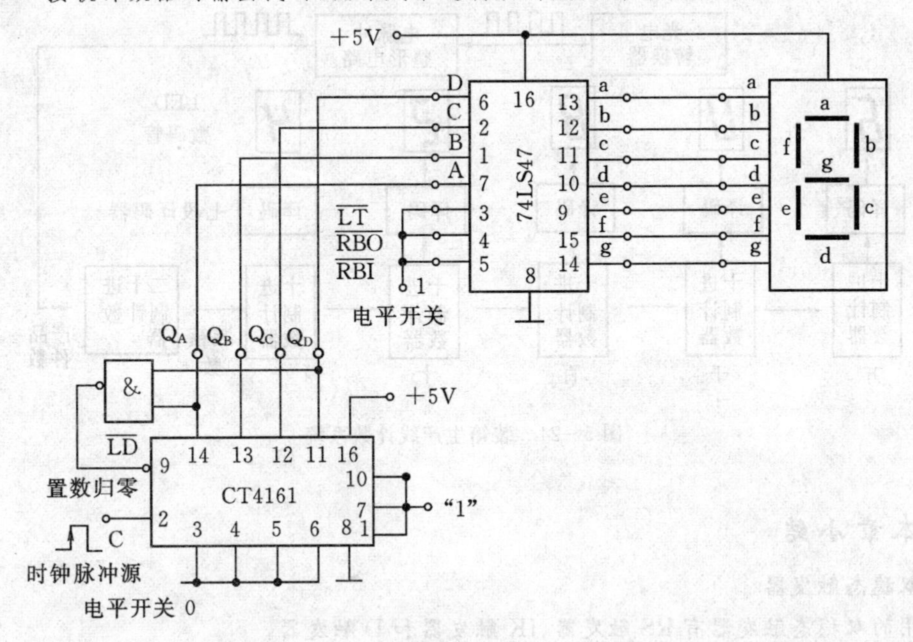

图 5-23

由于集成计数器种类很多，使用时可根据实际应用的需要灵活选取。

学习了数字电路的有关知识，现举下面应用实例。通过该题的综合性框图，可以对数字电路的综合应用有个整体概念。

【例 5-10】 现有一条啤酒装箱生产线，每天传送产品上万箱，每箱内装 20 件产品。试拟出该生产线自动装箱的计数、译码和数字显示电路的方案图，并说明其计数原理。

解： 该装箱生产线的计数系统框图如图 5-24 所示，其中包括光源、传送带、电脉冲电路、计数电路、译码电路和数码管等几个部分。

每件产品经过光源时，光源都被遮挡一次，光电变换器就输出一个电脉冲信号，经过脉冲整形电路整形，输出一个标准电脉冲。多件产品经过光源时，就产生一个标准脉冲串，脉冲的个数就表示产品的件数。标准脉冲串首先送入二十进制计数器，表示每二十件产品装一箱。经二十进制计数后，进行装箱计数，再送入十进制计数系统计算箱数。五位十进制计数器经七段译码后，五个数码管顺序显示产品的箱数。

本节思考题

1. 用反馈清零法将 CT4090 构成七进制计数器。

2. CT4160 和 CT4160 的置数端$\overline{LD}$的作用是什么？

3. 在图 5-24 电路中，如果一箱装 12 件产品，生产线日传送几十万箱，该系统框图该如何改变？

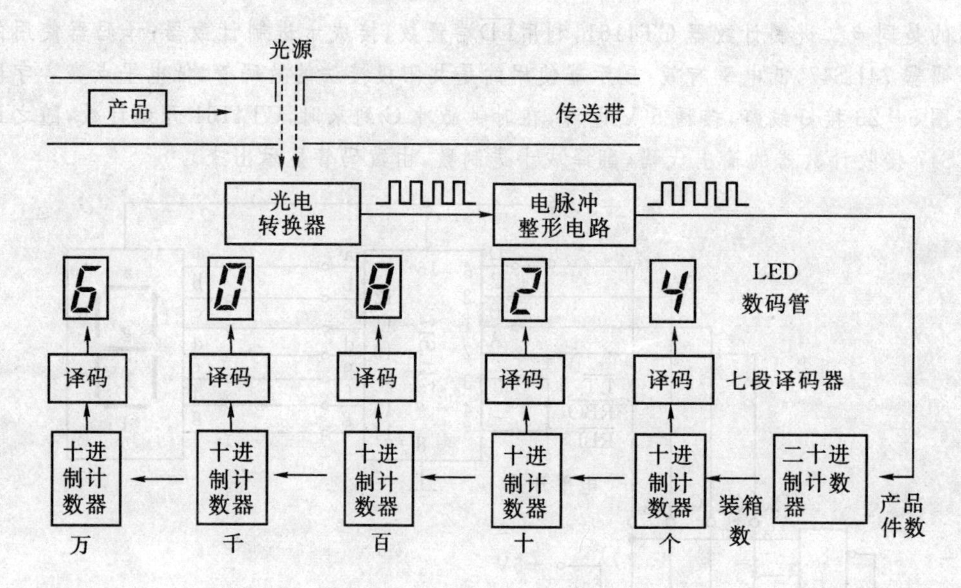

图 5-24　装箱生产线计数系统

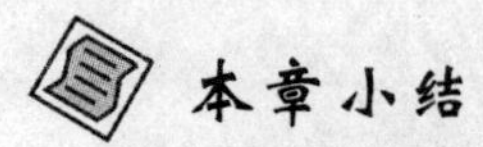

本章小结

1. 双稳态触发器

常用的双稳态触发器有 RS 触发器、JK 触发器和 D 触发器。

(1)基本 RS 触发器是各种触发器的基本组成部分，它具有置"1"、置"0"和保持不变这三种逻辑功能。其中置 0 端 R_D和置 1 端 S_D分别可作为直接复位端和直接置位端。

(2)JK 触发器具有置"0"、置"1"、计数、保持四种逻辑功能。主从型 JK 触发器是在时钟脉冲的下降沿翻转。

(3)D 触发器具有置"0"、置"1"两种逻辑功能。维持阻塞型 D 触发器是在时钟脉冲的上升沿翻转，触发器输出状态只取决于时钟脉冲上升沿到来之前的 D 输入端状态。

触发器的应用很广，常常用来组成寄存器、计数器等逻辑部件。

2. 寄存器

寄存器是用来存放数码或指令的基本部件。它具有清除数码、接收数码、存放数码和传送数码的功能。寄存器可分为数码寄存器和移位寄存器。移位寄存器除了有寄存数码的功能外，还具有移位的功能。

3. 计数器

计数器是能累计脉冲个数的部件。从进位制来分，有二进制计数器和 N 进制计数器两大类。从计数脉冲是否同时加到各个触发器来分，又有异步计数器和同步计数器。

二进制加法计数器能累计 2^n 个脉冲数，其中 n 为触发器的级数。异步二进制加法计数器的时钟脉冲只加到最低位触发器上，高位触发器的触发脉冲由相邻的低位触发器供给。异步二进制加法计数器是逐级翻转的。同步二进制加法计数器的时钟脉冲同时加到各位触发器的时钟脉冲输入端，触发器是同时翻转的，因而提高了计数速度。

利用反馈清零法和反馈置数法可以构成 N 进制计数器。常用的集成计数器有 CT4090(74LS90)、CT4160(74LS160)、CT4161(74LS161)等几种。

4.各种计数器分析的步骤

(1)写出各个触发器输入信号的逻辑表达式，对于异步计数器，还应写出高位触发器的时钟脉冲 C 表达式；

(2)列出状态表；

(3)分析逻辑功能。

本章习题

A级

5.1　设维持阻塞型 D 触发器的初始状态 Q 为 0，时钟脉冲 C 和 D 输入端信号如题图 5-1 所示，试画出输出端 Q 的波形。

5.2　设主从型 JK 触发器的初始状态为 0，时钟脉冲 C 及两输入信号如题图 5-2 所示，试画出 JK 触发器输出端的波形。

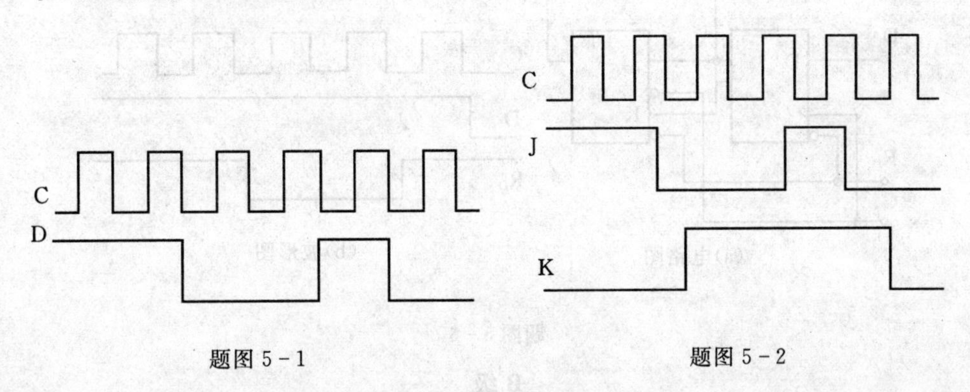

题图 5-1　　　题图 5-2

5.3　试画出题图 5-3 所示电路在 6 个时钟脉冲作用下输出端 Q 的波形。设初始状态 $Q_0=Q_1=0$。

5.4　在题图 5-4(a)所示电路中，已知输入端 D 和时钟脉冲 C 的波形如题图 5-4(b)所示，试画出输入端 Q 的波形，设初始状态 Q=0。

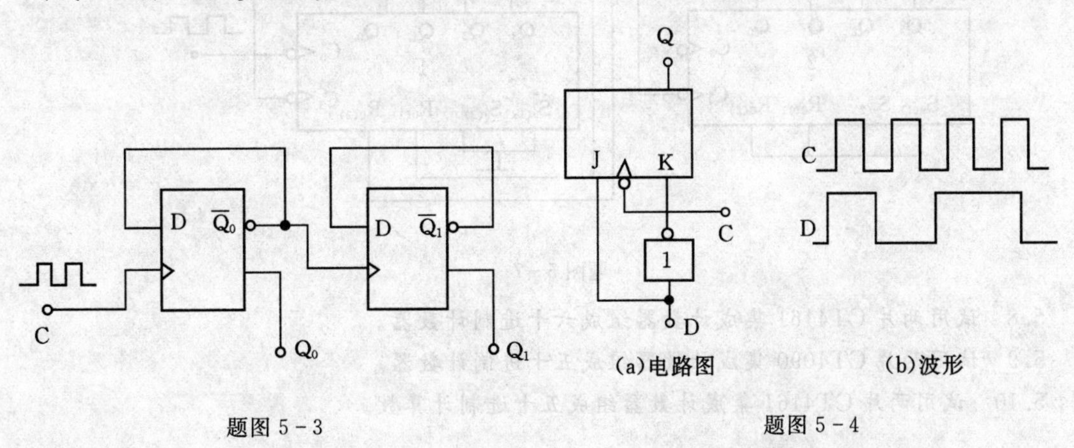

题图 5-3

(a)电路图　　(b)波形

题图 5-4

5.5　试画出题图 5-5(a)所示电路在时钟脉冲 C 的作用下 Q_0、Q_1 的波形，设初始状态 $Q_0=Q_1=0$。

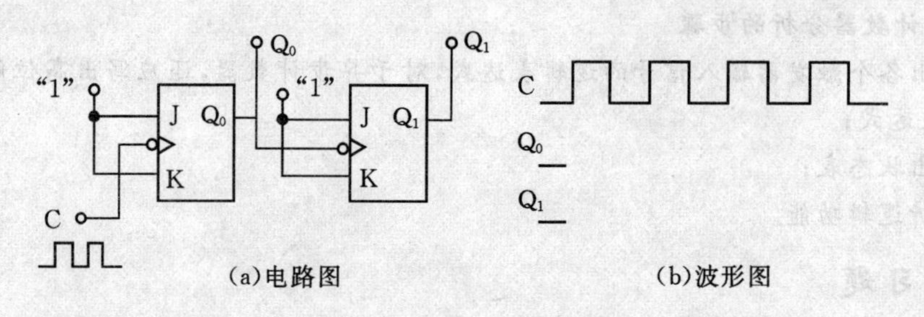

题图 5-5

5.6　已知逻辑电路及相应的 C、R_D 和 D 的波形如题图 5-6 所示，试画出输出端 Q_0、Q_1 的波形，设初始状态 $Q_0=Q_1=0$。

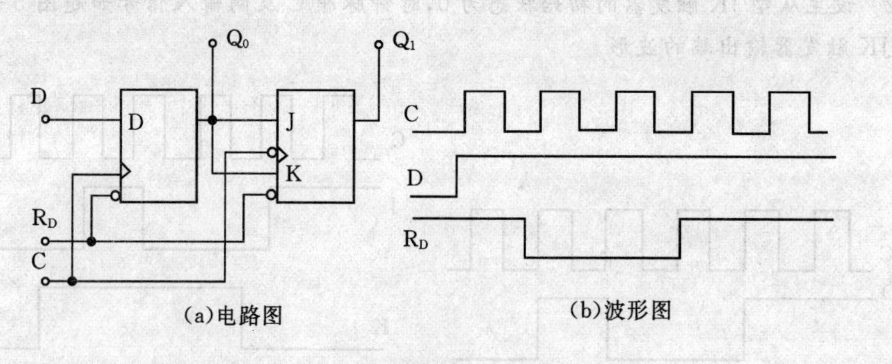

题图 5-6

B 级

5.7　由两片 CT4090 计数器构成的 N 进制计数器如题图 5-7 所示，试分析其进制功能。

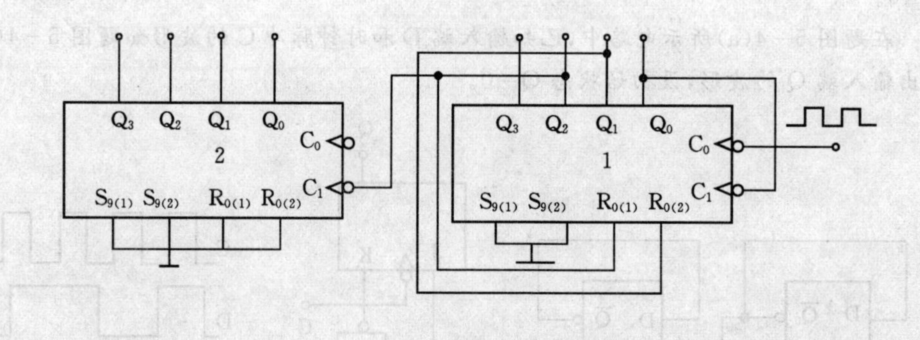

题图 5-7

5.8　试用两片 CT4161 集成计数器组成六十进制计数器。

5.9　试用两片 CT4090 集成计数器组成五十进制计数器。

5.10　试用两片 CT4161 集成计数器组成五十进制计算数。

*第6章 振荡电源

学习目标

1. 知识目标

(1)掌握LC正弦波振荡电路的振荡条件及特性。

(2)掌握RC正弦波振荡电路的振荡条件及特性。

(3)掌握555集成定时器的管脚排列及特性。

2. 能力目标

(1)能够对LC或RC正弦波振荡电路进行振荡分析并会计算振荡频率。

(2)能够熟悉555集成定时器的管脚排列、功能及特性。

知识分布网络

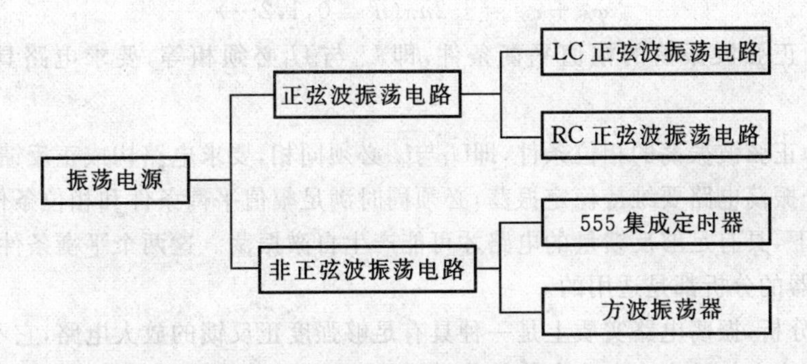

6.1 正弦波振荡电源

正弦波振荡电路是一种工作在特殊状态下的放大电路,它不需要外加输入信号,而是利用自身的正反馈产生正弦波输出信号。本章在反馈放大电路的基础上,分析振荡产生的条件和振荡电路的基本工作原理。

输入端不外接信号,放大电路本身就可以输出指定频率和幅值的信号,则称该电路产生了自激振荡。对于放大电路来说,自激现象是十分有害的,它将使放大电路无法正常工作,因此应当设法加以避免和消除。但是,对于正弦波振荡电路来说,它正是利用自激振荡来产生一定频率和幅度的正弦交流信号输出。正弦波振荡电路作为电子技术领域中最常见的信号源之一,在测量、自动控制和广播通信等领域均有广泛的应用。

1. 自激振荡的平衡条件

图6-1是自激振荡电路产生的方框示意图。当开关S置1时,信号源$\dot{U}_i$加到输入端构成

基本放大电路，其放大倍数为：

$$\dot{A}=\frac{\dot{U}_o}{\dot{U}_i} \tag{6.1}$$

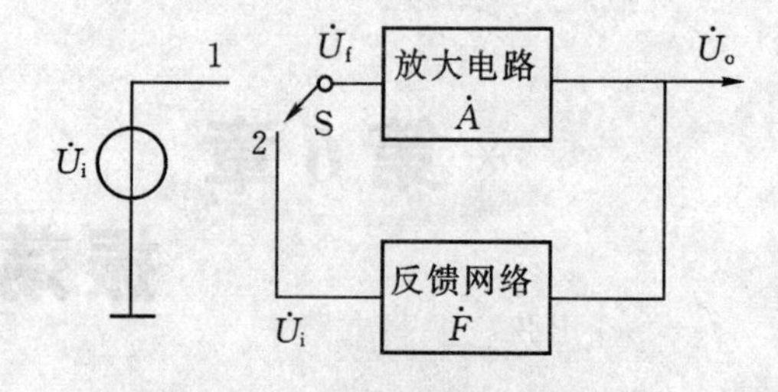

图 6-1 自激振荡电路的方框图

当开关 S 置 2 时，该放大电路的输出信号通过一个反馈网络再加到输入端，则可能形成自激振荡。反馈网络的反馈系数为

$$\dot{F}=\frac{\dot{U}_f}{\dot{U}_o} \tag{6.2}$$

对于该自激振荡电路而言，假如$\dot{U}_f=\dot{U}_i$，即反馈信号等于输入信号，则可以维持输出信号$\dot{U}_o$的稳定。此时，$\dot{U}_0=\dot{A}\dot{U}_i=\dot{A}\dot{U}_f=\dot{A}\dot{F}\dot{U}_0$。可见，要维持输出信号$\dot{U}_o$不变，则要求正弦波自激振荡的平衡条件为

$$\dot{A}\dot{F}=1 \tag{6.3}$$

令 $\dot{A}=A\angle\varphi_A$，$\dot{F}=F\angle\varphi_F$

则要求

$$|\dot{A}\dot{F}|=AF=1 \tag{6.4}$$

$$\varphi_A+\varphi_F=\pm 2n\pi(n=0,1,2\cdots) \tag{6.5}$$

式(6.4)为正弦波振荡的幅值平衡条件，即 U_f 与 U_i 必须相等，要求电路具有足够的反馈量。

式(6.5)为正弦波振荡的相位条件，即$\dot{U}_f$与$\dot{U}_i$必须同相，要求电路构成正反馈。

可见，一个振荡电路要维持稳定振荡，必须同时满足幅值平衡条件和相位条件。只有当在正反馈的条件下，具有足够反馈量的电路才可能产生自激振荡。这两个平衡条件，对于任何类型的反馈振荡器的分析都是适用的。

通过上面分析，振荡电路实质上是一种具有足够强度正反馈的放大电路，它不需要输入信号，是一种将直流电能转变为交流电能的能量转换器。

2. 振荡的建立与稳定

振荡电路不需外接信号源，那么起始信号从何而来呢？当振荡电路刚与电源接通时，电路中电量的波动以及噪声等，都会引起微小的扰动信号，这些微扰信号包含许多不同频率成分的谐波分量，即起始信号。为了得到单一频率的正弦波输出，振荡电路还必须包括选频网络，通过选频网络选择某一特定频率 f_0。若该频率满足自激振荡要求的幅度和相位条件，那么该振荡电路就能获得频率为 f_0 的正弦波输出信号。

起振时，为了使振荡幅度从无到有建立起来，达到所需一定幅值的输出电压，要求电路在满足相位平衡的条件下，同时满足

$$AF>1 \tag{6.6}$$

式(6.6)称为起振的幅值条件。频率为 f_0 的微扰信号通过“放大→输出→反馈→放大……”的反复循环，逐渐由小变大，f_0 以外的其他频率成分因不满足振荡条件而逐渐衰减下去。

振荡电路起振后，输出信号将随时间逐渐增大，而这种增大不是无限的，由于电路中晶体管组件的非线性，电压放大倍数 A 将随振荡幅度的增大而自动减小，最后达到 $AF=1$，使振荡

电路稳定在一定振荡幅度上。从 $AF>1$ 自动变为 $AF=1$ 的过程，就是振荡电路自激振荡的建立和稳定过程。

3. 正弦波振荡电路的组成与分析方法

鉴于上述分析，正弦波振荡电路一般由四个基本部分组成：①基本放大电路；②构成正反馈的反馈网络；③选频网络；④保持输出幅度稳定的稳幅环节。

在很多正弦波振荡电路中，选频网络和反馈网络常常结合在一起，也就是说，同一个网络既有选频作用，又兼有反馈作用。根据选频网络所用组件的不同，正弦波振荡电路分为 RC 正弦波振荡电路、LC 正弦波振荡电路和石英晶体正弦波振荡电路。对于振荡电路通常可以采取下列步骤进行分析。

(1)判断能否起振。

①检查电路是否具有正弦波振荡电路的组成部分，各部分电路能否正常工作。

②分析电路是否满足相位平衡条件，即判断反馈网络是否引入正反馈。

③判断电路是否满足幅度起振条件。一般放大电路的放大倍数 A 都比较大，起振条件 $AF>1$ 比较容易满足。

(2)估算振荡频率。电路的振荡频率由相位平衡条件来决定。从 $\varphi_A+\varphi_F=\pm 2n\pi$，即可求得满足振荡条件的频率 f_0。

4. RC 正弦波振荡电路

RC 正弦波振荡电路是一种低频振荡电路，其振荡频率一般从几赫兹到几百赫兹。其中应用较为广泛的桥式 RC 正弦波振荡电路如图 6－2 所示。从电路构成上来看，桥式 RC 正弦波振荡电路包括基本放大器和选频网络两个部分。下面分别讲述 RC 选频网络和振荡电路的基本工作原理。

(1)RC 串并联选频电路。在 RC 正弦波振荡电路中，RC 串并联电路具有选频和反馈的双重作用。如图 6－3 所示，RC 串并联电路对输出信号 $\dot{U}_0$ 进行采样，并利用 RC 并联部分引出的

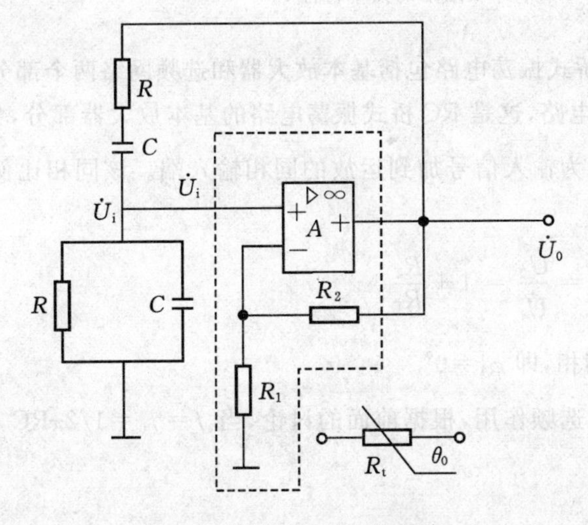

图 6－2 RC 正弦波振荡电路

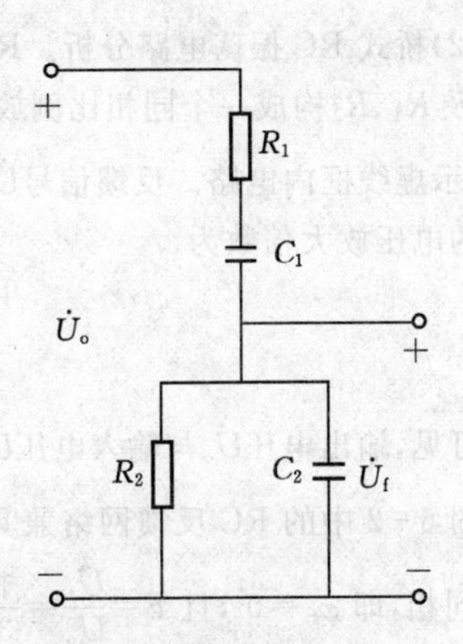

图 6－3 RC 串并联选频网络

反馈电压$\dot{U}_f$，作为输入信号加到运放的同相输入端。在图 6-3 所示的由 R_1、C_1、R_2、C_2 构成的串并联选频电路中，令 $\dot{F}=\frac{\dot{U}_f}{\dot{U}_0}$，则 $\dot{F}$ 对应的幅频特性曲线和相频特性曲线分别如图 6-4(a)和(b)所示。

当电路参数满足 $R_1=R_2$，$C_1=C_2$ 时，RC 串并联选频电路的谐振频率为

$$f_0 = 1/2\pi RC \tag{6.7}$$

根据图 6-4(a)所示的幅频特性曲线，$\dot{U}_f$和$\dot{U}_0$的幅度之比在 f_0 处有

$$\frac{\dot{U}_f}{\dot{U}_0} = \frac{1}{3} \tag{6.8}$$

也就是说，当 $f=f_0=1/2\pi RC$ 时，$\dot{U}_f$ 与$\dot{U}_o$同相，同时$\dot{U}_f$ 的幅值达到最大，等于$\dot{U}_0$ 幅值的1/3。

根据图 6-4(b)所示的相频特性曲线，在谐振频率 f_o 处，R_2、C_2 并联电路两端引出的反馈电压$\dot{U}_f$相对于$\dot{U}_0$的相位偏移为 $\varphi_F=0°$。

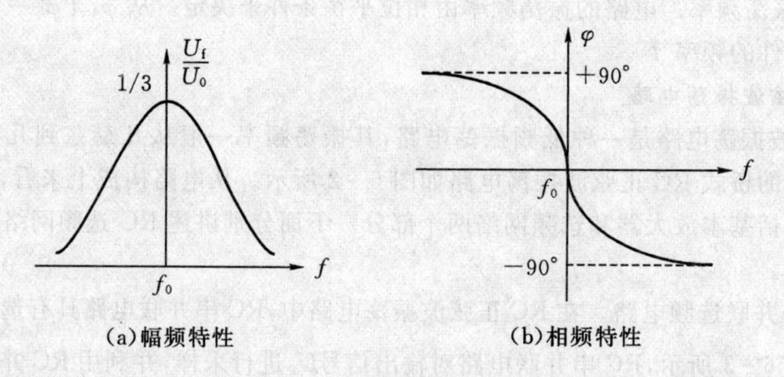

图 6-4　RC 串并联网络的频率特性

(2)桥式 RC 振荡电路分析。RC 桥式振荡电路包括基本放大器和选频网络两个部分。运放 A 及 R_1、R_2构成一个同相比例放大电路，这是 RC 桥式振荡电路的基本放大器部分，如图 6-2 所示虚线框内电路。反馈信号$\dot{U}_f$作为输入信号加到运放的同相输入端。该同相比例运算电路的电压放大倍数为

$$\dot{A} = \frac{\dot{U}_0}{\dot{U}_i} = 1 + \frac{R_2}{R_1} \tag{6.9}$$

可见，输出电压$\dot{U}_o$与输入电压$\dot{U}_i$同相，即 $\varphi_A=0°$。

图 6-2 中的 RC 反馈网络兼具有选频作用，根据前面的讨论，当 $f=f_0=1/2\pi RC$ 时，$\dot{U}_f$ 与$\dot{U}_o$同相，即 $\varphi_F=0°$，且 $F=\frac{U_f}{U_o}=\frac{1}{3}$。

可见，在谐振频率 f_0 处，$\varphi_A=\varphi_F=0°$，此选频网络同时对基本放大器形成正反馈，满足自激振荡的相位条件。其电路振荡频率为：

$$f = f_0 = 1/2\pi RC \tag{6.10}$$

当 $R_2=2R_1$ 时，$A=3$，则 $AF=1$，满足自激振荡的幅值条件。若 $R_2>2R_1$，则 $AF>1$，可以满足自激振荡的起振条件。

图 6-2 中的 R_2 常选用负温度系数的热敏电阻 R_t。当振荡幅度增大时，流过 R_t 的电流也增大，于是电阻的温度升高，导致其阻值下降，基本放大器内的负反馈加强，使得放大倍数 $\dot{A}$ 减小，从而抑制了振荡幅度的增大，起到自动稳幅的作用。当振荡幅度减小时，其变化过程与上述相反。

【例 6-1】 电路如图 6-5 所示。$R_1=R_2=5\ \text{k}\Omega$，$C_1=C_2=0.05\ \mu\text{F}$。判断该电路可能起振吗？若能，求振荡频率 f_0。

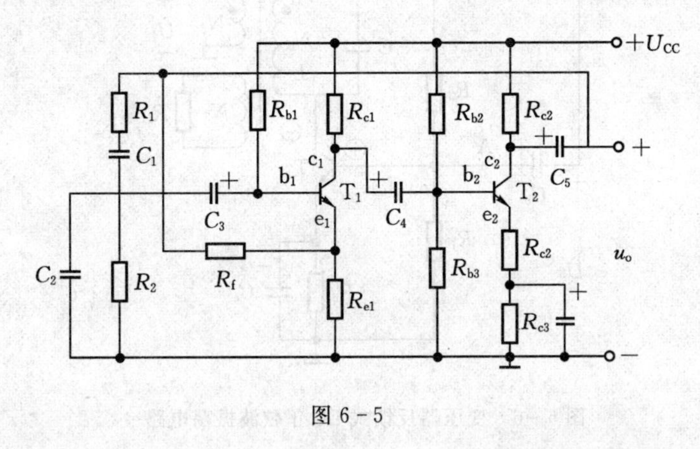

图 6-5

解：

(1)图 6-5 中电路由两级共射放大电路组成，一方面，从 u_o 通过 R_f 引入一个电压串联负反馈到 T_1 的射极 e_1，形成一个稳定的两级放大电路。对每级放大电路而言，输出与输入电压都反相，所以 $\varphi_A=2\times180°$。另一方面，R_1、C_1、R_2、C_2 构成串并联选频电路，将输出的 u_o 反馈回 T_1 的基极 b_1。在特定的频率下，这一电路引入了电压并联正反馈 $\varphi_F=0°$，因此，该电路满足自激的相位平衡条件，有可能输出正弦波信号。

(2)根据 RC 串并联电路的特点，振荡频率为：

$$f_0=\frac{1}{2\pi R_1C_1}$$

$$=\frac{1}{2\pi\times5\times10^3\times10^{-8}}\text{Hz}=3183\ \text{Hz}$$

在计算时为了避免错误，要特别注意 R 的单位用 Ω，C 的单位用 F。

在该频率下，选择合适的电路参数满足幅度起振条件，就可以使电路起振。

由于 RC 正弦波振荡电路的振荡频率与 R、C 的乘积成反比，如果要产生较高振荡频率的信号，势必要减少 R 或 C 的数值，这样将会使电路的负载加重或者稳定性变差。因此，在要求振荡频率较高的场合，往往采取 LC 正弦波振荡电路。

5. LC 正弦波振荡电路

LC 正弦波振荡电路是以并联网络作为选频网络的振荡电路，一般用来产生几十兆赫以上的正弦波信号。常见的 LC 正弦波振荡电路有变压器反馈式和 LC 三点式（包括电感三点式和电容三点式）两大类。

(1)变压器反馈式振荡电路。图 6-6 是一个变压器反馈式 LC 振荡电路。它包括基本放大器、反馈网络和选频网络。基本放大器是三极管 T 及偏置电阻构成的共射极放大电路。并联 LC 谐振电路作为三极管的集电极负载,同时具有选频的功能。变压器将输出信号的一部分通过次级绕组 N_2 反馈回放大电路的输入端,因此称为变压器反馈式振荡电路。它产生的正弦波信号通过另一次级绕组 N_3 耦合到负载 R_L 上。

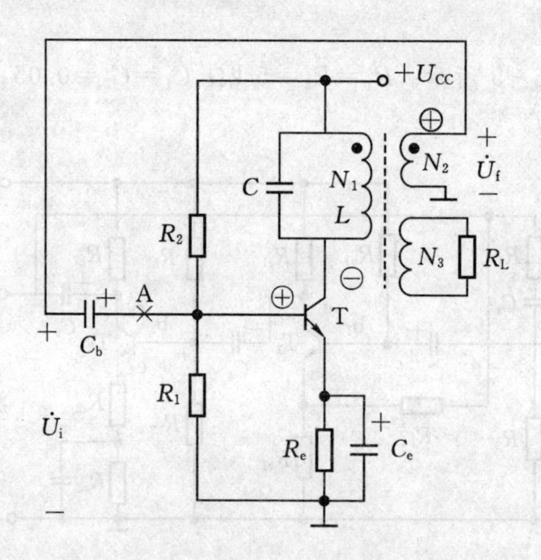

图 6-6　变压器反馈式 LC 正弦波振荡电路

对于 LC 并联谐振电路而言,它的谐振频率为 $f=f_0=\dfrac{1}{2\pi\sqrt{LC}}$,在谐振频率 f_0 处,LC 回路呈现纯电阻性质,并且阻抗达到最大。也就是说,此时集电极的 LC 负载相当于一个纯电阻,这样集电极输出信号与基极输入信号的相位差 $\varphi_A=180°$。同时,根据图 6-6 中标出变压器的同名端符号"U",反馈的次级线圈 N_2 又引入180°的相位差,即 $\varphi_F=180°$,所以 $\varphi_A+\varphi_F=360°$,满足相位平衡条件。

判断是否满足相位平衡条件还可以根据瞬时极性法进行分析。将电路从反馈点 A 处断开,放大电路输入瞬时"⊕"极性的信号,共发射极放大电路集电极输出的瞬时极性为负;根据图示的同名端标识,反馈信号$\dot{U}_f$的瞬时极性为"⊕",通过耦合电容 C_b加到放大器的输入端,形成自激所需要的正反馈,满足相位平衡条件。

根据相位平衡条件的分析过程可以看出,变压器反馈式振荡电路的振荡频率为

$$f_0=\frac{1}{2\pi\sqrt{LC}} \tag{6.11}$$

相位条件满足,只说明电路可能产生自激振荡。该电路的起振条件为 $U_f>U_i$。只要三极管和变压器互感等参数合适,变压器的匝数比设计恰当,一般都能满足幅度振荡条件。

变压器反馈式振荡电路,电路结构简单,容易起振。改变 LC 电路的参数 L 或 C,可以方便地调节频率。但是,由于变压器分布参数的影响,振荡频率不能很高,一般只能达到到几兆赫。

(2)LC 三点式振荡电路。LC 振荡电路除变压器反馈式振荡电路以外,还有电感三点式振荡电路(也称哈托莱振荡电路)和电容三点式振荡电路(也称考尔毕兹振荡电路)。

①电感三点式振荡电路。图 6-7 是一个电感三点式振荡电路的原理图,基本放大器仍然是三极管及偏置电阻构成的共发射极放大电路,并使用 LC 并联谐振电路作为集电极负载。LC 回路中的电感线圈 L 采用中间抽头,反馈电压通过线圈 L_2 取出并送回到输入端。对于交流信号而言,电感的三个端点(首端、中间抽头和尾端)分别和三极管的三个极相连,因此,这种电路被称为电感三点式振荡电路。

电感三点式振荡电路的振荡频率为:

$$f_o = \frac{1}{2\pi\sqrt{L'C}} \tag{6.12}$$

式中,L'并联回路的等效电感,即:

$$L' = L_1 + L_2 + 2M \tag{6.13}$$

M 为 L_1 和 L_2 之间的互感。

电感三点式振荡电路采用可变电容器,可在较宽的范围内调节振荡频率。但是由于它的反馈电压取自电感 L_2,电感的感抗与频率成正比,对高次谐波呈现的阻抗较大,因此输出波形中含有较多的高次谐波成分,波形较差。

②电容三点式振荡电路。电容三点式振荡电路如图 6-8 所示。从图中可知,LC 并联选频回路的电容由 C_1 和 C_2串联组成,反馈电压从 C_2 取出。对于交流等效电路而言,串联电容的三点分别与晶体管的三个极相连,因此被称为电容三点式振荡。与电感三点式振荡电路的情况相似,这样的连接也能满足振荡电路所要求相位平衡条件。只要将晶体管的 β 值选得大一些,并恰当地选取比值 C_1/C_2,就可以满足幅值条件。

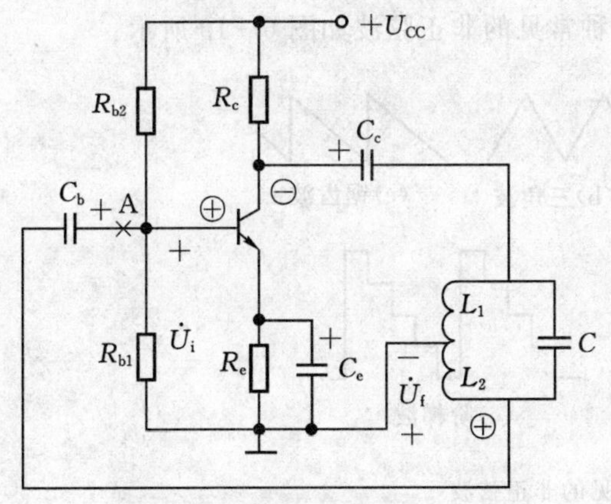

图 6-7 电感三点式振荡电路

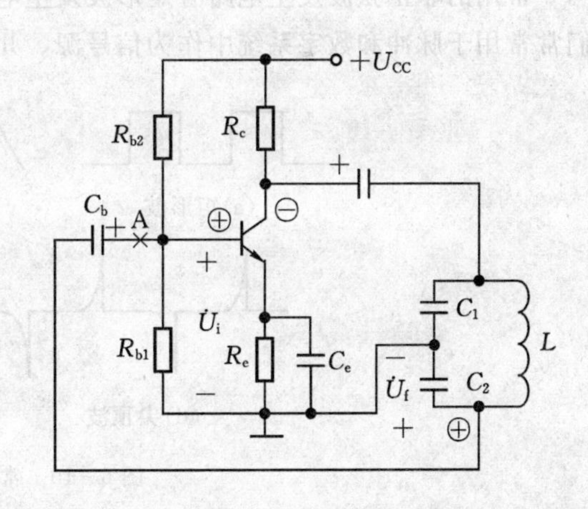

图 6-8 电容三点式振荡电路

电容三点式振荡电路的振荡频率为

$$f_0 = \frac{1}{2\pi\sqrt{LC'}} \tag{6.14}$$

式中,C'是并联回路的等效电容,即

$$C' = \frac{C_1C_2}{C_1 + C_2} \tag{6.15}$$

在电容三点式振荡电路中，由于反馈信号取自电容 C_2，频率越高对应容抗越小，反馈越弱，高次谐波分量削弱，输出波形较好。这种振荡电路的振荡频率可以达到较高，一般可以达到 100 MHz 以上。

为了增加电路的稳定性和灵活性，实际应用中往往在电感 L 支路中串联一个容量较小的可变电容 C_3，得到电容三点式改进型振荡电路，如图 6-9 所示，该电路又被称为克拉拨振荡电路。

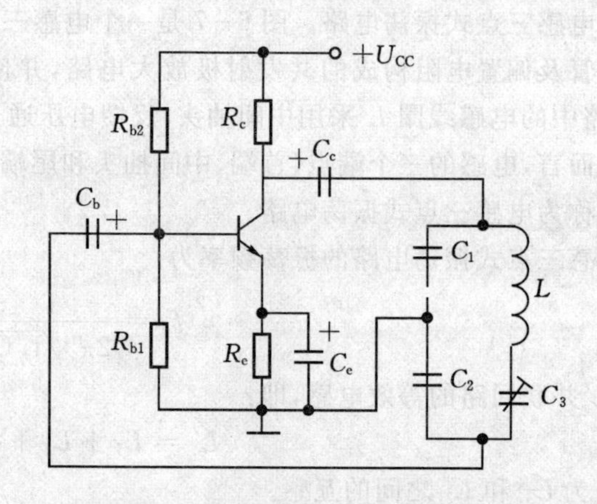

图 6-9 电容三点式改进型振荡电路

6.2 非正弦波振荡电源

能力知识点 1 矩形波振荡器

1. 常见的几种非正弦波

常用的非正弦波发生电路有矩形波发生电路、三角波发生电路以及锯齿波发生电路等，它们常常用于脉冲和数字系统中作为信号源。几种常见的非正弦波如图 6-10 所示。

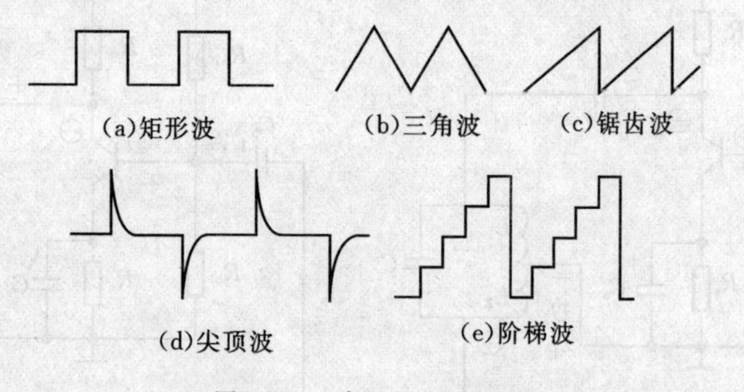

图 6-10 常见的非正弦波

2. 矩形波发生电路

图 6-11 是由运放构成的矩形波振荡器。R_1、R_2 组成正反馈电路，RC 回路既作为延迟环节，又作为反馈网络，电容 C 通过对 R 进行充放电，U_C 和 U_R 在输入端比较，实现输出状态的自动转换。

设电路开始工作时运放处于正饱和状态，此时 $u_O=+U_Z$ 使加在同相输入端的正反馈电压 $u_T=\dfrac{R_1}{R_1+R_2}U_Z$，而加在反相输入端的负反馈电压是 u_C。输出电压 $+U_Z$ 经过 R 的对电容 C 充电，u_C 逐渐增大，但是只要 u_C 还低于 $+U_R$，输出就保持 $+U_Z$ 不变。当 u_C 增长到稍大于 $u_T=$

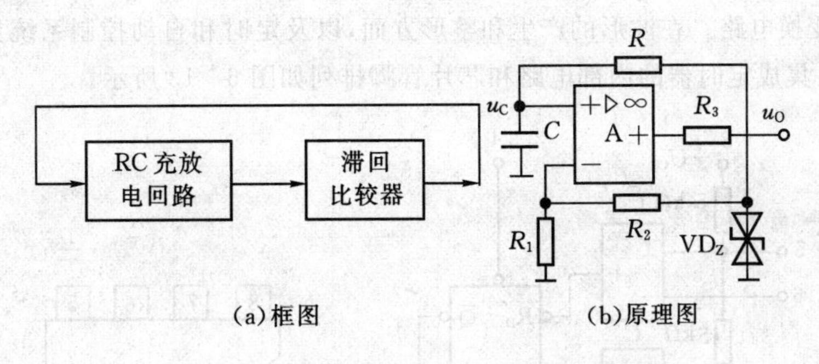

图 6-11　矩形波产生基本电路框图和原理图

$\frac{R_1}{R_1+R_2}U_Z$ 时，输出 u_O 由 $+U_Z$ 翻转成 $-U_Z$。此时，$u_T=-\frac{R_1}{R_1+R_2}U_Z$。由于 $u_O=-U_Z$，于是电容 C 将通过 R 放电。u_C 逐渐下降至零并反向充电，直至 u_C 下降到略低于 $u_T=-\frac{R_1}{R_1+R_2}U_Z$ 时，输出 u_O 又由 $-U_Z$ 翻转到 $+U_Z$。如此周而复始，输出便形成了矩形波，其工作波形如图 6-12 所示。

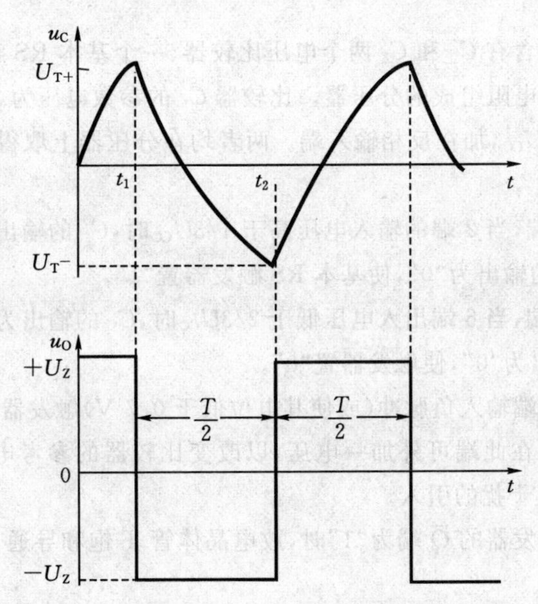

图 6-12　方波正负半周对称

矩形波电路的振荡周期为：$T=2RC\ln(1+\frac{2R_1}{R_2})$，振荡频率为 $f=\frac{1}{T}$。由上式分析可知，调整电阻 R_1、R_2、R 和 C 的数值，可以改变电路的振荡频率。

能力知识点 2　由 555 集成电路构成的方波发生器

1. 555 集成定时器

555 定时器是一种双极型中规模集成电路，其内部包涵了模拟电路和数字电路，只要在其外部连接上几个适当的阻容器件，就可方便地构成单稳态触发器、多谐振荡器和施密特触发器等脉冲产生与变换电路。在波形的产生和整形方面,以及定时和自动控制系统方面都有着广泛的应用。555 集成定时器的内部电路和芯片管脚排列如图 6-13 所示。

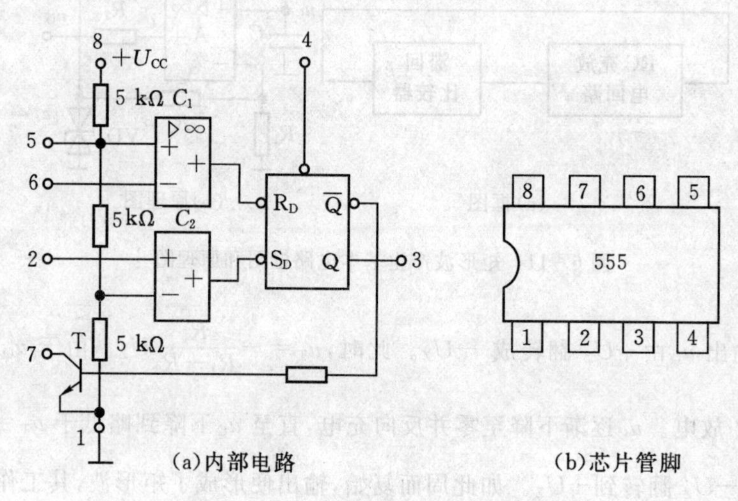

(a)内部电路　　(b)芯片管脚

图 6-13　555 定时器原理图和管脚图

555 集成定时器内部含有 C_1 和 C_2 两个电压比较器、一个基本 RS 触发器、一个放电晶体管 T 以及由三个 5 kΩ 的电阻组成的分压器。比较器 C_1 的参数电压为 $2/3U_{CC}$,加载同相输入端;C_2 的参考电压为 $1/3U_{CC}$,加在反相输入端。两者均在分压器上取得。各处引线端的用途如下:

(1)2 为低电平触发端,当 2 端的输入电压高于 $1/3U_{CC}$时,C_2 的输出为“1”;当 2 端的输入电压低于 $1/3U_{CC}$时,C_2 的输出为“0”,使基本 RS 触发器置“1”。

(2)6 为高电平触发端,当 6 端出入电压低于 $2/3U_{CC}$时,C_1 的输出为“1”;当 6 端输入电压高于 $2/3U_{CC}$时,C_1 的输出为“0”,使触发器置“0”。

(3)4 为复位端,由此端输入负脉冲(或使其电位低于 0.7 V)触发器便直接复位(置“0”)。

(4)5 为电压控制端,在此端可外加一电压,以改变比较器的参考电压。不用时,经 0.01 μF 的电容接“地”,以防止干扰的引入。

(5)7 为放电端,当触发器的 $\overline{Q}$ 端为“1”时,放电晶体管 T 饱和导通,外接电容元件通过 T 放电,见图 6-13(a)。

(6)3 为输出端,输出电流可达 200 mA,因此可以从输出端直接驱动继电器、发光二极管、扬声器、指示灯等。输出高电压约低于电源电压 U_{CC}(1～3 V)。

(7)8 为电源端,可在 5～18 V 范围内使用。

(8)1 为接地线。

2. 方波发生器

555 集成定时器应用范围很广,其中一个应用是外接 R_1、R_2 和 C 就组成了方波振荡器。其电路如图 6-14(a)所示。

当电路接通电源 U_{CC}后,电容 C 被充电,u_c上升。充电回路是 $+U_{CC}\rightarrow R_1\rightarrow R_2\rightarrow C\rightarrow$地。当 $u_c>2/3U_{CC}$时,比较器 C_1 的输出为“0”,将触发器置“0”,u_o=“0”。这时 Q —=1,晶体管 T

饱和导通，电容 C 通过 $R_2 \to T \to$ 地进行放电，u_c 下降。当 $u_c < 1/3U_{CC}$ 时，比较器 C_2 输出为低电平，将触发器置“1”，u_o=“1”。由于 $Q-$=“0”，晶体管 T 截止，电容 C 又进行充电，重复上述过程，输出 u_o 为连续的方波，如图 6-14(b)所示。

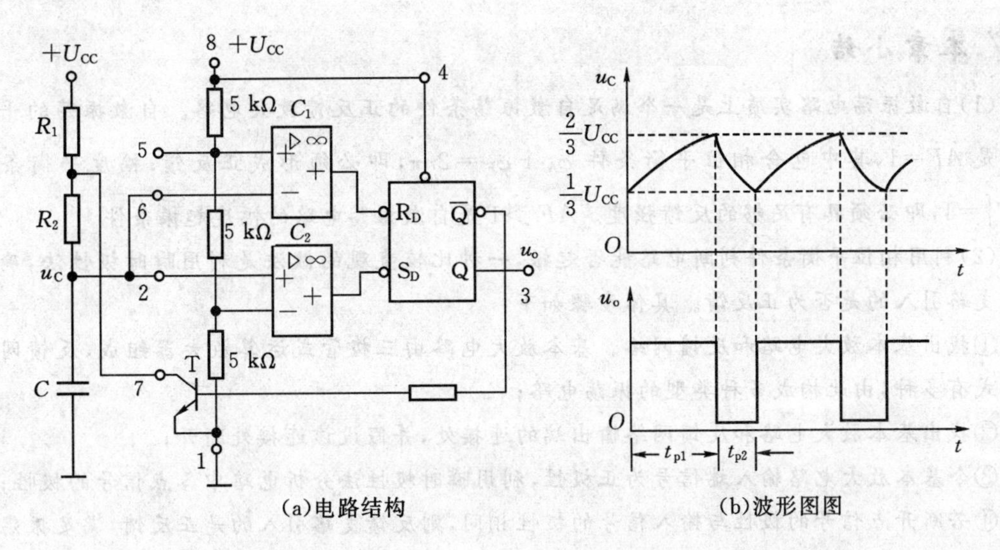

(a)电路结构 (b)波形图图

图 6-14 方波发生器

方波发生器的振荡周期为：

$$T = t_{p1} + t_{p2} = 0.7(R_1 + 2R_2)C$$

【例 6-2】 图 6-15(a)是由两个方波振荡器构成的声响发生器。第一个振荡器的 R_1、R_2 和 C_1 是按 $f_1 = 1$ Hz 设计的，第二个振荡器的 R_3、R_4 和 C_2 是按 $f_2 = 2$ kHz 设计的。试分析该电路的工作原理。

解：该电路的工作原理分析如下：

(1) 两个振荡器产生如图 6-15(b)所示的方波信号。u_{o1} 的频率为 $f_1 = 1$ Hz，u_{o2} 的频率为 $f_2 = 2$ kHz。

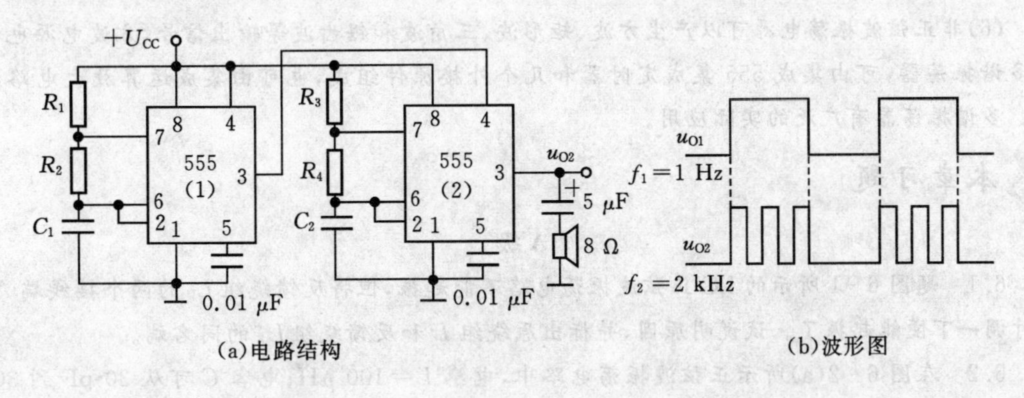

(a)电路结构 (b)波形图

图 6-15

(2) 第一振荡器的 u_{o1}（1 Hz 的连续方波）送至第二振荡器的直接复位端 4。在 u_{o1} 的高电平期间(0.5 s),第二振荡器振荡,输出 u_{o2}(2 kHz 的方波);在 u_{o1} 的低电平期间(0.5 s),第二振荡器因被复位(置 0)而停止振荡。

(3)在信号电压 u_{o2} 的作用下,扬声器便发出"呜呜"的声响。

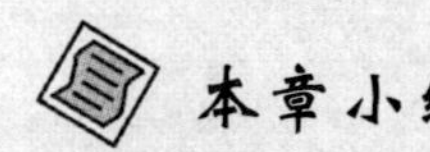

本章小结

(1)自激振荡电路实质上是一个满足自激振荡条件的正反馈放大电路。自激振荡的平衡条件是 $\dot{A}\dot{F}=1$,其中包含相位平衡条件 $\varphi_A+\varphi_F=2n\pi$,即必须形成正反馈;幅度平衡条件 $|\dot{A}\dot{F}|=1$,即必须具有足够的反馈强度。$AF>1$ 是自激振荡电路的幅度起振条件。

(2)利用相位平衡条件判断电路能否起振,一种比较直观的做法是利用瞬时极性法,确认反馈支路引入的是否为正反馈。具体步骤如下:

①找出基本放大电路和反馈网络。基本放大电路由三极管或运算放大器组成,反馈网络的形式有多种,由此构成多种类型的振荡电路;

②找出基本放大电路和反馈网络输出端的连接处,并假设该连接处断开;

③令基本放大电路输入端信号为正极性,利用瞬时极性法分析电路中各点信号的极性;

④若断开点信号的极性与输入信号的极性相同,则反馈支路引入的是正反馈,满足振荡所需要的相位条件,电路可能起振。

(3)正弦波振荡电路一般由放大电路、正反馈电路、选频网络和稳幅环节四个部分组成。按选频网络的不同,正弦波振荡电路可以分为 RC 振荡电路和 LC 振荡电路(包括石英晶体振荡电路)两大类。

(4)RC 正弦波振荡电路用作低频振荡电路。RC 桥式(文氏桥)正弦波振荡电路是一种典型的 RC 正弦波振荡电路。它的振荡频率 f_0 由 RC 串并联选频电路决定:$f_0=1/2\pi RC$。

(5)LC 正弦波振荡电路用作高频振荡电路。LC 正弦波振荡电路根据反馈元件的不同可以分为变压器反馈式、电感反馈式和电容反馈式三种。它们的振荡频率由 LC 选频回路决定:$f_0=\dfrac{1}{2\pi\sqrt{L'C'}}$,式中,$L'$和 C'分别为选频回路的等效电感和等效电容。

(6)非正弦波振荡电源可以产生方波、矩形波、三角波和锯齿波等输出信号,方波电源也称为多谐振荡器,可由集成 555 集成定时器和几个外接原件组成,也可由集成运算放大电路组成。多谐振荡器有广泛的实际应用。

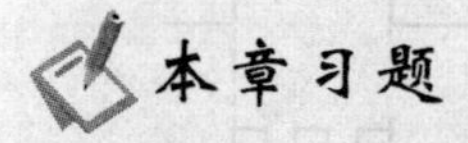

本章习题

A 级

6.1 题图 6-1 所示的 LC 正弦波振荡电路不能起振,但将反馈绕组 L_f 的两个接线端 A、B 对调一下便能起振了。试说明原因,并标出原绕组 L 和反馈绕组 L_f 的同名端。

6.2 在图 6-2(a)所示正弦波振荡电路中,电感 $L=100\ \mu H$;电容 C 可从 30 pF 到 300 pF 连续变化,试计算其振荡频率 f_0 的变化范围。

6.3 试根据自激振荡的相位条件,判断题图 6-2 所示的两个电路能否产生正弦波振荡,并说明原因。若不能产生振荡,问采取什么措施才能使其产生振荡?

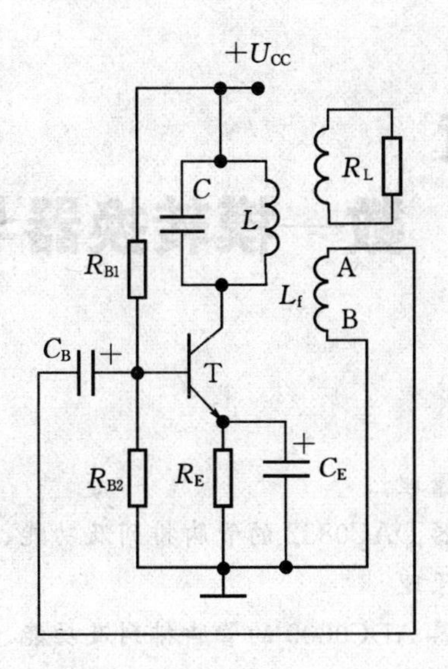

$+U_{CC}$
R_L
C
L
R_{B1}
L_f
A
B
C_B
T
R_{B2}
R_E
C_E

题图 6－1

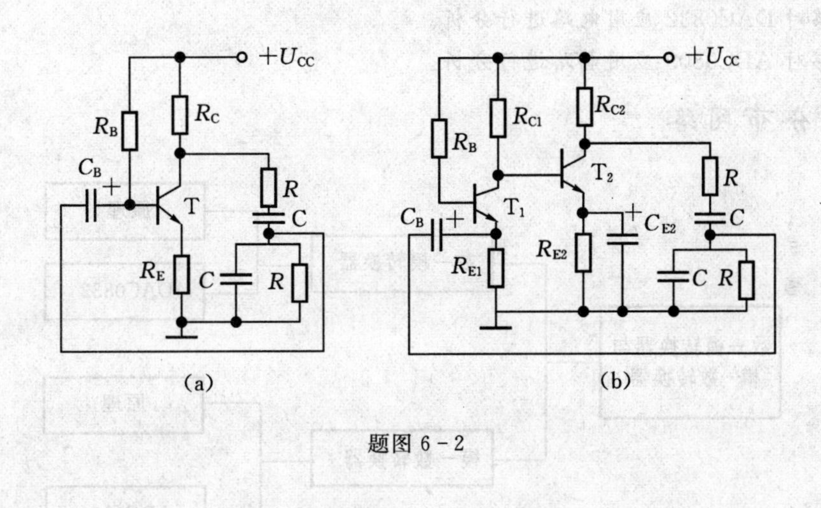

$+U_{CC}$
R_B
R_C
C_B
T
R
C
R_E
C
R
(a)
$+U_{CC}$
R_{C1}
R_{C2}
R_B
T_2
R
T_1
C_B
C_{E2}
C
R_{E2}
R_{E1}
C
R
(b)

题图 6－2

第 7 章 数—模转换器与模—数转换器

学习目标

1. 知识目标

(1)了解数—模转换器的原理。

(2)熟悉集成数—模转换器 DAC0832 的管脚排列及功能、特性。

(3)了解模—数转换器的原理。

(4)熟悉集成模—数转换器 ADC0809 的管脚排列及功能、特性。

2. 能力目标

(1)能够清楚知道模—数转换器及数—模转换器的作用。

(2)能够对 DAC0832 应用电路进行分析。

(3)能够对 ADC0809 应用电路进行分析。

知识分布网络

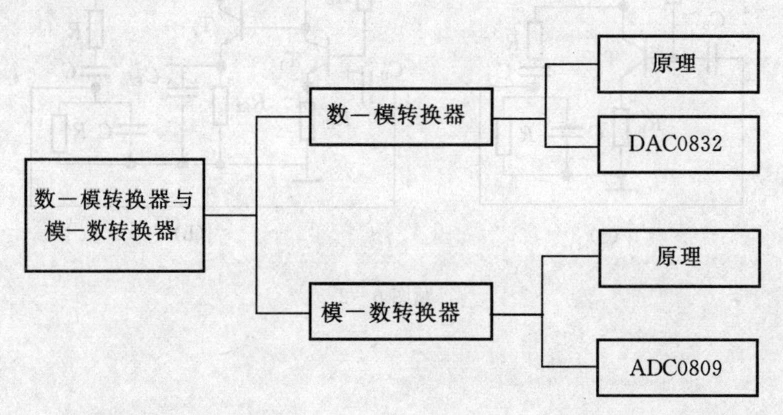

在电子系统中,经常用到数字量与模拟量的相互转换。如工业生产过程中的湿度、压力、温度、流量。通信过程中的语言、图像、文字等物理量需要转换为数字量,才能由计算机处理;而计算机处理后的数字量也必须再还原成相应的模拟量,才能实现对模拟系统的控制,如数字音像信号如果不还原成模拟音像信号就不能被人们的视觉和听觉系统接受。因此,数—模转换器和模—数转换器是沟通模拟电路和数字电路的桥梁,也可称之为两者之间的接口,是数字电子技术的重要组成部分。

能将模拟信号转换成数字信号的电路,称为模—数转换器(简称 A/D 转换器或者 ADC);而将能把数字信号转换为模拟信号的电路称为数—模转换器(简称为 D/A 转换器或者 DAC)。

在本章中,将简单介绍数—模转换器和模—数转换器的电路结构、工作原理,同时介绍两种集成转换器，以便应用。

7.1　数—模转换器

能力知识点1　数—模转换器的原理

D/A 转换器是将输入的二进制数字量转换成模拟量，以电压或电流的形式输出。

D/A 转换器实质上是一个译码器（解码器）。一般常用的线性 D/A 转换器，其输出模拟电压 U_o 和输入数字量 D_n 之间成正比关系，U_{REF} 为参考电压。

$$U_o = D_n U_{REF}$$

其转换过程如图 7-1 简图所示。

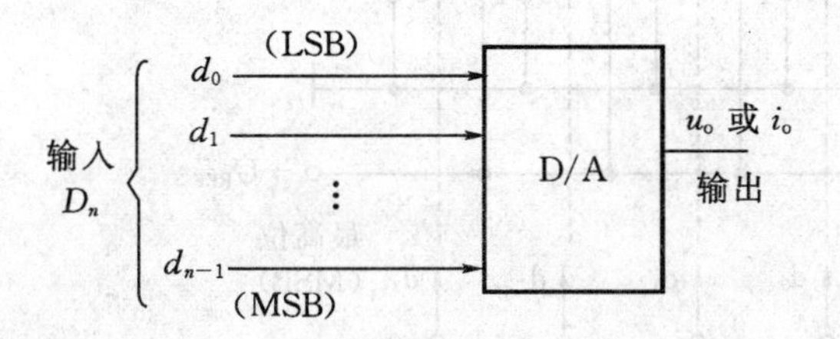

图 7-1

为了将数字量转换成模拟量，必须将每一位的代码按其权的大小转换成相应的模拟量，然后将代表各位的模拟量相加，所得的总模拟量就与数字量成正比，这样便实现了从数字量到模拟量的转换。这就是组成 D/A 转换器的基本指导思想。

$$D_n = d_{n-1} \cdot 2^{n-1} + d_{n-2} \cdot 2^{n-2} + \cdots + d_1 \cdot 2^1 + d_0 \cdot 2^0 = \sum_{i=0}^{n-1} d_i 2^i \tag{7.1}$$

$$\begin{aligned} U_o &= D_n U_{REF} \\ &= d_{n-1} \cdot 2^{n-1} \cdot U_{REF} + d_{n-2} \cdot 2^{n-2} \cdot U_{REF} + \cdots + d_1 \cdot 2^1 \cdot U_{REF} + d_0 \cdot 2^0 \cdot U_{REF} \\ &= \sum_{i=0}^{n-1} d_i 2^i U_{REF} \end{aligned} \tag{7.2}$$

即：D/A 转换器的输出电压 U_o，等于代码为 1 的各位所对应的各分模拟电压之和。n 位 D/A 转换器的方框图如图 7-2 所示。

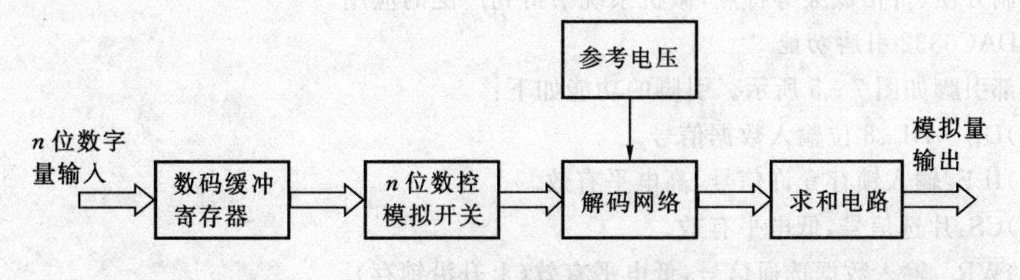

图 7-2　n 位 D/A 转换器方框图

D/A 转换器一般由数码缓冲寄存器、模拟电子开关、参考电压、解码网络和求和电路等组成。数字量以串行或并行方式输入，并存储在数码缓冲寄存器中；寄存器输出的每位数码驱动对应数位上的电子开关，将在解码网络中获得的相应数位权值送入求和电路；求和电路将各位权值相加，便得到与数字量对应的模拟量。

图 7-3 所示电路是四位 T 型电阻网络 D/A 转换器原理图，它由电阻网络、模拟开关和求和放大器三部分组成，可以将四位二进制数字信号转换成模拟信号。

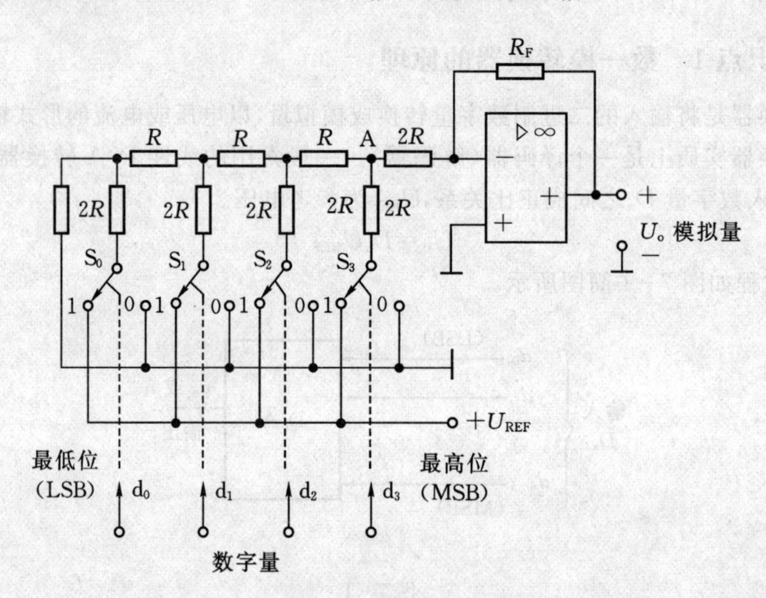

图 7-3　T 型电阻网络 D/A 转换器原理图

能力知识点 2　集成数—模转换器

D/A 转换器的类型很多。从输入电路来说，一般的 D/A 转换器都带有输入寄存器，与微机能直接连接；有的具有两极锁存器，使工作方式更加灵活。输入数据一般为并行数据，也有串行数据。并行输入的数据有 8 位、10 位、12 位等。从输出信号来说，D/A 转换器的直接输出是电流量，若片内有输出放大器，则能输出电压量，并能实现单极性或双极性电压输出。

DAC0832 是 8 位分辨率的 D/A 转换集成芯片。它由一个 8 位输入寄存器、一个 8 位 DAC 寄存器和一个 8 位 D/A 转换器三大部分组成，D/A 转换器采用了倒 T 型 R—2R 电阻网络，如图 7-4 和图 7-5 所示是 DAC0832 的内部结构图和引脚图。它具有与微机连接简单、转换控制方便、价格低廉等特点，微机系统中得到广泛的应用。

1. DAC0832 引脚功能

外部引脚如图 7-5 所示。引脚的功能如下：

(1) $DI_7 \sim DI_0$：8 位输入数据信号。

(2) ILE：输入锁存允许信号，高电平有效。

(3) $\overline{CS}$：片选信号，低电平有效。

(4) $\overline{WR_1}$：输入数据选通信号，低电平有效（上升沿锁存）。

(5) $\overline{XFER}$：数据传送选通信号，低电平有效。

(6) $\overline{WR_2}$：数据传送选通信号，低电平有效（上升沿锁存）。

(7) I_{OUT1}：DAC 输出电流 1。当 DAC 锁存器中为全 1 时，I_{OUT1} 最大（满量程输出）；为全 0

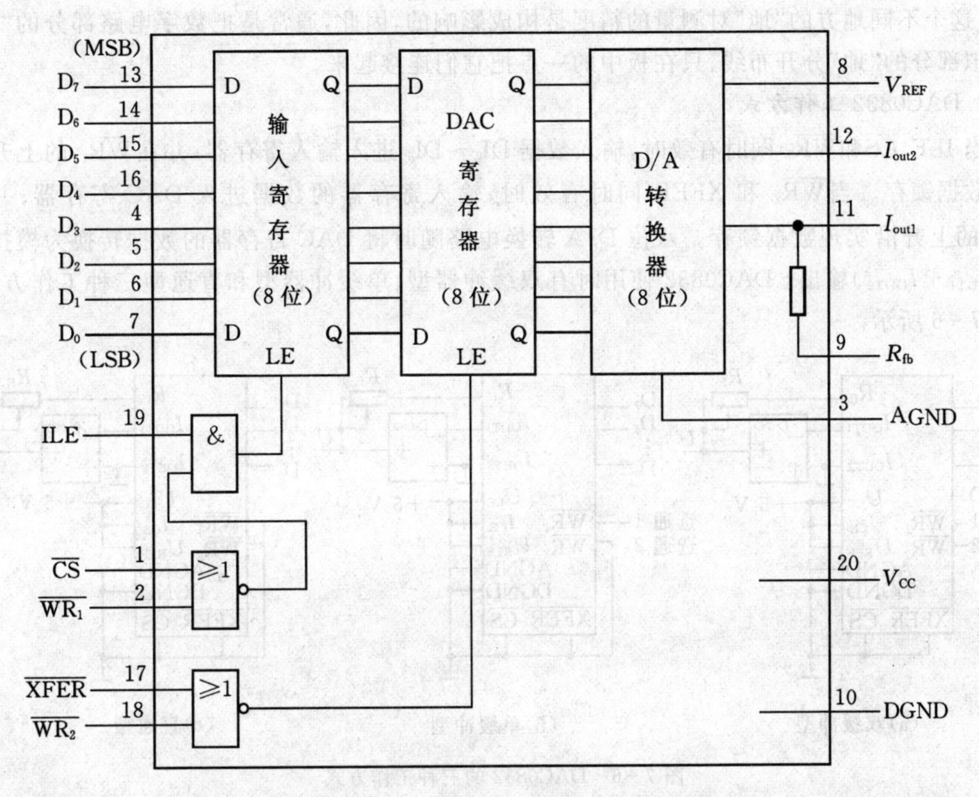

图 7-4 DAC0832 的内部结构及外部引脚图

时，I_{OUT1} 为 0。

(8)I_{OUT2}：DAC 输出电流 2。它作为运算放大器的另一个差分输入信号(一般接地)。满足 $I_{OUT1}+I_{OUT2}=$ 满量程输出电流。

(9)R_{fb}：反馈电阻(内已含一个反馈电阻)接线端。DAC0832 中无运放，且为电流输出，使用时须外接运放。芯片中已设置了 R_{fb}，只要将此引脚接到运放的输出端即可。若运放增益不够，还须外加反馈电阻。

(10)U_{REF}：参考电压输入。一般此端外接一个精确、稳定的电压基准源。U_{REF} 可在 -10 V 至 $+10$ V 范围内选择。

(11)U_{CC}：电源输入端(一般取 $+5$ V～$+15$ V)。

(12)DGND：数字地，是控制电路中各种数字电路的零电位。

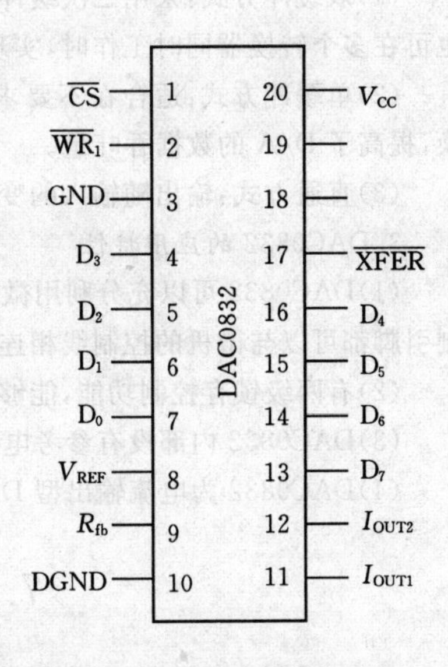

图 7-5 DAC0832 的外部引脚

(13)AGND：模拟地，是放大器、A/D 和 D/A 转换器中模拟电路的零电位。

任何导线都可以被理解成电阻，因此，尽管连在一起的“地”，其各个位置上的电压也并非一致的，对于数字电路，由于噪声容限较高，通常是不需要考虑“地”的形式的，但对于模拟电路而言，这个不同地方的“地”对测量的精度是构成影响的，因此，通常是把数字电路部分的“地”和模拟部分的“地”分开布线，只在板中的一点把它们连接起来。

2. DAC0832 **工作方式**

当 ILE、$\overline{CS}$和$\overline{WR_1}$ 同时有效时，输入数据 $DI_7 \sim DI_0$ 进入输入寄存器；并在$\overline{WR_1}$ 的上升沿实现数据锁存。当$\overline{WR_2}$ 和 XFER 同时有效时，输入寄存器的数据进入 DAC 寄存器；并在$\overline{WR_2}$ 的上升沿实现数据锁存。八位 D/A 转换电路随时将 DAC 寄存器的数据转换为模拟信号($I_{OUT1}+I_{OUT2}$)输出。DAC0832 使用时有双缓冲器型、单缓冲器型和直通型三种工作方式，如图 7-6 所示。

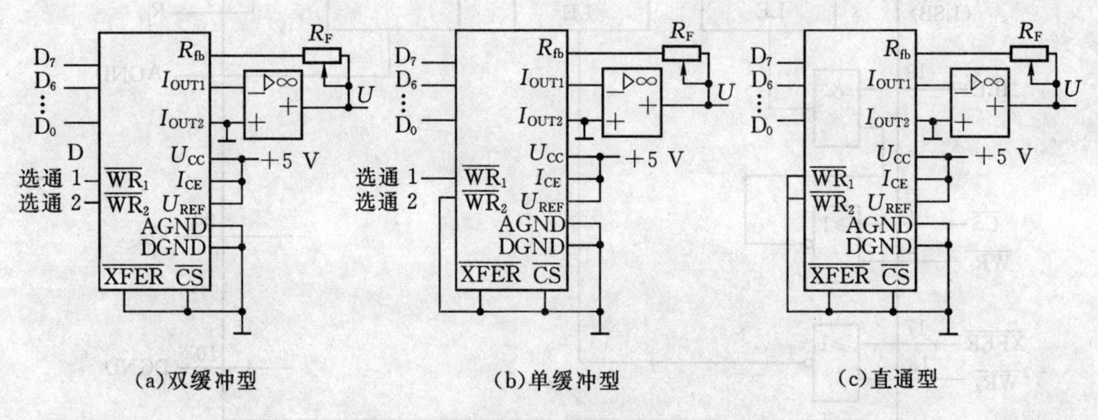

图 7-6　DAC0832 的三种工作方式

(1)双缓冲方式：采用二次缓冲方式，可在输出的同时，采集下一个数据，提高了转换速度；也可在多个转换器同时工作时，实现多通道 D/A 的同步转换输出。

(2)单缓冲方式：适合在不要求多片 D/A 同时输出时。此时只需一次写操作，就开始转换，提高了 D/A 的数据吞吐量。

(3)直通方式：输出随输入的变化随时转换。

3. DAC0832 **的应用特性**

(1)DAC0832 可以充分利用微机的控制能力实现对 D/A 转换的控制，这种芯片的许多控制引脚都可以与微机的控制线相连，接受微机的控制，如 ILE、$\overline{CS}$、$\overline{WR_1}$、$\overline{WR_2}$、$\overline{XFER}$端。

(2)有两级锁存控制功能，能够实现多通道 D/A 同步转换输出。

(3)DAC0832 内部没有参考电压，须外接参考电压电路。

(4)DAC0832 为电流输出型 D/A 转换器，要获得模拟电压输出时，需要外加转换电路。

7.2　模—数转换器

能力知识点 1　模—数转换器的原理

实现模—数(A/D)转变的方法也很多，按工作原理可分为两大类，即直接 A/D 转换和间接 A/D 转换。直接 A/D 转换是将输入的模拟量直接转换成数字量。这类转换器有逐次逼近型、并联比较型等。间接 A/D 转换则是将输入的模拟量先转换成为某种中间量(如时间，频率等)，然后再将中间量转换为所需要的数字信号。这类转换器有电压—时间变换型(积分型)和电压-频率变换型等。

逐次逼近型 A/D 转换器可以达到很高的精神和速度，且易于用集成工艺实现，故集成化的 A/D 转换器大多采用此方案。下面我们就对逐次逼近型 A/D 转换器的工作原理进行分析。

逐次比较型 A/D 转换的工作原理与用天平称重的原理相似，即先设定一个初值进行比较，多去少补，逐次逼近。逐次逼近型 A/D 转换器一般由时钟脉冲、逐次逼近寄存器、D/A 转换器、电压比较器和参考电源等几部分组成，其原理框图如图 7-7(a)所示。

转换前，将逐次逼近寄存器清零。转换开始，时钟脉冲首先将寄存器的最高位置“1”，其余位全置“0”。经 D/A 转换器转换成相应的模拟电压 U_A 送至电压比较器，与待转换的模拟输入电压 U_i 进行比较。如果 U_A 低于模拟输入电压 U_i，则最高位的“1”保留。如果 U_A 高于 U_i，则最高位的“1”被清除，次高位再置“1”，再进行比较，从而决定次高位的“1”是保留还是清除。这样逐次比较下去，直到最低位为止，比较的顺序由时钟脉冲控制。转换结束后，寄存器输出的二进制数就是对应于模拟输入的数字量，完成了由模拟量向数字量的转换。图 7-8(b)中的折线表示了一种转换过程，折线(U_A 值)逐次向模拟量 U_i 逼近，转换的每一步如表 7-1 所示。

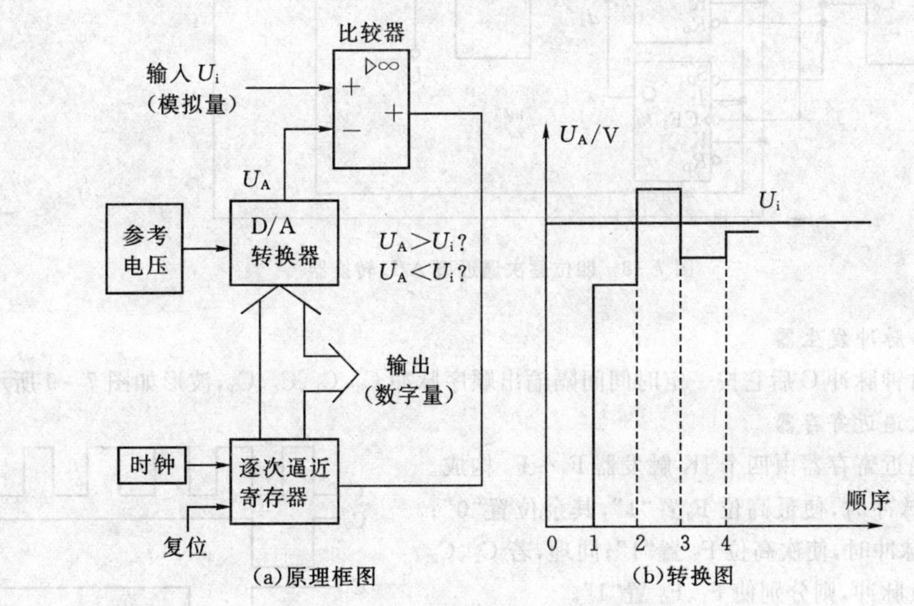

图 7-7　逐次逼近型 A/D 转换器框图

表 7-1　数模转换过程表

顺序	寄存器数码	比较判别	逐位数码“1”保留或除去
1	1 0000000	$U_A < U_i$	第一高位“1”保留
2	1 1 000000	$U_A > U_i$	第二高位“1”除去
3	10 1 00000	$U_A < U_i$	第三高位“1”保留
4	101 1 0000	$U_A < U_i$	第四高位“1”保留
…	…	…	…

图 7－8 是四位逐次逼近型 A/D 转换器，其内部主要由以下几个部分组成。

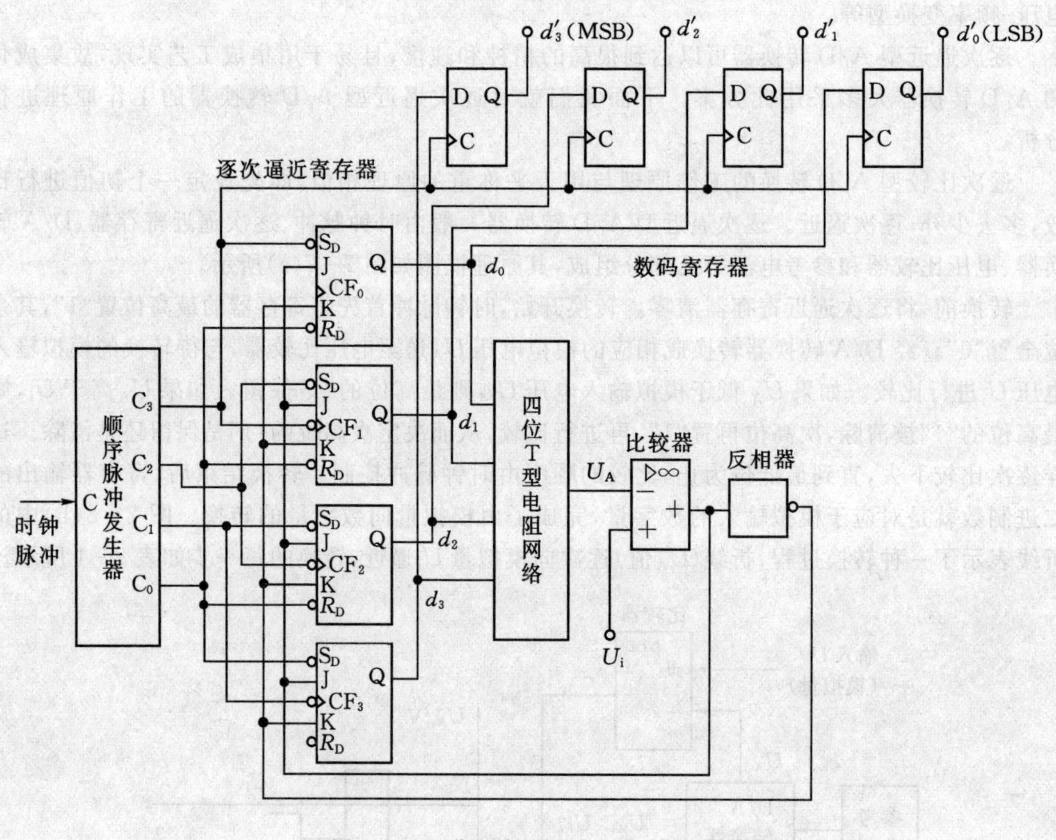

图 7－8　四位逐次逼近型 A/D 转换器

1. 顺序脉冲发生器

输入时钟脉冲 C 后它按一定时间间隔输出顺序脉冲 C_0、C_1、C_2、C_3，波形如图 7－9 所示。

2. 逐次逼近寄存器

逐次逼近寄存器由四个 JK 触发器 F_3～F_0 构成。C_0 端来负脉冲时，使最高位 F_3 置“1”，其余位置“0”；C_1 端来负脉冲时，使次高位 F_2 置“1”；同理，若 C_2、C_3 端分别来负脉冲，则分别使 F_1、F_0 置“1”。

3. T 型电阻网络

T 型电阻网络的具体电路见图 7－2 中电阻网络部分。输入的数字量 d_3、d_2、d_1、d_0 来自逐次逼近寄存器，从 T 型电阻网络输出的模拟电压为

$$U_A = \frac{U_{REF}}{2^4}(d_3 \cdot 2^3 + d_2 \cdot 2^2 + d_1 \cdot 2^1 + d_0 \cdot 2^0)$$

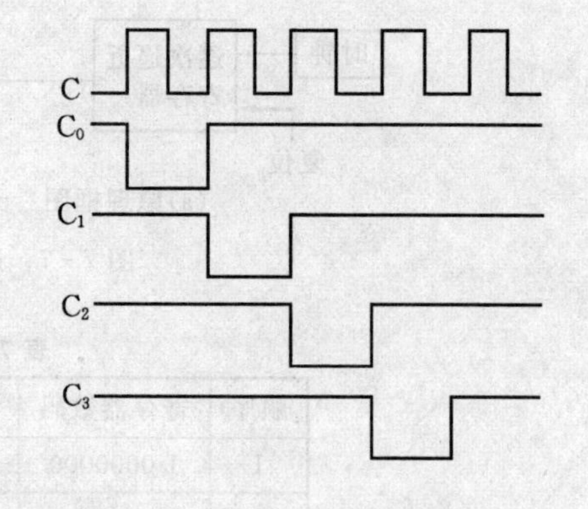

图 7－9　顺序脉冲发生器的输出波形

4. 数码寄存器

U_A 与 U_i 在电压比较器的输入端进行比较。电压比较器的输出端接各 JK 触发器的 J 端；再经反相器接各 JK 触发器的 K 端。

现设输入模拟电压 $U_i=6.51\ \text{V}$，T 型电阻网络的参考电压 $U_{REF}=8\ \text{V}$。转换过程分析如下。

(1)第一个时钟脉冲 C 上升沿到来时，C_0 端输出负脉冲，将最高位寄存器 F_3 置"1"，其余位全置"0"，所以逐次逼近寄存器的状态为 $Q_3Q_2Q_1Q_0=1000$，T 型电阻网络输出

$$U_A=\frac{U_{REF}}{2^4}(1\times2^3)=\frac{8}{16}\times8=4\ \text{V}$$

由于 U_A 小于 U_i，因而电压比较器输出高电平，反相器输出低电平，即各 JK 触发器的 $J=1,K=0$。

(2)第二个时钟脉冲 C 上升沿到来时，C_1 端输出负脉冲，将次高位寄存器 F_2 置"1"，由于 C_1 是 F_3 的时钟脉冲，又因为 $J=1,K=0$，所以 F_3 输出仍为"1"。所以 $Q_3Q_2Q_1Q_0=1100$，因而，T 型电阻网络输出

$$U_A=\frac{U_{REF}}{2^4}(1\times2^3+1\times2^2)=\frac{8}{16}\times12=6\ \text{V}$$

由于 U_A 小于 U_i，因而电压比较器输出高电平，反相器输出低电平，即各 JK 触发器的 $J=1,K=0$。

(3)第三个时钟脉冲 C 上升沿到来时，C_2 端输出负脉冲，将寄存器 F_1 置"1"，由于 C_2 是 F_2 的时钟脉冲，又因为 $J=1,K=0$，所以 F_2 输出仍为"1"。所以 $Q_3Q_2Q_1Q_0=1110$，因而

$$U_A=\frac{U_{REF}}{2^4}(1\times2^3+1\times2^2+1\times2^1)=\frac{8}{16}\times14=7\ \text{V}$$

由于 U_A 大于 U_i，因而电压比较器输出低电平，反相器输出高电平，即各 JK 触发器的 $J=0,K=1$。

(4)第四个时钟脉冲 C 上升沿到来时，C_3 端输出负脉冲，将寄存器 F_0 置"1"，由于 C_3 是 F_1 的时钟脉冲，又因为 $J=0,K=1$，所以 F_1 输出为"0"。所以 $Q_3Q_2Q_1Q_0=1101$，因而

$$U_A=\frac{U_{REF}}{2^4}(1\times2^3+1\times2^2+1\times2^0)=\frac{8}{16}\times13=6.5\ \text{V}$$

$U_A\approx U_i$，U_A 向 U_i 逼近，过程如图 7-10 所示。

由于数码寄存器的 C 端均接在顺序脉冲发生器的 C_3 端。所以，当 C_3 端负脉冲结束时，二进制数码"1101"即存入数码寄存器，完成模数转换。

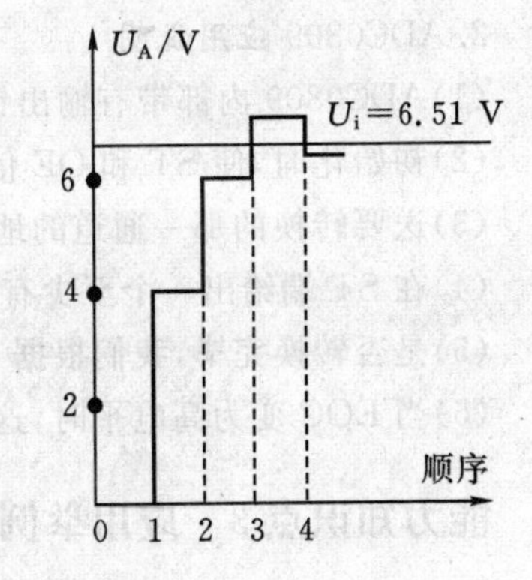

图 7-10　U_A 向 U_i 逼近

能力知识点 2　集成 A/D 转换器

A/D 转换器的种类很多。常用的几种 A/D 转换器：8 位通用型 ADC0808/0809、12 位的 AD574A 和双积分型 5G14433。

ADC0808/0809 是 8 通道、8 位逐次逼近式 A/D 转换器，美国 NS 公司产品。其性能指标一般，价格低廉，便于与微机连接，因而应用十分广泛。

1. ADC0809 的引脚功能

图 7-11 为 ADC0809 的引脚图，各引脚功能说明如下：

(1)$IN_0\sim IN_7$：8 路模拟输入端。

(2)ALE：地址锁存器允许信号输入端。当它为高电平时，地址信号进入地址锁存器中。

(3) CLOCK：外部时钟输入端。时钟频率典型值为 640 kHz，允许范围为 10～1280 kHz。时钟频率降低时，A/D 转换速度也降低。

(4) START：A/D 转换信号输入端。有效信号为一正脉冲。在脉冲上升沿，A/D 转换器内部寄存器均被清零，在其下降沿开始 A/D 转换。

(5) EOC：A/D 转换结束信号。在 START 信号上升沿之后 0 到（2 μs + 8 个时钟周期）时间内，EOC 变为低电平。当 A/D 转换结束后，EOC 立即输出一正阶跃信号，可用来作为 A/D 转换结束的查询信号或中断请求信号。

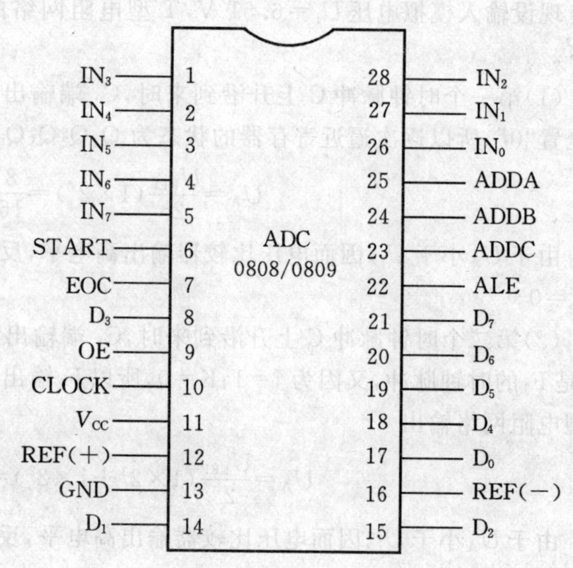

图 7-11　ADC0809 的引脚图

(6) OE：输出允许信号。当 OE 输入高电平信号时，三态输出锁存器将 A/D 转换结果输出。

(7) D_0～D_7：数字量输出端。D_0 为最低有效位（LSB），D_7 为最高有效位（MSB）。

(8) REF(+)、REF(−)：正负基准电压输入端。基准电压的中心值为 $\frac{V_{REF(+)}+V_{REF(-)}}{2}$（应接近于 $V_{CC}/2$），其偏差值不应超过 ±0.1 V。正负基准电压的典型值分别为 +5 V 和 0 V。

(9) V_{CC}、GND：电源电压输入端。

2. ADC0809 应用说明

(1) ADC0809 内部带有输出锁存器，可以与 AT89S51 单片机直接相连；

(2) 初始化时，使 ST 和 OE 信号全为低电平；

(3) 送要转换的那一通道的地址到 A、B、C 端口上；

(4) 在 ST 端给出一个至少有 100 ns 宽的正脉冲信号；

(5) 是否转换完毕，我们根据 EOC 信号来判断；

(6) 当 EOC 变为高电平时，这时给 OE 为高电平，转换的数据就输出给单片机了。

能力知识点 3　应用举例

图 7-12 所示为计算机控温系统框图，其工作原理是：利用热电偶作为测温元件（传感器）将水温转化成为电压，此电压放大后送入 A/D 转换器变为数字量送入计算机。计算机按程序接收 A/D 转换器送入的信号并与机内预置的温度限值进行比较。比较的结果可有以下三种情况：

(1) 实测温度低于预置温度下限，计算机发出加热器通电的命令，加热器通电，水温将逐渐升高；

(2) 实测温度高于预置温度上限，计算机发出加热器断电的命令，加热器断电，水温将逐渐下降；

(3) 如果实测温度在预置温度上、下限之间，计算机不发出命令，加热器维持原工作状态不变。

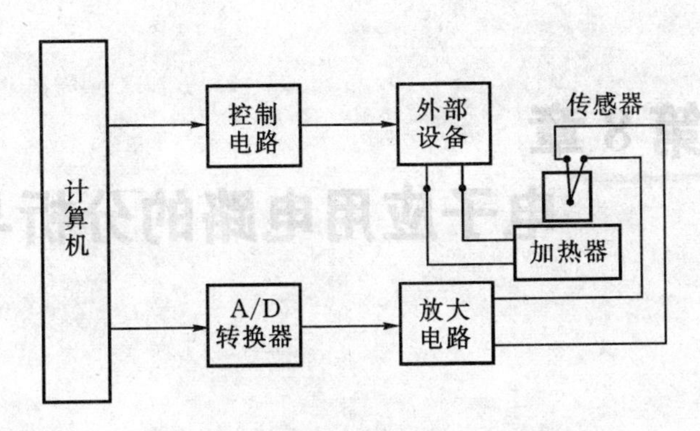

图 7-12　计算机控温系统原理框图

计算机对加热器温度信号定时采样，并与预置比较，决定加热器的通、断电，从而可使水温控制在要求的温度范围之内。

本章小结

D/A 转换器的功能是将输入的二进制数字信号转换成相对应的模拟信号输出。D/A 转换器根据工作原理基本上可分为二进制权电阻网络 D/A 转换器和 T 型电阻网络 D/A 转换器两大类。由于 T 型电阻网络 D/A 转换器只要求两种阻值的电阻，因此最适合于集成工艺，集成 D/A 转换器普遍采用这种电路结构。

如果输入的是 n 位二进制数，则 D/A 转换器的输出电压为：

$$U_0 = D_n U_{REF} = \sum_{i=0}^{n-1} d_i 2^i U_{REF}$$

A/D 转换器的功能是将输入的模拟信号转换成一组多位的二进制数字输出。不同的 A/D 转换方式具有各自的特点。并联比较型 A/D 转换器转换速度快，主要缺点是要使用的比较器和触发器很多，随着分辨率的提高，所需元件数目按几何级数增加。双积分型 A/D 转换器的性能比较稳定，转换精度高，具有很高的抗干扰能力，电路结构简单，其缺点是工作速度较低，在对转换精度要求较高，而对转换速度要求较低的场合，如数字万用表等检测仪器中，得到了广泛的应用逐次逼近型 A/D 转换器的分辨率较高、误差较低、转换速度较快，在一定程度上兼顾了以上两种转换器的优点，因此得到普遍应用。

本章习题

A级

7.1　在图 7-3 所示 T 型电阻网络 D/A 转换器中，设 $U_{REF}=5$ V，若 $R_F=3R$，试求 $d_3d_2d_1d_0=1011$ 时的输出电压 U_0。

7.2　设 DAC0832 集成 D/A 转换器的 $U_{REF}=5$ V，试分别计算 $d_7d_6d_5d_4d_3d_2d_1d_0=$ 10011111、10000101、00000111 时的输出电压 U_0。

7.3　某 D/A 转换器要求十位二进制数能代表 0～10 V，试问此二进制数的最低位代表几伏？

7.4　有一四位逐次逼近型 A/D 转换器如图 7-8 所示。设 $U_{REF}=10$ V，$U_i=8.2$ V，转换后输出的数字量应为多少？

＊第8章 电子应用电路的分析与设计

学习目标

1. 知识目标

(1)熟悉电子应用电路的分析步骤与分析方法。

(2)熟悉常用电子应用电路。

(3)熟悉电子应用电路的设计步骤与设计方法。

2. 能力目标

(1)掌握电子应用电路的分析与设计步骤。

(2)能够对常用电子应用电路进行分析。

知识分布网络

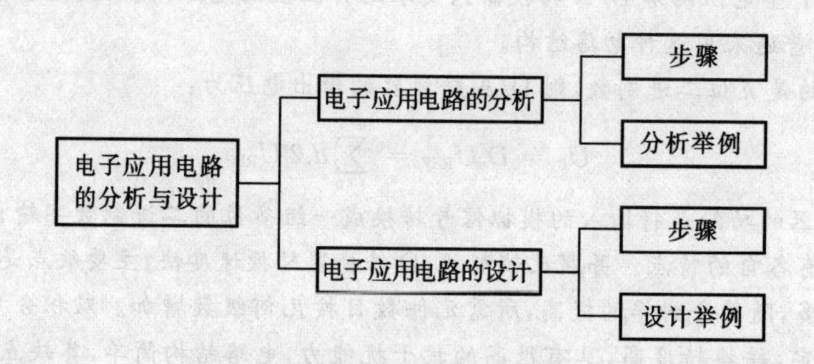

8.1 电子应用电路的分析

电工与电子技术实际应用电路很多，若想要看懂电路图，而且能设计出简单的实用电路，必须综合运用前面所学的知识，结合相应的方法和步骤，才能真正理解和掌握电子电路的特征，真正做到学有所用。

能力知识点1 电子应用电路的分析步骤

电子应用电路的分析步骤如下：

(1)电路分解，将整个电路分解成几个部分，每部分是一个单元电路；

(2)单元电路的分析，分析每个单元电路的工作原理；

(3)整个电路性能分析与数据估算，对每个单元电路的重要部分进行性能分析和数据定量估算，从而得到整体电路的性能指标。

能力知识点2　电子应用电路的分析举例

下面举例说明电子电路的分析方法。

1.恒温控制电路

图8-1是一个小功率液体电热恒温控制电路，温度传感器由热敏电阻代替，温度调节范围根据实际需要确定。此电路主要用于对液体加热时的恒温控制。运放 $A_1\sim A_3$ 的工作电压为±12 V。

(1)电路分解。本电路是由测温电桥、温度信号放大电路、恒温预置电路、继电器驱动电路和显示电路五部分组成，如图8-1所示。

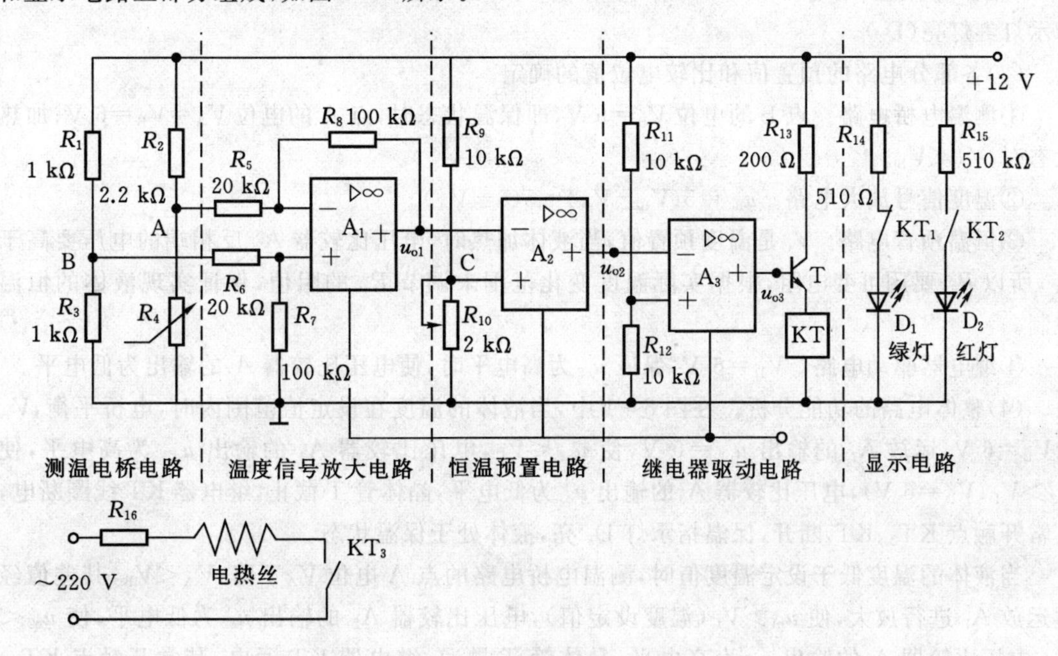

图8-1　液体恒温控制电路

(2)单元电路的分析。

①测温电桥电路。测温电桥电路由 R_1、R_2、R_3、R_4 组成，其中 R_4 是热敏电阻，作为温度传感器。当温度在设定值范围内时，$V_A=V_B$，电桥平衡，输出信号为0，液体处于保温状态；当液体温度低于设定的温度值时，点 A 电位 V_A 下降，即 V_A 小于 V_B，电桥失去平衡，电桥输出信号不为零，因此，液体处于加热状态。

②温度信号放大电路。温度信号放大电路由 R_5、R_6、R_7、R_8 和运放 A_1 组成，测温电桥的输出端A、B分别接到 A_1 的反相输入端和同相输入端，作为差动放大电路的输入信号。

当电桥无信号输出时，即 $V_A=V_B$，运放 A_1 的输入信号为0，其输出信号 $u_{o1}=0$，液体的温度在设定值范围内；当电桥有信号输出时，即 $V_A<V_B$，运放 A_1 的输入端加入差值信号，经过 A_1 放大后，送到恒温预置电路，使液体处于加热状态。

③恒温预置电路。恒温预置电路由 R_9、R_{10} 和运放 A_2 组成，运放 A_2 是一个电压比较器，其输入信号是温度变化信号(u_{o1})，加在 A_2 的反相输入端，A_2 的同相输入端是温度预置值的设定端，调节可变电阻 R_{10} 的阻值，进行预置值的设定，预置值用 V_C 表示。

当$u_{o1}<V_C$时，A_2 的输出 u_{o2} 输出高电平；当 $u_{o1}>V_C$时，A_2 的输出 u_{o2} 输出低电平。

④继电器驱动电路。继电器驱动电路由运放 A_3、晶体管 T 和电阻R_{11}、R_{12}、R_{13}、继电器线圈 KT 组成。A_3也是一个电压比较器，其输入信号是 u_{o2}，加到 A_3的反相输入端，与 A_3的同相输入端基准电压 V_D进行比较。

当 $u_{o2}>V_D$时，电压比较器 A_3输出低电平，晶体管 T 处于截止状态，继电器不工作，液体处于保温状态；当 $u_{o2}<V_D$时，电压比较器 A_3 输出高电平，晶体管 T 处于导通状态，继电器线圈通电，其常开触点 KT_3闭合，液体处于加热状态。

⑤显示电路。显示电路由发光二极管 D_1、D_2 和电阻 R_{14}、R_{15} 组成。当液体处于保温状态时，晶体管 T 截止，继电器 KT 不工作，工作指示灯绿灯亮(D_1)，当液体处于加热状态时，工作指示灯红灯亮(D_2)。

(3)各部分电路的预置值和比较电位值的确定。

①测温电桥电路。点 B 的电位 $V_B=6$ V，即保温状态时，点 A 的电位 $V_A=V_B=6$ V；加热状态时，$V_A<V_B$。

②温度信号放大电路。$u_{o_1}=5(V_B-V_A)=5(6-V_A)$。

③恒温预置电路。V_C是温度预置值，当液体加热时，电压比较器 A_2 反相端的电压要高于 V_C，所以 R_{10}要用可变电阻，根据实际温度变化范围来调节 R_{10} 的阻值，保证实现液体的恒温控制。

④继电器驱动电路。$V_D=6$ V，保证 u_{o2}为高电平时，使电压比较器 A_3的输出为低电平。

(4)整体电路的功能分析。在图 8－1 中，当液体的温度在设定值范围内时，电桥平衡，$V_A=V_B=6$ V，运放 A_1 的输出 $u_{o1}=0$ V，使 $u_{o1}<V_C$，电压比较器 A_2 的输出 u_{o2} 为高电平，使 $u_{o2}>V_D$($V_D=6$ V)，电压比较器 A_3的输出 u_{o3}为低电平，晶体管 T 截止，继电器 KT 线圈断电，其常开触点 KT_2、KT_3断开，保温指示灯 D_1 亮，液体处于保温状态。

当液体的温度低于设定温度值时，测温电桥电路的点 A 电位 V_A下降，$V_A<V_B$，其差值经过运放 A_1 进行放大，使 $u_{o1}>V_C$(温度设定值)，电压比较器 A_2 的输出 u_{o2}为低电平，使 $u_{o2}<V_D$，电压比较器 A_3的输出 u_{o3}为高电平，晶体管 T 导通，继电器 KT 通电，其常开触点 KT_2、KT_3闭合，常闭触点 KT_1 断开，电热丝与 220 V 电源接通，液体处于加热状态，此时加热指示灯 D_2 亮。

2. 三相异步电动机缺相保护电路

如图 8－2 所示为三相异步电动机缺相保护电路，其电路功能为：当三相异步电动机的电源缺相时，继电器 KT 的线圈通电，其触点动作，切断电动机的三相电源，从而使电动机得到保护。

(1)电路分解。本电路是由三相异步电动机缺相信号采样电路、缺相信号检测电路和控制电路三部分组成。

(2)单元电路工作原理分析。

①缺相信号采样电路。缺相信号采样电路由电源互感器 TA_1、TA_2、TA_3，整流二极管 D_1、D_2、D_3、采样电位器 RP_1、RP_2、RP_3，滤波电容 C_1、C_2、C_3组成。电流互感器的原绕组 LA_1、LB_1 和 LC_1 分别串入三相异步电动机的三根相线中，副绕组接半波整流滤波电路，整流电路输出信号从电位器 RP_1、RP_2、RP_3取出。当电动机正常工作时，三个电流互感器副边感应出的三相电压信号相等，经过整流后，调节 RP_1、RP_2、RP_3，使 A、B、C 三点的电位相等，也使加到电

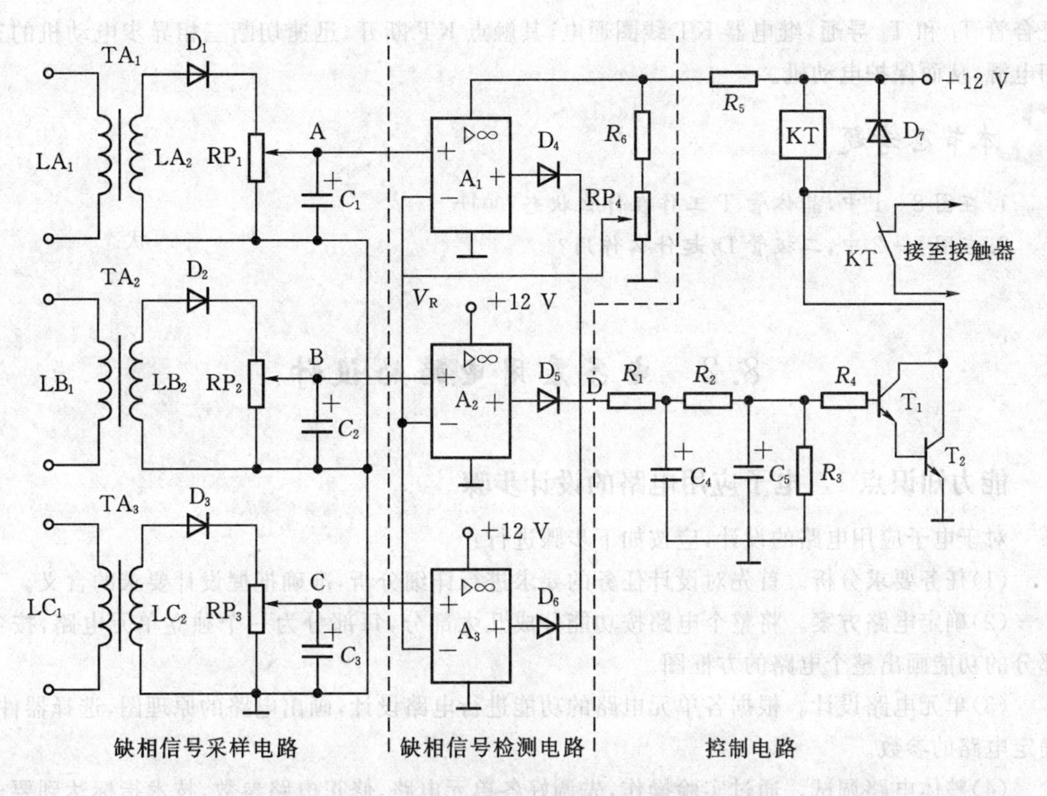

图 8-2　三相异步电动机缺相保护电路

压比较器 A_1、A_2、A_3的同相端电位相等；当电动机有一相缺相时，A、B、C 三点电位不相等。

②缺相信号检测电路。缺相信号检测电路由电压比较器 A_1、A_2、A_3和电阻 R_6、电位器 RP_4组成。电压比较器 A_1、A_2、A_3的同相输入端信号分别取自缺相信号采样电路的 A、B、C 三点采样信号，反相输入端信号取自 R_6和 RP_4的分压，作为基准信号 V_R与同相端采样信号进行比较。当电动机正常工作时，A_1、A_2、A_3的同相端信号低于反相端信号，三个电压比较器输出均为低电平；当电动机缺相时，例如电动机 A 相绕组断电，则点 B、C 电位升高，高于 V_R，比较器 A_2、A_3输出高电平，则二极管 D_5、D_6导通，点 D 输出高电平。

③控制电路。控制电路由电阻 R_1、R_2、R_3、R_4，电容 C_4、C_5、晶体管 T_1、T_2，继电器线圈 KT 和二极管 D_7组成。R_1 和 R_2、C_4和 C_5组成滤波电路，其输出电压经电阻 R_3和 R_4送入晶体管 T_1 的基极，这里晶体管 T_1 和 T_2 组成了复合管，其目的是提高继电器的驱动电流。当电动机正常工作时，检测电路无信号输出，晶体复合管不导通，继电器线圈断电；当电动机缺相时，检测电路输出高电平，经滤波电路后使复合管导通，继电器线圈 KT 通电，其触点动作（KT 断开），切断电动机的三相电源。

(3)整体电路分析。在图 8-2 所示电路中，当三相异步电动机正常工作时，A、B、C 三点电位相等，并且低于基准信号 V_R，电压比较器 A_1、A_2、A_3输出均为低电平，D_4、D_5、D_6均截止，点 D 电位为低电平，复合管 T_1 和 T_2 截止，继电器 KT 线圈断电，其触点 KT 不动作；当三相异步电动机缺相时，例如 A 相断电，则三相异步电动机 B、C 绕组中的电流升高，电流互感器 TA_2、TA_3的副绕组感应电流也随着增加，经 D_2 和 D_3、C_2 和 C_3滤波后，点 B 和点 C 电位升高，即 $V_B=V_C>V_R$，电压比较器 A_2 和 A_3输出高电平，使二极管 D_5和 D_6导通，点 D 输出高电平，

复合管 T_1 和 T_2 导通，继电器 KT 线圈通电，其触点 KT 断开，迅速切断三相异步电动机的三相电源，从而保护电动机。

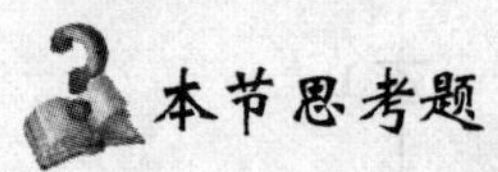

1. 在图 8-1 中，晶体管 T 工作在什么状态？

2. 在图 8-2 中，二极管 D_7 起什么作用？

8.2 电子应用电路的设计

能力知识点 1 电子应用电路的设计步骤

对于电子应用电路的设计，应按如下步骤进行：

(1)任务要求分析。首先对设计任务的要求进行详细分析，准确把握设计要求的含义。

(2)确定电路方案。将整个电路按功能分成几大部分，每部分为一个独立单元电路，按各部分的功能画出整个电路的方框图。

(3)单元电路设计。根据各单元电路的功能进行电路设计，画出电路的原理图，选择器件，确定电路的参数。

(4)整体电路调试。通过实验操作，先调好各单元电路，修正电路参数，技术指标达到要求后，再将各单元电路对接，进行整体电路调试，完成设计任务。

能力知识点 2 电子应用电路的设计举例——30s 定时显示报警器的设计

目前，在自动化生产线、工业控制系统和自动检测系统中常常用到定时计数、显示和报警系统，进行故障检测、过程控制和产品计数等，如电工电子实验装置中为了控制学生实验时长，可在实验台上安装一套定时显示报警器，当实验开始时开始计数，到设定时间报警。下面我们设计一个 30 s 定时显示报警器电路。

(1)任务要求。

①加法计数，从 00 s 计到 30 s，计数器停止计数，置数“30”，显示器显示“30”数字不变，电路报警；按一下复位开关，计数器又重新从 00 s 计数，重复以上过程。

②计数显示范围 00～30。

③报警电路采用蜂鸣器报警。

④要求整个电路能准确地预置数(30)和清零。

⑤集成电路芯片的工作电压为＋5 V。

(2)确定电路方案。根据任务要求，本电路可由秒脉冲发生器、计数器、译码显示器及报警电路四部分组成，电路方框图如图 8-3 所示。

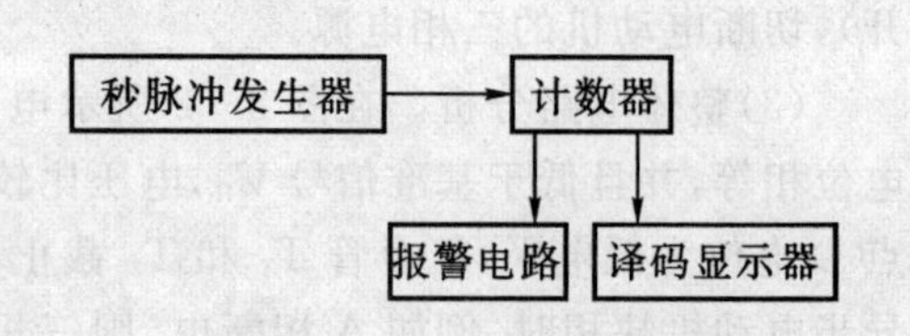

图 8-3 30 s 定时显示报警器方框图

①秒脉冲发生器。其功能是：能够产生周期为 1 s 的连续脉冲，作为计数器的时钟脉冲输入信号。可采用 555 集成定时器加上外围元件构成。

②计数电路。其功能是:能够准确地记录时钟脉冲的个数,一个脉冲表示 1 s,连续从 00 s 开始记录到 30 s,停止计数并置数“30”不变;复位后再重复以上计数过程。根据以上分析,计数器应用为三十进制计数器,并且要求具有预置数功能。

③译码显示电路。其功能是:译码器将计数器记录的脉冲数(二进制数)翻译成十进制数,通过显示电路(数码管)显示出来。显示的十进制范围为 00～30。因此采用两位七段译码显示电路即可。

④报警电路。其功能是:当计数器计到 30 s 时,显示电路显示“30”数字,同时报警电路开始工作,蜂鸣器报警。报警电路由逻辑门和 5 V 的蜂鸣器组成。

(3)单元电路设计。根据以上电路方案,各单元电路设计如下:

①秒脉冲发生器的设计。秒脉冲发生器可用 555 集成定时器构成的多谐振荡器代替,其电路如图 8-4 所示。

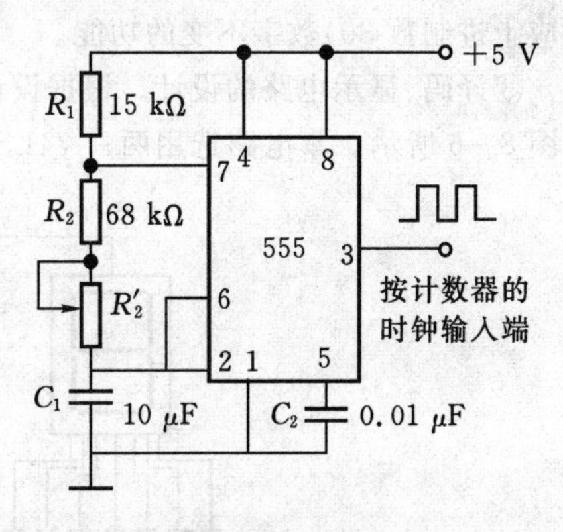

图 8-4　秒脉冲发生器

在图 8-4 所示的由 555 定时器构成的多谐振荡器,其工作原理在第 6 章第 6.2 节已经详细讲解,在此不再介绍。要满足秒脉冲发生器产生脉冲周期为 1 s 的设计要求,选取 $R_1=15\ \text{k}\Omega$,$R_2=68\ \text{k}\Omega$,$C_1=10\ \mu\text{F}$,则振荡器输出脉冲信号的振荡周期为 $T=0.7(R_1+2R_2)C_1=0.7(15+2\times68)\times10^3\times10\times10^{-6}\approx1\ \text{s}$,考虑精确度,可在 R_2 支路中串联一个 2 kΩ 的电位器进行微调,使输出信号的周期保证为 1 s。

②计数器的设计。根据设计任务要求,本电路的计数器的功能为三十进制计数器,并且要有预置数的功能。所以选用两片具有预置数功能的十进制同步计数器 74LS160 来实现,电路如图 8-5 所示。

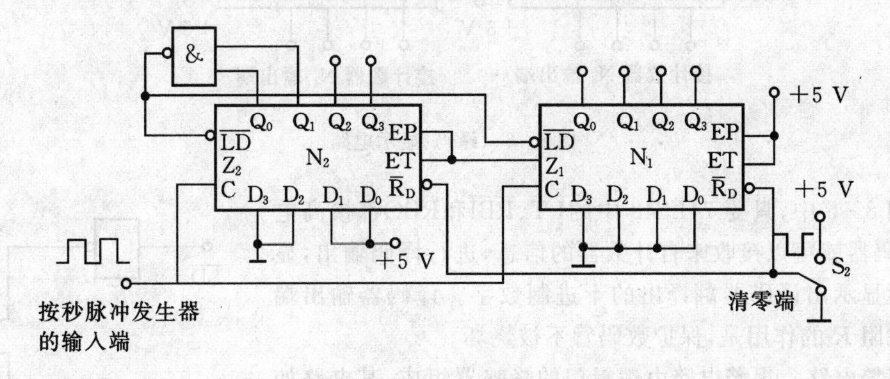

图 8-5　由 74LS160 组成的三十进制计数器

在图 8-5 中,N_1 是低位十进制计数器,N_2 是高位三进制计数器。N_1 的工作状态控制端 ET=EP=1,即 N_1 计数器总是处于计数状态。N_2 计数器的工作状态控制端的信号由 N_1 计数器的进位输出端 Z_1 决定,即 N_2 计数器的 $ET=EP=Z_1$。$Z_1=Q_0Q_3$(由计数器内部逻辑电路决定,如:可在 Q_0、Q_3 与 Z_1 之间加一个与门电路,Q_0 和 Q_3 作为与门的输入端,Z_1 作为与门的输出端),当 N_1 的输出状态 $Q_3Q_2Q_1Q_0=1001$ 时,$Z_1=1$,即 N_2 计数器的 ET=EP=1,下一个时钟脉冲信号到来时，N_2 进入计数工作状态，计入 1，而 N_1 计作 0000，它的 Z_1 端回到低电平 0，N_2 计数器处于保持状态。每来 10 个脉冲，N_2 计数一次。由于要求构成三十进制计数器，本电路利用 74LS160 的预置数功能端$\overline{LD}$进行置数，将 N_1 的数据输入端置 0000，N_2 的数据输入端置 0011（如图 8－5 所示）。当第 29 个脉冲到来时，N_1 计数器输出为 1001，$Z_1=1$，即 N_2 计数器的 ET＝EP＝1，准备开始计数。当第三十个脉冲到来时，N_2 计数器计数，输出状态由 0010 变为 0011，即 $Q_0Q_1=11$，使 N_1、N_2 计数器的$\overline{LD}$均为 0，同时置数 0011、0000，从而得到三十进制的计数器。

由于第 30 个脉冲过后，N_1 计数器的进位端 $Z_1=0$，所以 N_2 计数器的输出状态 0011 保持不变，使 N_1 和 N_2 的置数端$\overline{LD}=0$ 也不变，实现了计数器停止计数，并且保持“0011 0000”（即对应十进制数 30）数字不变的功能。

③译码、显示电路的设计。根据设计任务的要求，译码显示电路采用七段译码显示电路，如图 8－6 所示。本电路选用两片 74LS48 译码器，两个共阴极 LED 数码管。

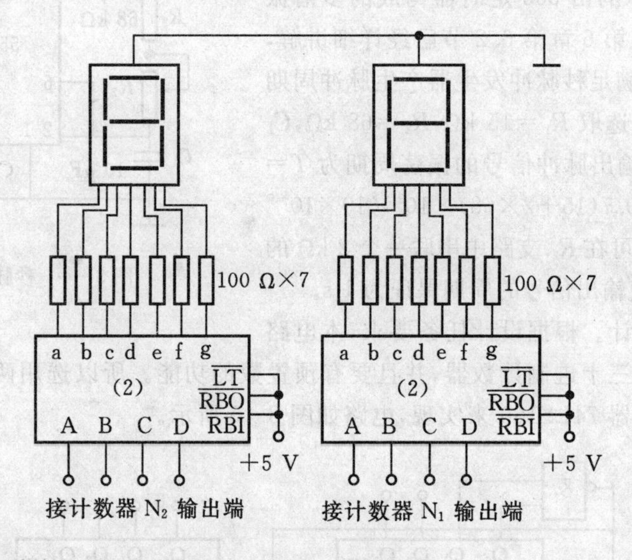

图 8－6　译码、显示电路

在图 8－6 中，只要 74LS48 中的$\overline{LT}$、$\overline{RBI}$和$\overline{RBO}$都接高电平时，译码器就可以接收来自计数器的信息，进行译码输出，显示电路就显示出译码器翻译出的十进制数字。译码器输出端接限流电阻 R 的作用是，保护数码管不被烧坏。

④报警电路。报警电路由逻辑门的蜂鸣器组成，其电路如图 8－7 所示。在图 8－7 中，非门的输入端接 74LS160 的置数端$\overline{LD}$，当正常计数时，置数端$\overline{LD}$为高电平，蜂鸣器不响；当计数器计到 30 s 时，$\overline{LD}$由高电平变化低电平，非门输出为高电平，蜂鸣器响，开始报警。

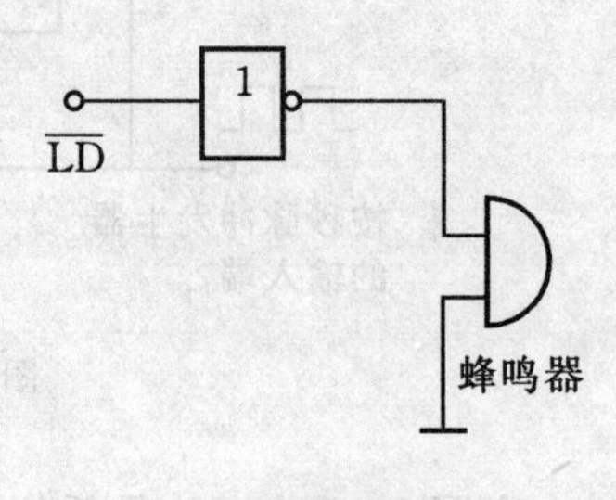

图 8－7　报警电路

（4）整体电路调试。整体电路调试分两步进行，第一步先进行单元电路调试；第二步将各单元电路从输入到输出对接进行整体调试。

①秒脉冲发生器的调试。按图 8-4 接线，在 555 定时器输出端接一个发光二极管(串联一个电阻，以保护发光二极管)。接通 5 V 电源，发光二极管闪亮，调节电位器 R'_2，使发光二极管按 1 Hz 的频率闪亮，即 T=1 s，指标符合要求后，进行下一单元电路的调试。

②计数器电路的调试。按图 8-5 接线，分别调试 N_1 和 N_2 计数器的计数功能，即将图 8-5 中的 Z_1 和 N_2 计数器的 ET=EP 的连接线断开，在 N_1 计数器的输出端接上四个发光二极管，将计数器的时钟脉冲端 C 接秒脉冲发生器，接通 +5 V 电源，观察四个发光二极管的闪亮状态，检查 N_1 是否按照十进制功能计数，若计数功能正确，采用同样的方法再检查 N_2 计数器是否按三进制计数，并且当$\overline{R_D}$为高电平时，可以保证输出为 0011 保持不变。两个计数器功能正确后，将 N_1 计数器的 Z_1 和 N_2 计数器的 EP、ET 端接在一起，接通 +5 V 电源，观察两计数器输出端发光二极管的闪亮状态，检查两个计数器是否按三十进制计数，计到 30 就停止计数。电路调好后，进行下一单元电路调试。

③译码显示电路的调试。按图 8-6 接线，译码器的 3 脚$\overline{LT}$接低电平，检查数码管各段是否全亮，即数码管显示“8”。然后，译码器的 3、4、5 脚都接高电平，A、B、C、D 接计数器的输出端，接通 +5 V 电源，输入秒脉冲，观察显示器 LED 数码管显示的数据是否正确。调好之后，进行下一单元电路的调试。

④报警电路的调试。将报警电路的输入端接计数器的$\overline{LD}$端，接通 +5 V 电源，调试报警电路功能是否正确。

⑤整体电路调试。将以上各单元电路按图 8-8 连接起来，组成整体电路。

在图 8-8 中，电路整体功能如下：闭合电源开关 S_1，接通 +5 V 电源，将计数器的清零端接地，即开关 S_2 接地，计数器清零，数码管显示“0 0”数字。而后将开关 S_2 接高电平(+5 V)，即$\overline{R_D}$接高电平，计数器开始计数，数码管显示计数过程，当计数器计到 30 s 时，计数器置数，显

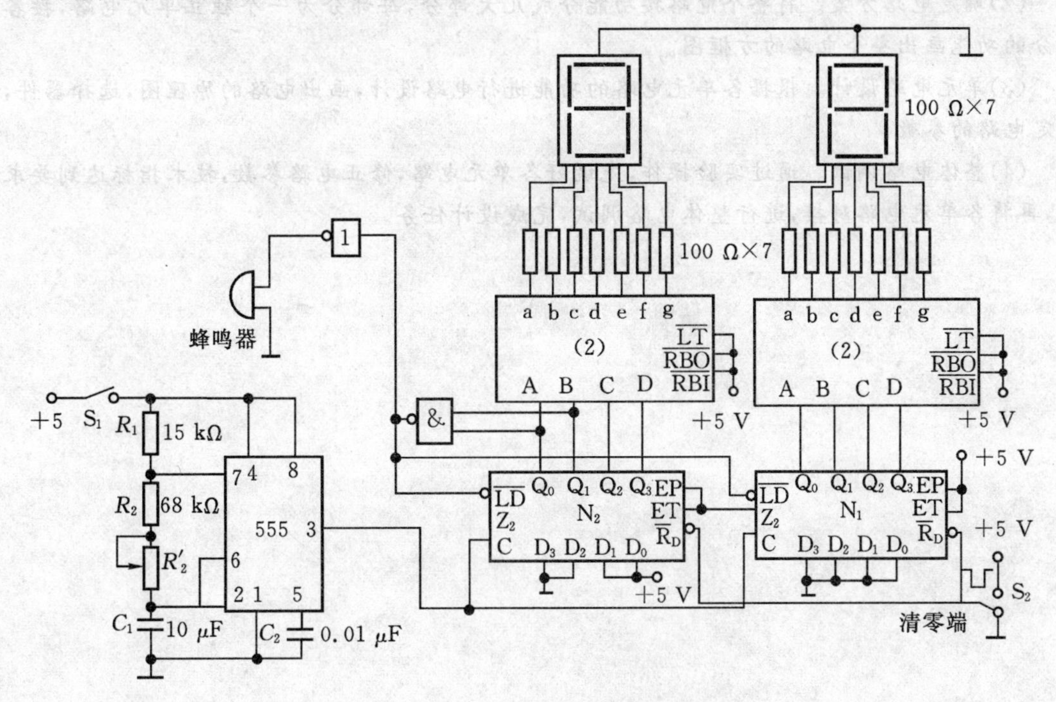

图 8-8　30 s 定时显示报警电路原理图

示器显示“30”数字，电路报警；此时，计数器停止计数，输出保持“30”状态不变。当计数器清零之后，计数又开始计数，重复上述过程。

(5)电路元器件清单。555集成定时器一片；十进制同步计数器74LS160两片；七段译码器74LS48两片；共阴极数码管两个；集成与非门74LS00一片；10 μF电容1个；0.01 μF电容1个；电阻若干。

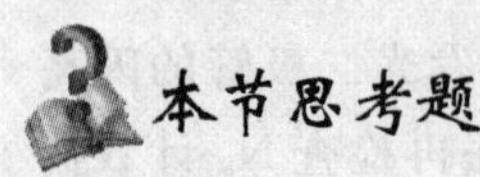

本节思考题

1. 在图8-8中，若将译码器74LS48换成74LS47行吗？若行，如何选择LED数码管？

2. 在图8-8中，N_1和N_2计数器的$\overline{LD}$、ET、EP端的作用是什么？

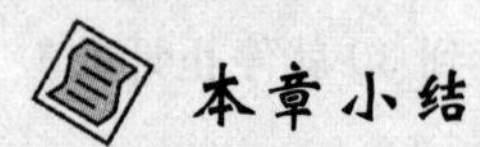

本章小结

本章通过几个实例，简要地介绍了电工与电子技术应用电路的分析与设计方法，其目的是在学生学完理论课和上完实验课之后，能够综合运用所学的知识，看懂简单的电路图和进行简单电路的设计，为后续课程的学习和工作需要打下基础，达到理论联系实际学有所用的效果。

1. 分析电子应用电路的步骤

(1)电路分解。将整个电路分解成几个部分，每部分是一个单元电路。

(2)单元电路的分析。分析每个单元电路的工作原理。

(3)整个电路性能分析与数据估算。对每个单元电路的重要部分进行性能分析和数据定量估算，从而得到整体电路的性能指标。

2. 电子应用电路的设计步骤

(1)任务要求分析。首先对设计任务的要求进行详细分析，准确把握设计要求的含义。

(2)确定电路方案。将整个电路按功能分成几大部分，每部分为一个独立单元电路，按各部分的功能画出整个电路的方框图。

(3)单元电路设计。根据各单元电路的功能进行电路设计，画出电路的原理图，选择器件，确定电路的参数。

(4)整体电路调试。通过实验操作，先调好各单元电路，修正电路参数，技术指标达到要求后，再将各单元电路对接，进行整体电路调试，完成设计任务。

部分习题参考答案

第 1 章

1.1　(a)12 V;(b)−10 V。

1.2　(a)12 V,D_1 截止,D_2 导通;(b)−10 V,D_1 截止,D_2 导通。

1.3　5 mA。

1.4　波形图如答案图 1 所示

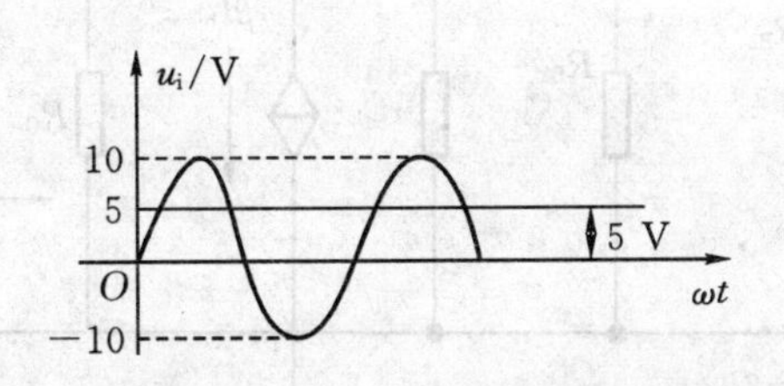

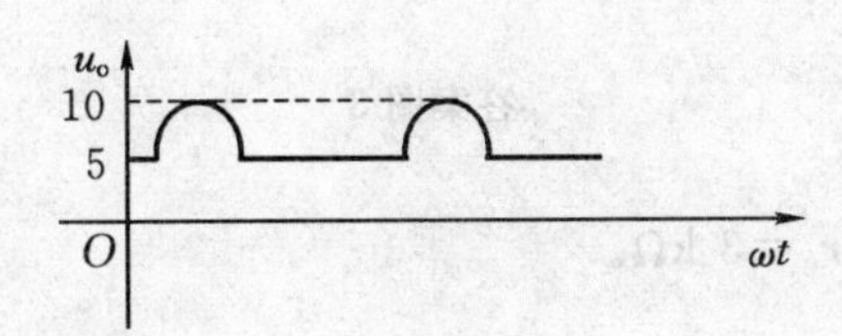

答案图 1

1.5　稳压电路如图答案图 2 的所示。

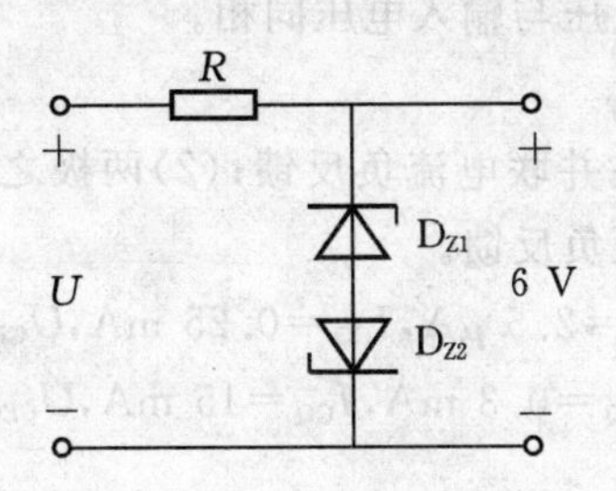

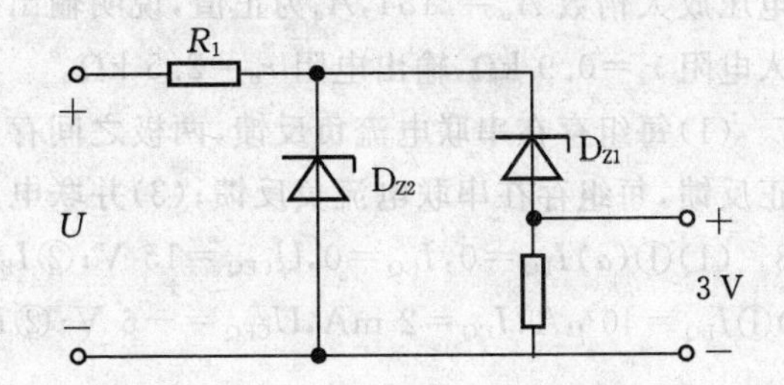

答案图 2

1.6　(1)③脚电流为 0.03 mA,方向从 T_1 流出;①脚为 C 极,②脚为 E 极,③脚为 B 极;(2)②脚电流为 2 mA,方向流入 T_2;①脚为 B 极,②脚为 C 极,③脚为 E 极。

1.7　(1)饱和;(2)放大;(3)截止;(4)放大。

1.8　锗管,NPN 型,8 V 为 C 极,4 V 为 E 极,4.7 V 为 B 极。

1.9　(1)9 mA,30 mA,21 mA;(3)0.3~2.25 kΩ。

1.10 $U_o=8$ V; $I=12$ mA; $I_{Z1}=6$ mA; $I_{Z2}=6$ mA。

第 2 章

2.1 (1)不能;(2)能;(3)不能;(4)不能。

2.2 $I_B=40\ \mu A, I_C=2$ mA, $U_{CE}=6$ V。

2.3 (1)R_L 接入时 $A_u=-78$;$A_u=-156$;

(2) $r_i=0.96$ kΩ; $r_o=3$ kΩ。

2.4 (1)$I_E=1.6$ mA;$I_C=1.6$ mA;$I_B=35\ \mu A$;$U_{CE}=4.8$ V

(2)微变等效电路如答案图 3 所示。

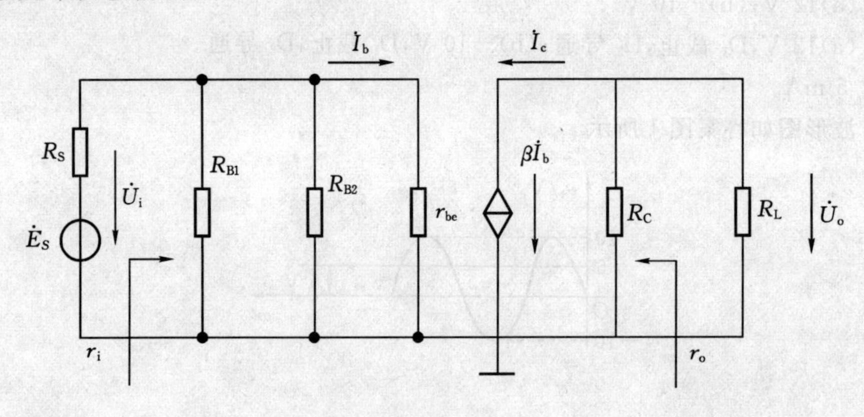

答案图 3

(3)$A_u=-92$;$r_i=1$ kΩ;$r_o=3$ kΩ。

2.5 略。

2.6 前级静态值为:$V_{B1}=4$ V, $I_{C1}\approx I_{E1}=1.3$ mA;$I_{B1}=33\ \mu A$;$U_{CE1}=4.2$ V。

后级静态值为: $V_{B2}=4$ V, $I_{C2}\approx I_{E2}=2$ mA, $I_{B2}=50\ \mu A$, $U_{CE2}=3$ V。

总电压放大倍数 $A_u=2184$,A_u为正值,说明输出电压与输入电压同相。

输入电阻 $r_i=0.9$ kΩ,输出电阻 $r_o=2.5$ kΩ。

2.7 (1)每组存在串联电流负反馈,两极之间存在并联电流负反馈;(2)两极之间存在串联电流正反馈,每组存在串联电流负反馈;(3)并联电压负反馈。

2.8 (1)①(*a*)$I_{BQ}=0, I_{CQ}=0, U_{CEQ}=15$ V;②$I_{BQ}=2.5\ \mu A, I_{CQ}=0.25$ mA, $U_{CEQ}=5$ V。

(2)①$I_{BQ}=40\ \mu A, I_{CQ}=2$ mA, $U_{CEQ}=-6$ V;②$I_{BQ}=0.3$ mA, $I_{CQ}=15$ mA, $U_{CEQ}=0$。

第 3 章

3.1 $u_o=-60$ mV, $R_2=15$ kΩ。

3.2 $u_o=6\ u_i$, $R_1=5$ kΩ。

3.3 $u_o=-100$ mV, $R_3=15$ kΩ。

3.4 $u_o=50$ mV。

3.5　$u_o = 500\ \text{mV}, R_2 = \frac{20}{3}\text{k}\Omega, R_3 = \frac{50}{3}\text{k}\Omega$。

3.6　$u_o = 22\ \text{V}, R_2 = 8\ \text{k}\Omega, R_4 = \frac{100}{11}\ \text{k}\Omega$。

3.7　$u_o = 5.5\ \text{V}$。

3.8　$u_o = -2\ \text{V}$。

3.9　$i_L = 0.15\ \text{A}$。

3.10　$u_o = 4.5\ \text{V}$。

3.11　$R_F = 40\ \text{k}\Omega$。

3.12　$u_o = 3.5\ \text{V}$。

3.13　$u_o = 1\ \text{V}$。

3.14　(1)$u_o = 2\ \text{V}$;(2)$u_o = 5\ \text{V}$。

3.15　具有钳位作用,防止输入电压过大。

3.16　$u_o = \frac{R_2(2R + R_W)}{R_1 R_W}(u_{i2} - u_{i1})$。

第 4 章

4.1　(1)$F = \overline{AB} + \overline{CD}$;(2)$F = \overline{AB(C+D)}$。

4.2　逻辑图如答案图 4 所示。

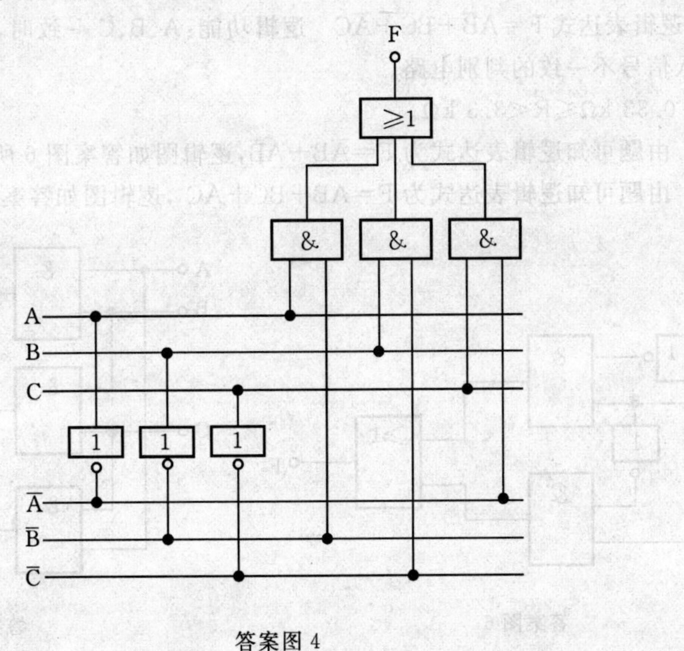

答案图 4

4.3　逻辑图如答案图 5 所示。

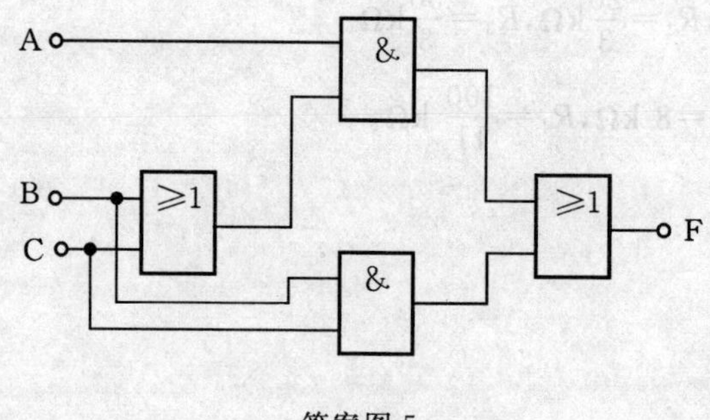

答案图 5

4.4　(1)$F=A+B$；(2)$F=1$；(3)$A+CD$；(4)$F=AD$。

4.5　(1)$(35)_{10}=(100011)_2=(23)_{16}$；

(2)$(56)_{10}=(111000)_2=(38)_{16}$；

(3)$(121)_{10}=(1111001)_2=(79)_{16}$；

(4)$(235)_{10}=(11101011)_2=(EB)_{16}$。

4.6　(1)$(47)_{10}=(1000111)_{8421BCD}$；

(2)$(105)_{10}=(100000101)_{8421BCD}$；

(3)$(456)_{10}=(10001010110)_{8421BCD}$；

(4)$(321)_{10}=(1100100001)_{8421BCD}$。

4.7　逻辑表达式 $F=AB+\overline{A}\overline{B}$，逻辑功能：相同出 1，不同出 0。

4.8　逻辑表达式 $F=A\overline{B}+B\overline{C}+\overline{A}C$　逻辑功能：A、B、C 一致时，$F=0$；不一致时，$F=1$，是一个输入信号不一致的判别电路。

4.9　$0.33\ \text{k}\Omega \leqslant R < 3.3\ \text{k}\Omega$。

4.10　由题可知逻辑表达式为 $F=\overline{A}B+A\overline{B}$，逻辑图如答案图 6 所示。

4.11　由题可知逻辑表达式为 $F=AB+BC+AC$，逻辑图如答案图 7 所示。

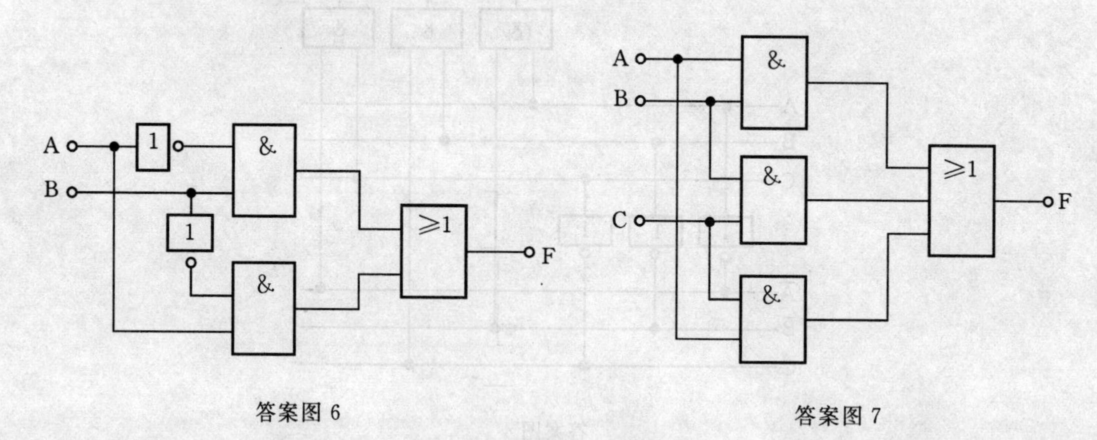

答案图 6　　答案图 7

工作原理：当逻辑电路输出 $F=1$ 时，三极管 T 就能导通，于是继电器 KM 的线圈就可以通电，根据继电器的原理可知，继电器 KM 的线圈通电后，其常开触点就可以闭合，于是发光二极管 LED 通电而发光。

4.12　由题可知逻辑表达式为 $F=\overline{A}BC+A\overline{B}C+AB\overline{C}+ABC$，化简后有 $F=AB+BC+$

$AC=\overline{\overline{AB}\cdot\overline{BC}\cdot\overline{AC}}$,逻辑图如答案图 8 所示。

4.13 由题可知逻辑表达式为 $F=\overline{ABCD}+\overline{ABCD}+\overline{ABCD}+\overline{ABCD}$ 化简后有 $F=\overline{ABC}+\overline{ABD}+\overline{ABC}$,逻辑图如答案图 9 所示。

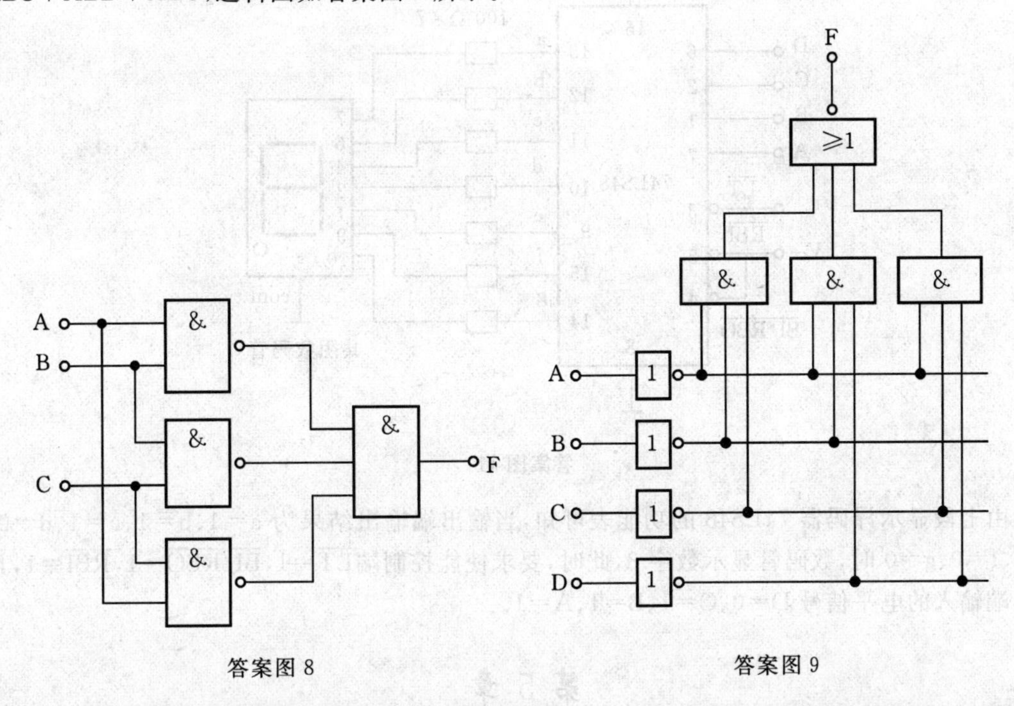

答案图 8　　答案图 9

4.14 由题可知逻辑表达式为 $F=\overline{A}\overline{B}C+\overline{A}B\overline{C}+A\overline{B}\overline{C}+ABC$,逻辑图如答案图 10 所示。

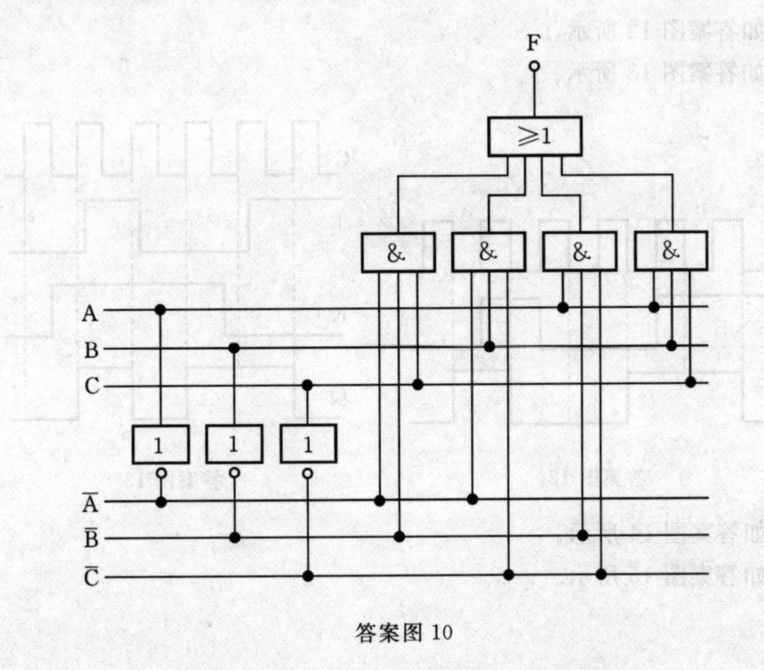

答案图 10

4.15 电路图如答案图 11。

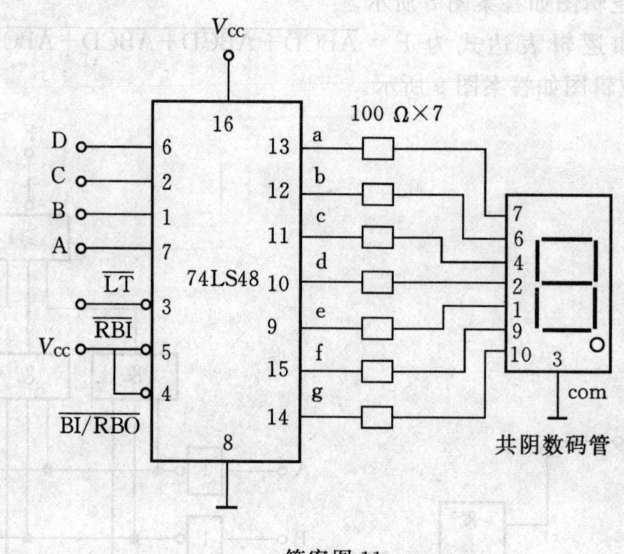

答案图 11

由七段显示译码器 74LS48 的功能表可知，当输出端输出结果为 a=1、b=1、c=1、d=0、e=0、f=0、g=0 时，数码管显示数字 3，此时，要求使能控制端$\overline{LT}$=1，$\overline{BI}/\overline{RBO}$=1，$\overline{RBI}$=1，且输入端输入的电平信号 D=0、C=1、B=1、A=1。

第 5 章

5.1　波形如答案图 12 所示。

5.2　波形如答案图 13 所示。

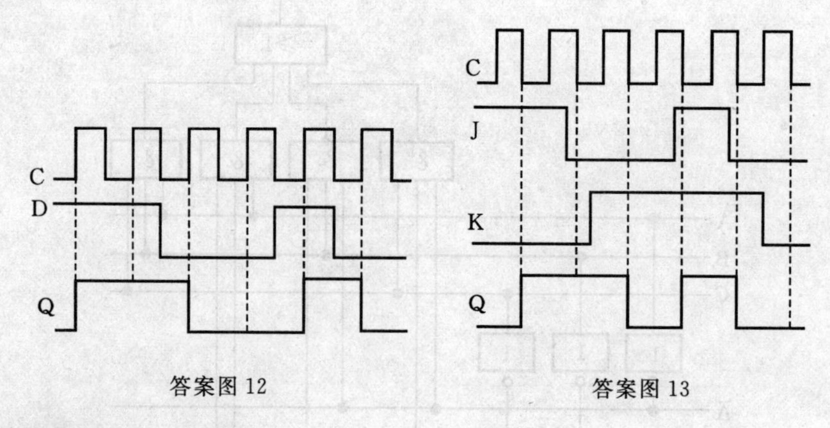

答案图 12　　答案图 13

5.3　波形如答案图 14 所示。

5.4　波形如答案图 15 所示。

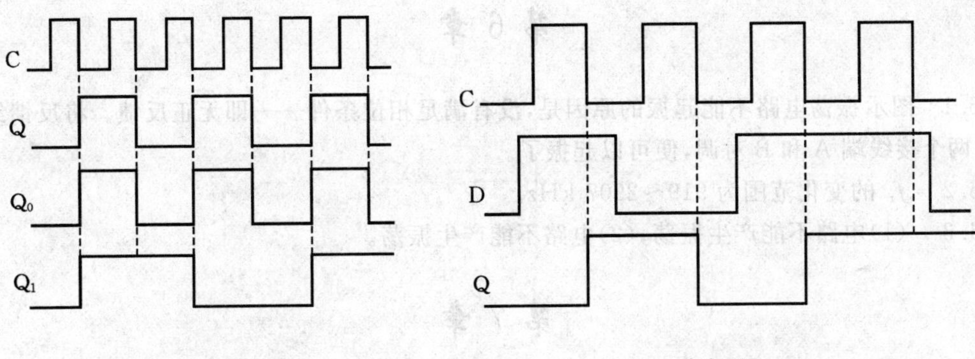

答案图 14　　　　答案图 15

5.5　波形如答案图 16 所示。

5.6　波形如答案图 17 所示。

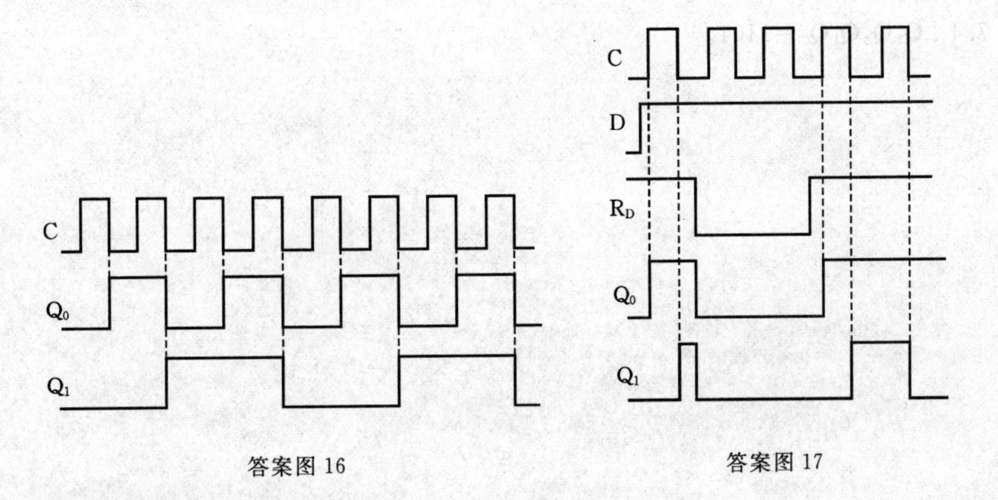

答案图 16　　　　答案图 17

5.7　30 进制计数器。

5.8　波形如答案图 18 所示。

5.9　答案略。

5.10　答案略。

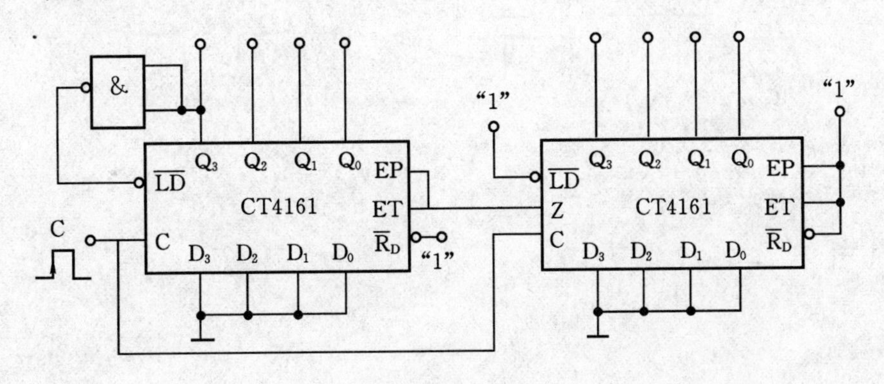

答案图 18

第 6 章

6.1　图示振荡电路不能起振的原因是，没有满足相位条件——即无正反馈。将反馈绕组 L_f 的两个接线端 A 和 B 对调，便可以起振了。

6.2　f_o 的变化范围为 919～2907 kHz。

6.3　(1)电路不能产生振荡；(2)电路不能产生振荡。

第 7 章

7.1　$U_o = -3.44$ V。

7.2　$U_o = -3.105$ V，-2.598 V，-0.137 V。

7.3　$U_o = 10/(2^{10}-1)$ V。

7.4　$Q_3Q_2Q_1Q_0 = 1101$。

附 录

附录一 常用半导体器件的命名方法

第一部分		第二部分		第三部分		第四部分	第五部分
用数字表示器件电极数目		用汉语拼音表示器件的材料和极性		用汉语拼音表示器件类型		用数字表示器件序号	用户汉语拼音表示规格号
符号	意义	符号	意义	符号	意义		
2	二极管	A	N 型锗材料	P	普通管		
		B	P 型锗材料	V	微波管		
		C	N 型硅材料	W	稳压管		
		D	P 型硅材料	C	参量管		
				Z	整流管		
3	三极管	A	PNP 型锗材料	L	整流堆		
		B	NPN 型锗材料	S	隧道管		
		C	PNP 型硅材料	U	光电管		
		D	NPN 型硅材料	K	开关管		
				X	低频小功率管（截止频率＜3 Hz，耗散功率＜1 W		
				G	高频小功率管（截止频率≥3 Hz，耗散功率＜1 W		
				D	低频大功率管（截止频率＜3 Hz，耗散功率≥1 W		
				A	高频大功率管（截止频率≥3 Hz，耗散功率≥1 W		
				T	可控整流器		

示例

3 A G 11 C

- C — 规格号
- 11 — 序号
- G — 高频小功率管
- A — PNP 型锗材料
- 3 — 三极管

1. 常用半导体二极管

(1)2AP 型锗二极管(国产)。

型号	最大整流电流(mA)	最大整流电流时的正向压降(V)	最高反向工作电压(V)	用途
2AP1	16	≤1.2	20	检波及小电流整流
2AP2	16		30	
2AP3	25		30	
2AP4	16		50	
2AP5	16		75	

(2)IN 系列二极管(进口)。

型号	最大整流电流(mA)	最大整流电流时的正向压降(V)	最高反向工作电压(V)	反向电流(μA)	用途
IN4001	1	1.1	50	5	检波及小电流整流
IN4002			100		
IN4003			200		
IN4004			400		
IN4005			600		
IN4006			800		
IN4007			1000		

(3)整流桥 1。

参数		平均整流电压(U_o/V)	最高反向工作电压(U_{RM}/V)	正向压降(U_F/V)	额定正向整流电流(I_F/mA)	外形
型号	1CO.1A	25	37.5	≤2	50	塑料外壳环氧封装
	B	50	75			
	C	100	150			
	D	200	300			
	E	300	450			
	F	400	600			
	G	500	750			
	H	600	900			

(4)整流桥 2。

型号	最高反向电压 (U_{RM}/V)	平均整流电压 (U_0/V)	正向压降(U_F/V)	最大反向电流 (I_R/ μA)	额定整流电流 (I_F/A)
DB101	50	30	1.1		1.0
DB102	100	65	1.1		1.0
DB103	200	130	1.1	10	1.0
RB151	50	30	1.0		1.5
RB152	100	65	1.0		1.5
RB153	200	130	1.0		1.5

(5)硅稳压二极管。

参数及测试条件		最大耗散功率 (P_{ZM}/W)	最大工作电流 (I_{ZM}/mA)	稳定电压 (U_Z/V) ($I_Z=I_{Z1}$)	动态电阻($I_Z=I_{Z1}$,$I_Z=I_{Z2}$)				外形
					R_{Z1}/Ω	I_{Z1}/ mA	R_{Z2}/Ω	I_{Z2}/mA	
	2CW50		83	1.0～2.8	300		50		
	51		71	2.5～3.5	400		60		
	52		55	3.2～4.5	550		70	10	
	53		41	4.0～5.8	550		50		
	54		38	5.5～6.5			30		
	55		33	6.2～7.5			15		
	56		27	7.0～8.8	500		15		金属封装
	57		26	8.5～9.5			20		
型号	58	0.25	23	9.2～10.5		1	25	5	
	59		20	10～11.8			30		
	60		19	11.5～12.5			40		
	61		16	12.2～14			50		
	62		14	13.5～17	400		60		
	63		13	16～19			70	3	
	64		11	18～21			75		
	65		10	20～24			80		

2.常用晶体三极管的型号和主要参数

(1)3AX31 型低频小功率锗管部分型号和主要参数。

型号	集电极最大耗散功率 P_{CM}/mW	集电极最大允许电流 I_{CM}/mA	反向击穿电压			反向饱和电流		共发射极电流放大系数 h_{fe}/β	最高允许结温 T_{jM}/℃	管脚
			集－基 BV_{CBO}/V	集－射 BV_{CEO}/V	射－基 BV_{EBO}/V	集－基 I_{CBO}/μA	集－射 I_{CEO}/μA			
3AX31A	125	122	≥20	≥12	≥10	≤20	≤1000	30～200	75	b c e
3AX31B	125	125	≥30	≥18	≥10	≤10	≤750	50～150	75	
3AX31C	125	125	≥40	≥25	≥20	≤6	≤500	50～150	75	
3AX31D	100	30	≥30	≥12	≥10	≤12	≤750	30～150	75	
3AX31E	100	30	≥30	≥12	≥10	≤12	≤500	20～80	75	e b c

(2)3DG6 型高频小功率硅管部分型号和主要参数。

型号	集电极最大耗散功率 P_{CM}/mW	集电极最大允许电流 I_{CM}/mA	反向击穿电压			集－基反向饱和电流 I_{CBO}/μA	频率 f_T/MHz	共发射极电流放大系数 h_{fe}/β	最高允许结温 T_{jM}/℃	管脚
			集－基 BV_{CBO}/V	集－射 BV_{CEO}/V	射－基 BV_{EBO}/V					
3DG6A	100	20	30	15	4	≤0.1	≥100	10～200	150	b e c
3DG6B	100	20	45	20	4	≤0.01	≥150	20～200	150	
3DG6C	100	20	45	20	4	≤0.01	≥250	20～200	150	
3DG6D	100	20	45	30	4	≤0.01	≥150	20～200	150	

附录二　常用半导体集成电路型号命名方法

第0部分		第一部分		第二部分	第三部分		第四部分	
符合国家标准		类型		系列和品种代号	工作温度范围		封装	
符号	意义	符号	意义		符号	意义	符号	意义
C	中国制造	T	TTL			0～70℃	W	陶瓷扁平
		H	HTL			－40～85℃	B	塑料扁平
		E	ECL			－55～85℃	F	全密封扁平
		C	CMOS			－55～125℃	D	陶瓷直插
		F	线性放大器		C	……	P	塑料直插
		D	音响电视电路		E		J	黑陶瓷直插
		W	稳压器		R		K	金属菱形
		J	接口电路		M		T	金属圆形
		B	非线性电路		……		……	……
		M	存储器					
		u	微型机电路					
		……	……					

示例 1:CT1020MD 型双四输入与非门

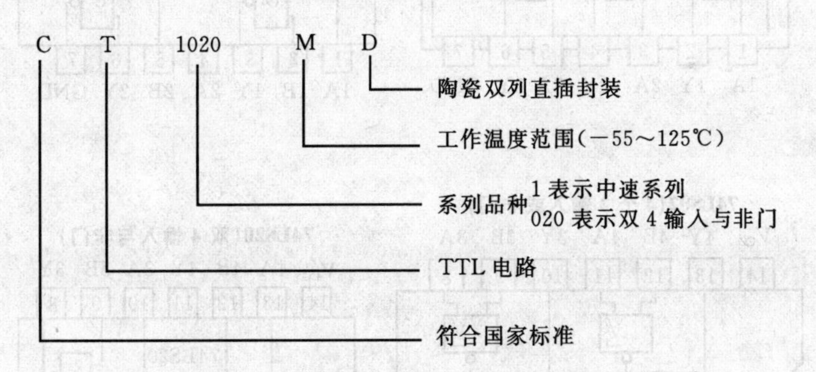

示例 2:CF741CT 型运算放大器

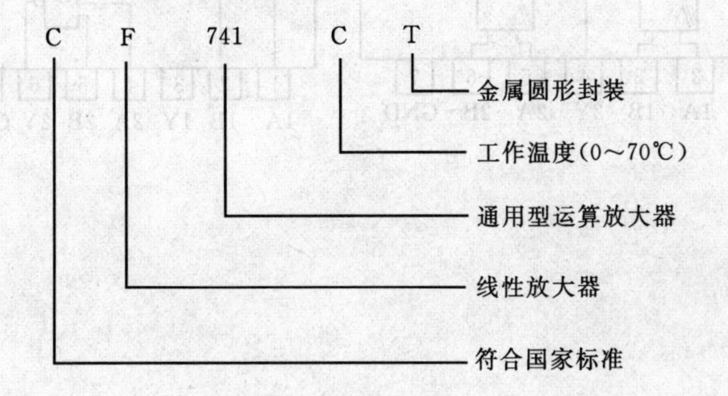

附录三 常用集成电路引脚排列

74LS08(4个2输入与门)　　74LS32(4个2输入或门)

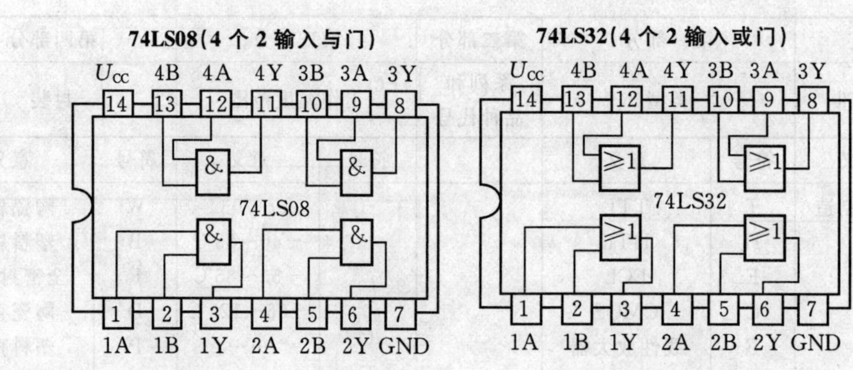

74LS04(6个非门)

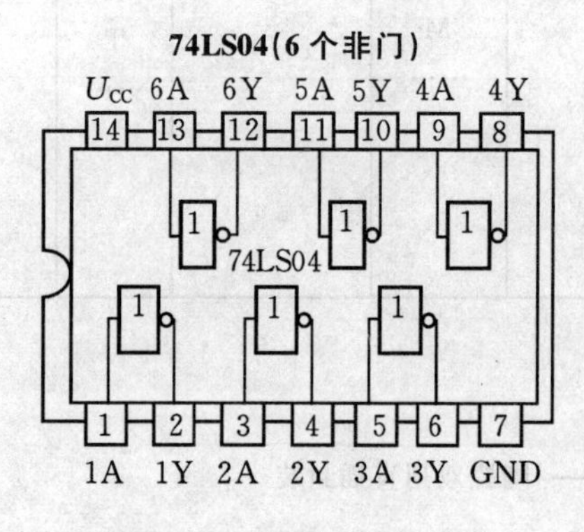

74LS00(4个2输入与非门)

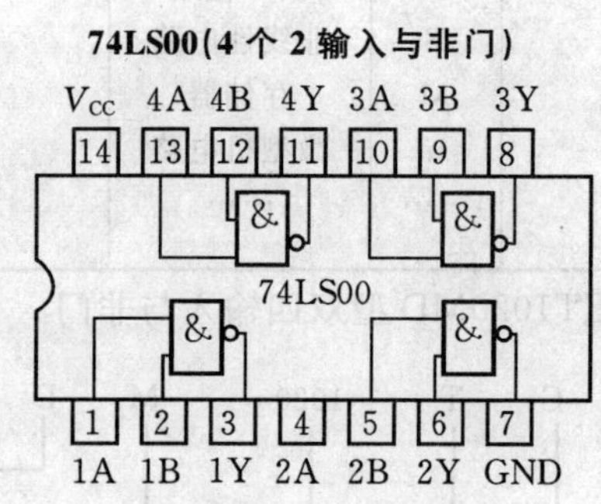

74LS02(4个2输入或非门)

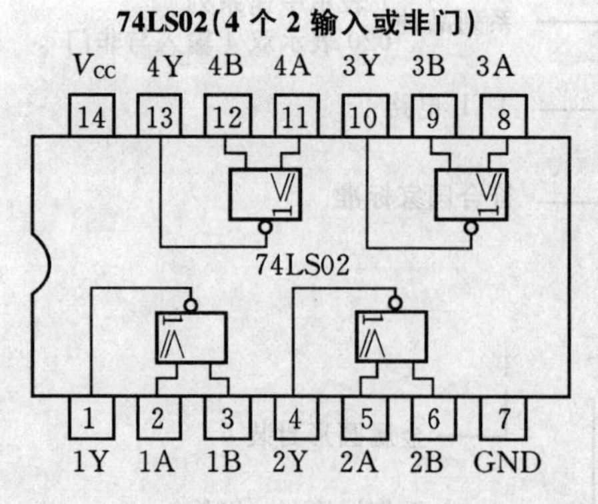

74LS20(双4输入与非门)

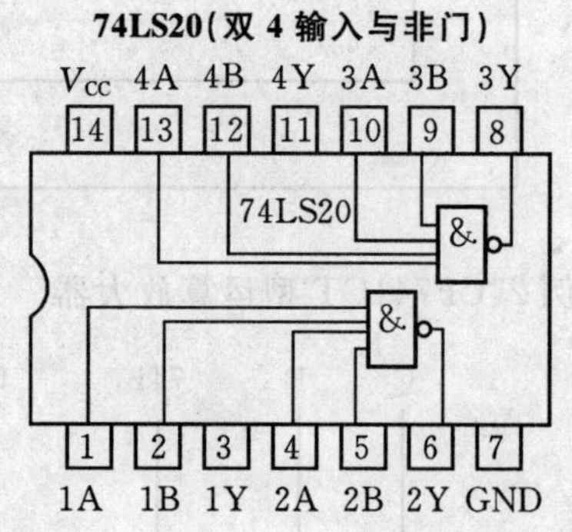

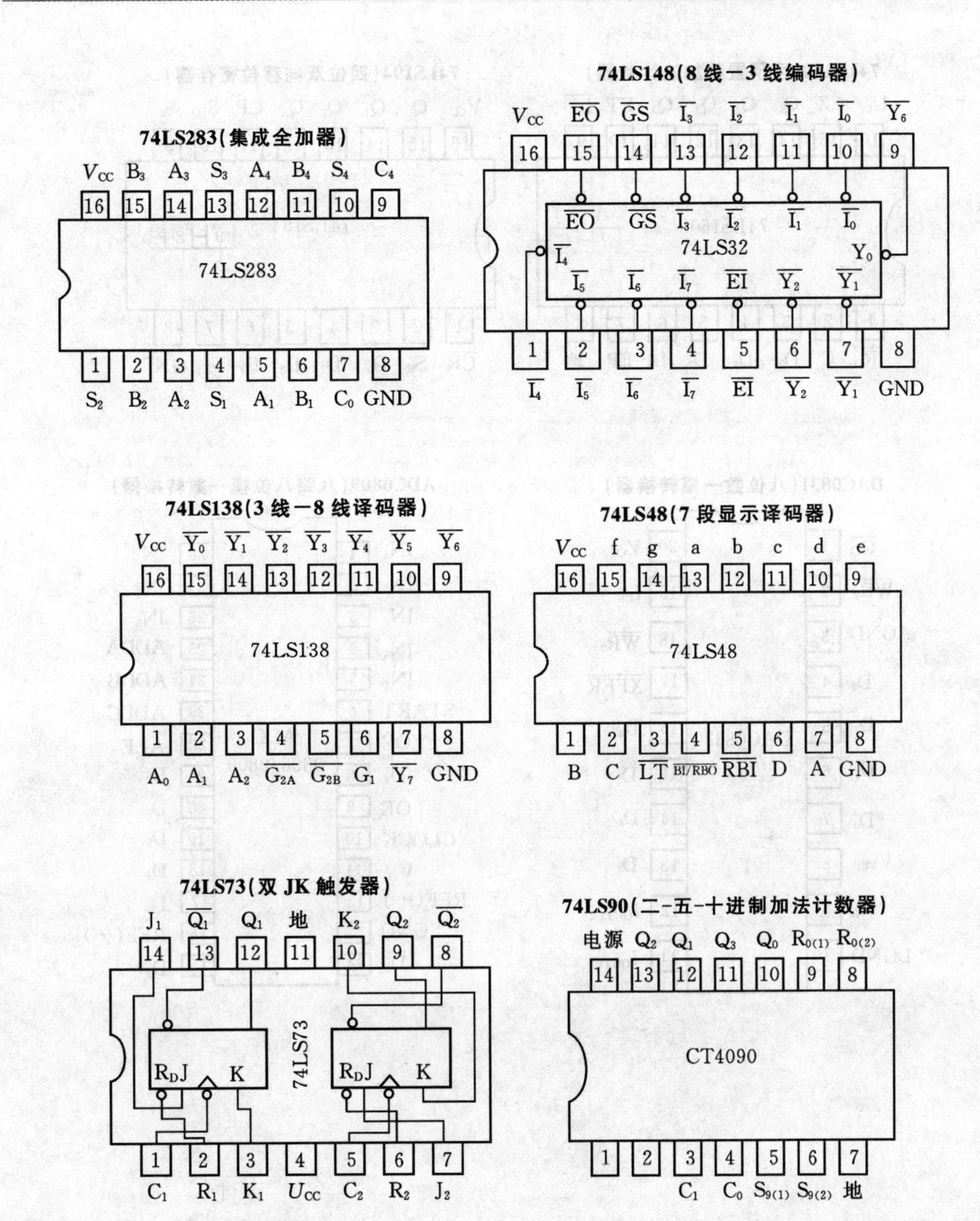
74LS283(集成全加器)
VCC B3 A3 S3 A4 B4 S4 C4
16 15 14 13 12 11 10 9
74LS283
1 2 3 4 5 6 7 8
S2 B2 A2 S1 A1 B1 C0 GND
74LS148(8线—3线编码器)
VCC EO GS I3 I2 I1 I0 Y6
16 15 14 13 12 11 10 9
EO GS I3 I2 I1 I0
I4 74LS32 Y0
I5 I6 I7 EI Y2 Y1
1 2 3 4 5 6 7 8
I4 I5 I6 I7 EI Y2 Y1 GND
74LS138(3线—8线译码器)
VCC Y0 Y1 Y2 Y3 Y4 Y5 Y6
16 15 14 13 12 11 10 9
74LS138
1 2 3 4 5 6 7 8
A0 A1 A2 G2A G2B G1 Y7 GND
74LS48(7段显示译码器)
VCC f g a b c d e
16 15 14 13 12 11 10 9
74LS48
1 2 3 4 5 6 7 8
B C LT BI/RBO RBI D A GND
74LS73(双JK触发器)
J1 Q1 Q1 地 K2 Q2 Q2
14 13 12 11 10 9 8
RDJ K 74LS73 RDJ K
1 2 3 4 5 6 7
C1 R1 K1 UCC C2 R2 J2
74LS90(二-五-十进制加法计数器)
电源 Q2 Q1 Q3 Q0 R0(1) R0(2)
14 13 12 11 10 9 8
CT4090
1 2 3 4 5 6 7
C1 C0 S9(1) S9(2) 地

74LS160(可预置数加法计数器)　　74LS194(四位双向移位寄存器)

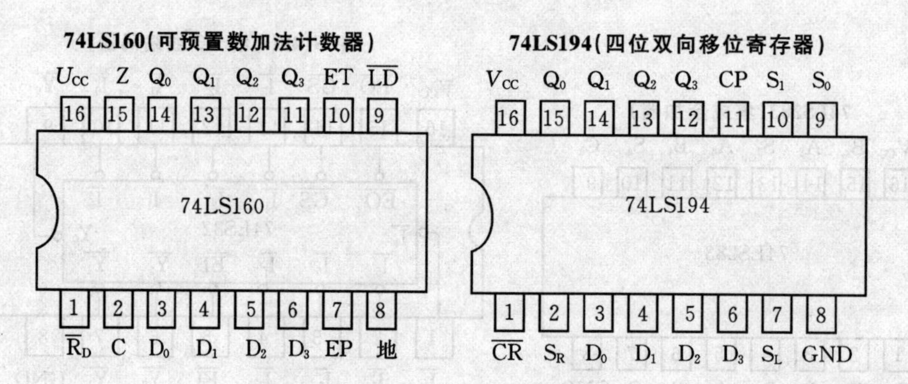

DAC0831(八位数—模转换器)　　ADC0809(八路八位模—数转换器)

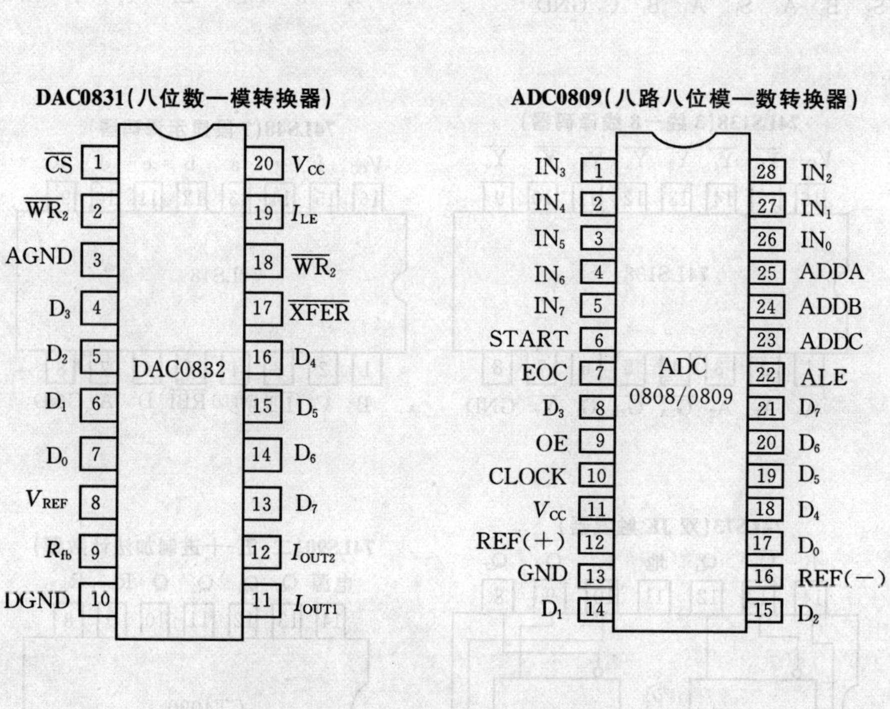

参考文献

[1] 毕淑娥.电工与电子技术基础[M].第3版.哈尔滨:哈尔滨工业大学出版社,2008.
[2] 李文,王庆良.电工与电子技术[M].武汉:武汉理工大学出版社.2008.
[3] 张志良.电子技术基础[M].北京:机械工业出版社,2009.
[4] 常桂兰.模拟电子技术[M].北京:中国铁道出版社,2005.
[5] 张继彬.电工电子实验与实训[M].北京:机械工业出版社,2006.
[6] 阮立志.电子技术基础[M].北京:机械工业出版社,2007.
[7] 吴伯英.电子基本知识及技能[M].北京:中国建筑工业出版社,2005.
[8] 徐旻.电子基础与技能[M].北京:电子工业出版社,2006.
[9] 杨静生.电工电子技术基础[M].大连:大连理工大学出版社.2006.
[10] 陈辛.电工与电子技术[M].成都:电子科技大学出版社.2007.
[11] 刘阿玲.电子技术[M].北京:北京理工大学出版社.2006.
[12] 谢嘉奎.电子线路[M].4版.北京:高等教育出版社.1999.
[13] 王志华.电子电路的计算机辅助分析与设计方法[M].北京:清华大学出版社.1996.

图书在版编目(CIP)数据

电子技术基础/郭桂叶主编.一西安:西安交通大学出版社,2013.9

高职高专“十二五”建筑及工程管理类专业系列规划教材

ISBN 978-7-5605-5528-7

Ⅰ.①电… Ⅱ.①郭… Ⅲ.①电子技术-高等职业教育-教材 Ⅳ.①TN

中国版本图书馆 CIP 数据核字(2013)第 189633 号

书　　名 电子技术基础

主　　编 郭桂叶

责任编辑 祝翠华

出版发行 西安交通大学出版社

(西安市兴庆南路 10 号　邮政编码 710049)

网　　址 http://www.xjtupress.com

电　　话 (029)82668357　82667874(发行中心)

(029)82668315　82669096(总编办)

传　　真 (029)82668280

印　　刷 陕西元盛印务有限公司

开　　本 787mm×1092mm　1/16　**印张** 11.375　**字数** 273 千字

版次印次 2013 年 9 月第 1 版　2013 年 9 月第 1 次印刷

书　　号 ISBN 978-7-5605-5528-7/TN·141

定　　价 22.80 元

读者购书、书店添货,如发现印装质量问题,请与本社发行中心联系、调换。

订购热线:(029)82665248　(029)82665249

投稿热线:(029)82668133

读者信箱:xj_rwjg@126.com

高职高专“十二五”建筑及工程管理类专业系列规划教材

> 建筑设计类

(1)素描
(2)色彩
(3)构成
(4)人体工程学
(5)画法几何与阴影透视
(6)3dsMAX
(7)Photoshop
(8)CorelDraw
(9)Lightscape
(10)建筑物理
(11)建筑初步
(12)建筑模型制作
(13)建筑设计概论
(14)建筑设计原理
(15)中外建筑史
(16)建筑结构设计
(17)室内设计
(18)手绘效果图表现技法
(19)建筑装饰设计
(20)建筑装饰制图
(21)建筑装饰材料
(22)建筑装饰构造
(23)建筑装饰工程项目管理
(24)建筑装饰施工组织与管理
(25)建筑装饰施工技术
(26)建筑装饰工程概预算
(27)居住建筑设计
(28)公共建筑设计
(29)工业建筑设计
(30)城市规划原理

> 土建施工类

(1)建筑工程制图与识图
(2)建筑构造
(3)建筑材料
(4)建筑工程测量
(5)建筑力学
(6)建筑 CAD
(7)工程经济
(8)钢筋混凝土与砌体结构
(9)房屋建筑学
(10)土力学与地基基础
(11)建筑设备
(12)建筑结构
(13)建筑施工技术
(14)建筑工程计量与计价
(15)钢结构识图
(16)建设工程概论
(17)建筑工程项目管理
(18)建筑工程概预算
(19)建筑施工组织与管理
(20)高层建筑施工
(21)建设工程监理概论
(22)建设工程合同管理

> 建筑设备类

(1)电工基础
(2)电子技术
(3)流体力学
(4)热工学基础
(5)自动控制原理
(6)单片机原理及其应用
(7)PLC 应用技术
(8)电机与拖动基础
(9)建筑弱电技术
(10)建筑设备
(11)建筑电气控制技术
(12)建筑电气施工技术
(13)建筑供电与照明系统
(14)建筑给排水工程
(15)楼宇智能化技术

> 工程管理类

(1)建设工程概论

(2)建筑工程项目管理
(3)建筑工程概预算
(4)建筑法规
(5)建设工程招投标与合同管理
(6)工程造价
(7)建筑工程定额与预算
(8)建筑设备安装
(9)建筑工程资料管理
(10)建筑工程质量与安全管理
(11)建筑工程管理
(12)建筑装饰工程预算
(13)安装工程概预算
(14)工程造价案例分析与实务
(15)建筑工程经济与管理
(16)建筑企业管理
(17)建筑工程预算电算化

> 房地产类

(1)房地产开发与经营
(2)房地产估价
(3)房地产经济学
(4)房地产市场调查
(5)房地产市场营销策划
(6)房地产经纪
(7)房地产测绘
(8)房地产基本制度与政策
(9)房地产金融
(10)房地产开发企业会计
(11)房地产投资分析
(12)房地产项目管理
(13)房地产项目策划
(14)物业管理

欢迎各位老师联系投稿!

联系人:祝翠华
手机:13572026447 办公电话:029－82665375
电子邮件:zhu cuihua@163. com 37209887@qq. com
QQ:37209887(加为好友时请注明“教材编写”等字样)